Vinciane Despret

Was würden Tiere sagen, würden wir die richtigen Fragen stellen?

UNRAST

Vinciane Despret ist eine belgische Philosophin. Sie forscht und lehrt an der Universität Lüttich und hat mehrere Bücher über das Verhältnis von Tieren und Menschen veröffentlicht, aber auch Werke zu feministischen Themen.

Vinciane Despret

Was würden Tiere sagen, würden wir die richtigen Fragen stellen?

Aus dem Französischen übersetzt von Lena Völkening

UNRAST

Bibliografische Information der Deutschen Bibliothek
Die Deutsche Bibliothek verzeichnet diese Publikation in der Deutschen Nationalbibliografie; detaillierte bibliografische Daten sind im Internet über http://dnb.ddb.de abrufbar.

Vinciane Despret
Was würden Tiere sagen, würden wir die richtigen Fragen stellen?
1. Auflage, März 2019
ISBN 978-3-89771-266-9

www.unrast-verlag.de – kontakt@unrast-verlag.de
Mitglied in der assoziation Linker Verlage (aLiVe)

Umschlag: Felix Hetscher, Münster
Übersetzung: Lena Völkening, Berlin
Satz: Andreas Hollender, Köln
Druck: Multiprint, Kostinbrod

Inhalt

I. Vorwort der Übersetzerin

Lena Völkening

Übersetzen ist ein Tauschgeschäft. Es wird absolut berechtigterweise oft mit einer wackligen Bootsfahrt über einen Fluss verglichen, über-setzen. Am Ende sind alle ordentlich durchgerüttelt, ein paar Insassen sind über Bord gegangen und ein paar neue hat man sich dafür dazugeholt. Es ist das Schöne an Sprachen, dass zwei Sprachsysteme einander nie genau gleichen. Und so kann ein Wort, das so unschuldig daherkommt wie zum Beispiel *Sache*, in einer anderen Sprache zwar durch ein anderes Wort ersetzt werden, aber dieses andere Wort *bedeutet* eigentlich trotzdem etwas völlig anderes. Die französische Philosophin Barbara Cassin, auf die sich auch die Autorin dieses Buches bezieht (als sie davon spricht, wie wir die Konzepte, in denen Tiere denken, *übersetzen*) hat dem Problem ein ganzes Buch gewidmet: das *Wörterbuch der Unübersetzbaren*, das *Dictionnaire des intraduisibles*. Es ist sehr dick und enthält Übersetzungsvorschläge für philosophische Begriffe – vor allem aber lange Texte, in denen versucht wird zu erklären, was mit den Wörtern *gemeint ist* oder auch nur *gemeint sein könnte*. Denn was Bedeutung eigentlich ist, ist so komplex, dass die Linguistik die Frage bis heute nicht endgültig beantwortet hat.

Weil sich die Wörter mit ihren Anfangsbuchstaben gesperrt haben, haben wir gegenüber dem Original das Kapitel B gegen das Kapitel C vertauscht und einige Kapitelüberschriften leicht verändert. Diese Übersetzung ist ein Annäherungsversuch an ein philosophisches Werk, in dem die Autorin ihr ganz eigenes Vokabular findet, um über Tiere zu sprechen. Es ist die deutschsprachige *Variante* davon, um es mit Desprets Worten zu sagen. Ein Werk, in dem die Autorin selbst versucht zu übersetzen – aus den Begriffen der Tiere in die Begriffe der (französischsprachigen) Menschen.

Ich danke der Autorin, Vinciane Despret, dass sie geduldig auf meine Nachfragen geantwortet hat. Dem Übersetzer der englischsprachigen Ausgabe, Brett Buchanan, ebenso, und Andreas Pfeuffer für seine Hilfe mit der *Sache*. Meiner Lektorin Marie Bickmann für ihre Anmerkungen, die mich mehr als einmal zur Verzweiflung getrieben, aber den Text so viel besser gemacht haben. Lauriane Guichard danke ich dafür, dass sie sogar ihren französischen Vater für meine Fragen angerufen hat, und meinen Eltern danke ich für alles.

II. Vorwort
Über wissenschaftliche Fabeln in der Empirie

Bruno Latour

Bereitet euch darauf vor, Geschichten zu lesen wie »Das Schwein, das zu lügen versuchte«, »Die viel zu schlaue Elster«, »Der Elefant und der Spiegel«, »Der Papagei, der nicht nachplappern möchte«, »Die Kuh, die gerne meditieren würde«, und »Die Ziegen, die nicht gezählt werden können«, Geschichten wie »Die Zecke, die glaubt, sie ist Charles Sanders Peirce«, oder wie »Der Pinguin, der zu viele queere Geschichten gelesen hat«, und nicht zu vergessen: »Der Lemur und der Ethologe, die des Kindsmordes bezichtigt werden«, und viele, viele weitere. Bereitet euch darauf vor, viel Wissenschaftliches zu lesen und gleichzeitig viel darüber zu lernen, wie gute, schlechte oder fürchterlich schlechte Wissenschaft funktioniert. Gleich lernt ihr ein neues Genre kennen, die wissenschaftlichen Fabeln, womit ich nicht Science-Fiction oder ausgedachte Geschichten über die Wissenschaft meine, sondern im Gegenteil Wege, wirklich zu verstehen, wie schwierig es ist herauszufinden, wozu Tiere imstande sind. Dies ist eines der wertvollen Bücher, die in den Bereich der neu aufkommenden *Scientific Humanities* gehören, was bedeutet, dass, um zu verstehen, was Tiere zu sagen haben, sowohl die Natur- als auch die Geisteswissenschaften zu Rate gezogen werden müssen.

Das Problem bei Tieren ist, dass jeder schon Erfahrungen mit ihnen gemacht und zahlreiche Ideen hat, inwiefern sie Menschen ähneln oder nicht. Wenn man also damit anfängt, einen strukturierten Bericht über ihre Gewohnheiten zu liefern, sieht man sich sofort mit einem Schwall von Aussagen wie »aber meine Katze tut dies«, »ich habe auf Youtube einen Löwen gesehen, der das gemacht hat«, »Wissenschaftler haben bewiesen, dass Delfine das können«, »auf dem Bauernhof meines Großvaters haben die Schweine immer das gemacht« und so weiter und so fort konfrontiert. Das Gute daran ist, dass, wann immer man etwas über Tiere sagt, es wirklich jeden interessiert, was man zu sagen hat. Das Schlechte daran ist, dass der eigene Bericht in diesem Schwall von alternativen Berichten ertränkt wird, die aus völlig unterschiedlichen Überlegungen und Erfahrungen im Umgang mit Tieren entsprungen sind.

Die meisten Wissenschaftler versuchen, wenn so viele Alternativen zu ihren Berichten auf sie einprasseln, sich von all diesen Sichtweisen zu distanzieren, um dann bei null anzufangen und so exakt wie möglich nachzuahmen, was ihre Wissenschaftlerkollegen in angrenzenden Forschungsbereichen mit physischen Objekten und chemischen Reaktionen gemacht haben. Was auch immer die Durchschnittsbürger, Tierbesitzer, Viehzüchter, Naturschützer und Dokumentarfilmer so gesagt haben, wird als bloße »Anekdote« beiseitegeschoben. Und dasselbe passiert mit dem, was Wissenschaftler in früheren Jahrhunderten oder Kollegen, die einer anderen Schule angehören, unter ungewöhnlichen Umständen beobachtet zu haben behaupten, zum Beispiel in der Feldforschung. »Das waren jetzt genug Anekdoten, lass uns jetzt unter kontrollierten Bedingungen im Labor echte Daten sammeln, um das Verhalten der Tiere so objektiv, neutral und distanziert wie möglich zu untersuchen.«

Wenn die Laien nicht mit am Tisch sitzen dürfen, dann liegt das diesen Wissenschaftlern zufolge daran, dass sie Geschichten erzählen, von denen man, wenn man sie hört, niemals wissen wird, ob daraus ihre Gefühle, Sichtweisen und Gewohnheiten sprechen oder die der Tiere *selbst*. Nur die streng kontrollierten Bedingungen im Labor bewahren die Wissensproduktion davor, in die »Anthropomorphismus«-Falle zu tappen. Dem so zu begegnen, erzeugt ein interessantes Paradoxon: Nur, indem man die extremst *künstlichen* Bedingungen in Laborexperimenten herstellt, kann man herausfinden, wozu Tiere wirklich fähig sind, wenn sie von allen von den Menschen *künstlich* auf sie übertragenen Werten und Annahmen befreit wurden. Ab dem Zeitpunkt zählt nur noch eine bestimmte Anzahl geordneter Berichte darüber, was Tiere unter diesen Bedingungen tun, als echte Wissenschaft. Alle anderen werden als »Geschichten« bezeichnet und die Geschichtenerzähler als bloße Laien abgetan.

In den vergangenen 20 Jahren hat Vinciane Despret, die sowohl ausgebildete experimentelle und klinische Psychologin als auch Philosophin ist, nie damit aufgehört, sich mit diesem Paradoxon auseinanderzusetzen. Warum sollten wissenschaftliche Erkenntnisse über Tiere unter derart künstlichen Bedingungen erlangt werden, um all die ebenso künstlichen Fälle von Begegnungen von Menschen mit Tieren *loszuwerden*? Ist der Kampf gegen den Anthropomorphismus so wichtig, dass er dem weichen sollte, was sie als allgemeinen »Akademikozentrismus« bezeichnet? Gemeint ist damit, dass nur ganz bestimmte Sichtweisen den Tieren und aber auch denjenigen, die wissenschaftliche Berichte lesen, aufgedrängt werden. Ist es nicht etwas seltsam, dass Beschreibungen der Natur mit Tricks ermöglicht werden sollen, während das, was ganz natürlicherweise passiert, als Quelle ausgedachter Geschichten gilt? Denn Wissen wird letztendlich immer aus künstlich entwickelten Gründen und unter künstlich hergestellten Bedingungen produziert, warum also nicht auf die Tausende von Fällen zurückgreifen, in denen Menschen *auf natürliche Weise* mit Tieren interagieren – den täglichen Umgang mit Labortieren und das Planen neuer Versuche ebenso wie die Arbeit von Trainern und Viehzüchtern inbegriffen – um Wissen *anzuhäufen*, statt welches *wegzunehmen*?

Vinciane Despret gehört einer ganz besonderen Sorte empirischer Philosophen an. Gelegentlich wird übersehen, dass es zwei verschiedene Arten von Empirikern gibt: die *Wegnehmer* und die *Hinzufüger*. Ersteren geht es darum, ihre Thesen zu untermauern, allerdings nur unter der Bedingung, dass eine These die Zahl der Alternativen verringert und die der Stimmen, die auch etwas beitragen wollen, begrenzt. Es geht ihnen darum, zu vereinfachen, zu beschleunigen und manchmal sogar eine Sichtweise komplett auszuschließen und, wenn möglich, die Geschichtenerzähler ebenfalls zum Schweigen zu bringen. Die *Hinzufüger* unter den Empirikern interessieren sich genauso für objektive Fakten und Thesen mit Hand und Fuß, aber sie fügen gerne Dinge hinzu, verkomplizieren, spezifizieren und verlangsamen sie, wann immer es möglich ist, und vor allem halten sie inne, damit auch andere Stimmen gehört werden können. Sie sind Empiriker, aber Empiriker im Stil eines William James. Wenn sie nichts wollen als das, was durch Erfahrung gewonnen wird, wollen sie ganz sicherlich nicht *weniger* als die Erfahrung. Wie Isabelle Stengers, eine von Desprets wichtigsten Inspirationsquellen für ihre besondere Methode, zu sagen pflegt: Die Wissenschaft würdigt sich selbst herab, wenn sie von ihren Erfolgen ausgehend argumentiert, um andere Sichtweisen ganz auszuschließen. Stengers und Despret propagieren nicht ein Entweder-oder, sie sind Verfechterinnen des Sowohl-als-auch.

Wie schafft es ein Empiriker, konsequent *hinzuzufügen*? Indem er zuerst einmal das, was die *Wegnehmer* geschrieben haben, sehr ernst nimmt und sehr sorgfältig liest. Desprets Genialität besteht darin, dass sie die wissenschaftliche Literatur liest, aber nicht, um sie zu bewerten (also die wenigen stichhaltigen Fakten auszumachen und die übrigen als irrelevant abzutun), sondern um herauszufinden, was darin über die zahlreichen Schwierigkeiten zu finden ist, Orte zu erschaffen, die wirklich einige der Bedingungen replizieren, unter denen Menschen und Tiere miteinander interagieren, oder, wichtiger noch, unter denen Tiere mit anderen Tieren interagieren. Und dann nutzt sie in einem zweiten Schritt diese Schwierigkeiten dazu, zu beleuchten, wie auch die vielen anderen Arten von Wissensproduzenten mit Tieren umgehen, dies aber tun, indem sie sich auf völlig andere Weise mit ihnen auseinandersetzen. Auf Laborarbeit begründete Sichtweisen müssen natürlich eingeschlossen sein, liefern sie doch derart großartige Erkenntnisse, ohne dass ihnen aber dabei die Macht zugesprochen wird, alternative Sichtweisen auszuschließen.

Ein so gnädiger Umgang mit der wissenschaftlichen Literatur hat einen ganz besonderen Effekt, den ich den *Despret-Effekt* nenne: Ein karger Wissenschaftskorpus, der Hunderte von oft merkwürdigen Versuchszusammenhängen enthält, wird zu einer faszinierenden Lektüre. Er wird mit Humor behandelt, aber ohne jegliche Ironie und, was das Seltsamste daran ist, ohne den kritischen Ton anzuschlagen, mit dem Tierliebhaber so oft gegen wissenschaftliche Thesen angehen. Wenn ihr Empiriker seid, die *hinzufügen*, müsst ihr euch dem Wegnehmen in jeglicher Form widersetzen. Dem Eliminativismus derer, die die Laien gerne vor die Tür setzen würden, aber auch dem Eliminativismus derer, die davon träumen, die Wissenschaft allgemein zu umgehen – zwei Arten von Obskurismus, die miteinander konkurrieren und einander ergänzen.

Dank des Despret-Effekts ist die Empörung, mit der ihr auf eine alternative Version dessen, was ein Tier tun soll, reagiert, jedes Mal auch eine neue Gelegenheit, infrage zu stellen, wie ihr Menschen wie Tieren *Agency* zuschreibt. Von der Frage nach dem Anthropomorphismus kommt ihr zu der sehr viel interessanteren nach der *Metamorphose*, womit ich nicht nur meine, die Grenze zwischen dem, was Mensch und was Tier ist, zu überprüfen (eine eingeschränkte Problematik, wenn sie überhaupt je existierte), sondern die vielseitige Natur dessen, was es bedeutet, *belebt* zu sein, zu erforschen. Wissenschaftler, Viehzüchter, Tierliebhaber, Haustierbesitzer, Zoowärter, Fleischesser – wir alle versuchen ständig, dem zu entgehen, diesen Lebewesen, mit denen wir ständig die Gestalt ändern (*Gestaltänderung* ist die Entsprechung für das lateinische *metamorphosis*), das Belebtsein abzusprechen oder es ihnen übermäßig zuzugestehen.

Nach zahlreichen Langzeitbefragungen hat sich Vinciane Despret entschieden, mit *Was würden Tiere sagen, würden wir die richtigen Fragen stellen?* einen großen Teil ihrer bisherigen Arbeit in einer Reihe kurzer Kapitel darzulegen, die sich ganz wie La Fontaines Fabeln lesen, nur dass ihre Fabeln nicht aus einer tausend Jahre alten Tradition hervorgehen. Stattdessen fußt jede von diesen Fabeln auf einem bestimmten Korpus wissenschaftlicher und ethnografischer Literatur über eine oder mehrere Begegnungen mit Tieren.

Der Bezug dieses Buchs zu den Fabeln ist natürlich, dass Tiere sprechen oder, genauer gesagt: »sprechen würden«, *wenn wir nur* die »richtigen Fragen« stellen könnten. Während es in der Fabel als traditioneller Textgattung unproblematisch zu sein scheint, das Tier etwas Witziges, Kritisches, Scharfsinniges, Ironisches oder Dummes sagen zu lassen, wird hier jegliche Äußerung darauf bezogen, *wie* die Fragen gestellt werden. Und sind die Fragen oft witzig, kritisch, scharfsinnig, ironisch oder schlicht dumm – und manchmal stehen sie in Bezug zu einem Verbrechen (vgl. die Fabel, die den Titel »Der Sadist Harlow und seine Affen« tragen könnte). So bringt uns jede Fabel näher an das heran, was die kollektiven Ausdrucksschwierigkeiten derer genannt werden könnten, die andere zum Reden bringen könnten, würden sie nur selbst nicht so schlecht hören.

Bei Despret ist die Fähigkeit, Tiere dazu zu bringen, etwas Relevantes zu sagen, oft ansteckend: Dumme Fragen bringen dumme Tiere hervor, die von Menschen analysiert werden, die sogar noch dümmer werden. Kluge Fragen befördern kluge Tiere zutage, die Lesern, indem ihre Taten niedergeschrieben werden, ein besseres Verständnis von der Welt beibringen können. Liest man Despret, steht außer Frage, dass die Welt an Komplexität gewinnt und dass das, was es bedeutet, *belebt* zu sein, eine tiefgreifende Metamorphose durchläuft.

Der Grund aber, weshalb dieses Buch der neuen Textgattung der wissenschaftlichen Fabeln zuzurechnen ist, ist der, dass jedes Kapitel *mit einer Moral* endet. Nicht mit den etwas faden moralischen Lektionen, die La Fontaine ans Ende seiner Geschichten zu setzen pflegte, sondern ganz im Gegenteil, mit einer Reihe äußerst kühner philosophischer Lektionen. In gewisser Weise ist Desprets *Fabliau* nichts geringeres als ein Buch über wissenschaftliche Methoden, das nicht nur von jungen

Wissenschaftlern gelesen werden könnte, die eine Karriere im Bereich der Ethologie beginnen, sondern auch von all jenen, die sich nie sicher sind, wie sie mit wissenschaftlichen Neuigkeiten über »ihre« Tiere umgehen sollen.

In gewisser Weise kann das Buch als eine Aneinanderreihung moralischer Erzählungen gelesen werden, die nicht nur davon handeln, wie Wissenschaft betrieben werden soll, sondern auch – was die Leserschaft allgemein anbetrifft – davon, wie wir an uns selbst unsere eigenen ethischen Reaktionen überprüfen können. Das trifft ganz besonders auf die Frage zu, wie Nutztiere behandelt werden – ein sehr schwieriges Thema. Wie kann selbst bei einem derart sensiblen Thema die Frage nach der *Agency* über eine hinzufügende und nicht wegnehmende Form der Empirie weiterhin gestellt werden? In einer Fabel, die den Titel »Der Landwirt und die arbeitende Kuh« tragen könnte, erwähnt Despret eine Studie ihrer Freundin Jocelyne Porcher, die insbesondere dafür steht, »Menschen und Tiere, Landwirte und ihre Tiere, immer zusammenzudenken. Tiere nicht länger als Opfer zu betrachten, bedeutet zu denken, dass eine Beziehung etwas anderes sein kann als Ausbeutung. Gleichzeitig bedeutet es, eine Beziehung zu denken, in der Tiere, weil sie in Bezug auf ihre Natur oder ihre Kultur keine Trottel sind, sich selbst aktiv einbringen, in der sie geben, sich austauschen, empfangen und in der Landwirte, weil es sich um keine Ausbeutung handelt, geben, empfangen, sich austauschen und gemeinsam mit ihren Tieren wachsen.«[1]

Warum ist es so schwer, *Agency* nicht zu leugnen, wenn es dabei um Tiere geht? Es liegt an dieser seltsamen Absicht, Entitäten, aus Angst, ihnen das Belebtsein übermäßig zuzugestehen (das heißt: ihnen eine Art *Seele* zu geben), Selbiges ganz abzusprechen. Desprets Ansatz macht so außergewöhnlich, dass sie genau die Literatur, die den Tieren das Belebtsein abzusprechen sucht, mit dem ausdrücklichen Ziel verwen-

1 Vgl. Kapitel »T wie Team«.

det, zu zeigen, wie *belebt* diese ist. Doch *belebt* ist ebenso weit von *eine Seele haben* entfernt wie davon, als Computer zu agieren. Das zu zeigen gelingt ihr nicht nur anhand von Beispielen aus dem *Behaviorist Turn* (der mittlerweile zur Fundgrube für lustige Anekdoten geworden ist), sondern auch anhand von Fällen aus dem *Sociobiological Turn*, im Zuge dessen Gene mit so viel kausaler *Agency* ausgestattet waren, dass für die von ihren selbstsüchtigen Genen geleiteten Tiere nichts mehr übrig blieb, was sie »von alleine« tun konnten. Reduktionismus ist in vielerlei Hinsicht ein unerreichbares Ideal, sobald man anfängt, den Versuchsaufbau hervorzuheben, mit dem die »Reduktion« erreicht wird. Von Mal zu Mal ergeben sich immer mehr interessante Fragen.

Dieser inhärente Widerspruch tritt bei niemandem so deutlich hervor wie bei Lorenz. In einer Fabel, die den Titel »Der Pfau und die Wissenschaftler« tragen könnte, schreibt Despret: »Die Ethologen, die [Lorenz] dann folgen, haben gelernt, Tiere als nur ›reagierende‹ statt als ›fühlende und denkende‹ Lebewesen anzusehen und jegliche Möglichkeit, individuelle und subjektive Erfahrungen einzubeziehen, auszuschließen. Die Tiere werden verlieren, was eine entscheidende Bedingung für die Beziehung gewesen war, nämlich die Möglichkeit, den, der sie analysiert, zu *überraschen*. Alles wird vorhersehbar. Beweggründe werden durch Handlungsursachen ersetzt, seien sie nun vernünftig oder unrealistisch, und das Wort ›Initiative‹ weicht dem Begriff ›Reaktion‹«.[2] Nur dass uns Lorenz außerdem als derjenige in Erinnerung geblieben ist, der viele der früheren Herangehensweisen voll Respekt und Aufmerksamkeit gegenüber dem überraschenden Verhalten der Tiere restauriert hat. Ist Lorenz also letzten Endes ein Empiriker, der hinzufügt, oder einer, der wegnimmt? Ach, würde doch nur Tschok die Dohle die Geschichte aus seiner Perspektive erzählen können!

---

2 Vgl. Kapitel »F wie Forschung«.

Für mich ist der Hauptgrund, warum die Fabel für Fabel aufgerollten moralischen Erzählungen für die *Scientific Humanities* und allgemeiner für die Philosophie so wichtig sind, dass das, was Despret in Bezug auf Tiere, vor allem des 20. Jahrhunderts, in ihrer Beziehung zu Menschen zeigt, das ist, was in früheren Jahrhunderten mit physikalischen, chemischen und biochemischen Entitäten passiert ist. Die endlose Zahl von Beziehungen, die Menschen mit Materiellem hatten, war auf eine viel kleinere Menge von Verbindungen mit dem, was später »Materie« genannt wird, reduziert worden. Materialität und Materie sind ebenso verschiedene Phänomengruppen wie es der Affe, den Shirley Strum vor Ort beobachtet (vgl. die Fabel »Der Pavian und die Frau aus Berkeley«), und der Affe, der in den 1970er-Jahren im Labor eines Behavioristen sitzt, sind. Heute wird es so sehr als selbstverständlich angesehen, andere Stimmen, Sichtweisen, Fähigkeiten und Gewohnheiten auszuschließen, dass wir nicht mitbekommen und uns auch nicht vorstellen können, dass erst umfassende Prozesse dazu geführt haben, *Agencys* zu regulieren und, auch hier, Materialität mit einigem Nachdruck das Belebtsein abzusprechen, um am Ende so etwas wie »eine materielle Welt« zu erhalten. Und in ebendiese stark vereinfachte »materielle Welt« müssen die armen Tiere – die Menschen inbegriffen – gesteckt werden und darin sollen sie mit Müh und Not überleben.

Wurdet ihr aber erst einmal von Desprets großmütiger Lehre angesteckt, könnt ihr gar nicht mehr damit aufhören, das Gelernte auch auf andere Dinge zu übertragen, zum Beispiel in der Physik und der Chemie. Schließlich war es Alfred North Whitehead, welcher ebenfalls großen Einfluss auf ihre Methode hatte, der forderte, dass wir auch in der Physik lernen sollten, als Empiriker wieder hinzuzufügen und nicht wegzunehmen: »Für die Naturphilosophie ist alles Wahrgenommene in der Natur. *Wir sollen nicht etwas herausgreifen und auswählen.* Für uns sollte das rote Sonnenuntergangslicht ebenso ein Teil der Natur sein wie die Moleküle und elektrischen Wellen es sind, anhand derer Wissenschaftler das Phänomen erklären würden. *Die Naturphilosophie* muss analysieren, wie diese verschiedenen natürlichen Elemente miteinander verbunden sind.«[3] Die Schönheit von Desprets Arbeit liegt darin, dass sie in der Tat eine »Naturphilosophin« ist, die nicht nur die Themen, mit denen sich die Philosophie normalerweise beschäftigt, vollständig rehabilitiert, sondern auch die potenziellen *Agencys*, mit denen die »Natur« ausgestattet ist. Und darüber hinaus tut sie dies mit einer stilistischen Neuschöpfung, den wissenschaftlichen Fabeln, die in ihrem Rhythmus, ihrem Humor, ihrem umfassenden Wissen über so viele Experimente und ihre Umstände exakt das nachahmen, zu dem wir gemeinsam mit intelligenten Tieren wieder eine Verbindung herstellen müssen, welche von den schlauen Gerätschaften von Wissenschaftlern, die diese intelligent entworfen haben, dazu gebracht werden, intelligente Sachen zu sagen – wobei *diese* all jene sind, die sich darin zusammengefunden haben. Wagt folgendes Gedankenexperiment: Vergleicht das, wozu Wölfe, Affen, Raben, Kühe, Schafe, Delfine und Pferde vor dreißig Jahren fähig gewesen sein sollen, mit den Fähigkeiten, mit denen sie heute ausgestattet sind. Ein völlig neues Universum von Fähigkeiten hat sich aufgetan.

Das Problem und zudem das, was Desprets Arbeit sogar noch interessanter macht, besteht darin, dass eine derartige Expansion der Fähigkeiten wie bei den Tieren nicht parallel auch bezüglich dessen stattfindet, wozu »menschliche« *agents* angeblich fähig sind. An dieser Stelle wird ihre Arbeit für die politische Philosophie bedeutsam. Das ist es, was Donna Haraway, die ebenfalls Desprets Sicht entscheidend beeinflusst hat, unternahm, als sie die gegenseitige Beziehung, die sie mit ihrem Hund Cayenne aufgebaut hatte, als Beispiel nannte für die Art von Aufmerksamkeiten, die wir aufbringen müssten, um wieder politische *agents* zu werden. Da sie der Aufmerksamkeit, die ihnen andere, tierische Gefährten schenkten, beraubt wurden, haben die Menschen die Fähigkeit verloren, sich wie *Menschen* zu verhalten. Das gibt dem Kampf

---

3 Whitehead, Alfred North: *The Concept of Nature*, Cambridge 2004 (1920). (Dt. Übersetzung: *Der Begriff der Natur*, Weinheim 1990.)

gegen den Anthropomorphismus seine Ironie: Die meisten Menschen werden von den Soziologen oder Ökonomen heutzutage nicht ebenso großzügig behandelt, wie Wölfe, Raben, Papageien und Affen von ihren Wissenschaftlern behandelt werden. Mit anderen Worten: Ein Buch mit dem Titel *Was würden Menschen sagen, würden wir die richtigen Fragen stellen?* muss erst noch geschrieben werden. Sicher aber ist, zumindest zum jetzigen Zeitpunkt und wenn wir die Sache in Vinciane Desprets zuverlässige Hände legen, dass Tiere zahlreiche moralische Geschichten erzählen können, die immensen Nutzen haben könnten, wenn *ihre* Wissenschaftler den Menschen denn erlauben würden, sie sich anzuhören.

Danksagung

Ich danke Éric Baratay, Éric Burnand, Annie Cornet, Nicole Delouvroy, Michèle Galant, Serge Gutwirth, Donna Haraway, Jean-Marie Lemaire, Jules-Vincent Lemaire, Ginette Marchant, Marcos Mattéos-Diaz, Philippe Pignarre, Jocelyne Porcher, Olivier Servais, Lucienne Strivay, François Thoreau
und ganz besonders danke ich Laurence Bouquiaux, Isabelle Stengers und Evelyne Van Poppel.

Wie dieses Buch gelesen werden soll

Dies hier ist kein Wörterbuch. Aber es kann wie ein Nachschlagewerk genutzt werden. Wenn ihr Ordnung mögt, könnt ihr es in alphabetischer Reihenfolge lesen. Es ist aber auch möglich, mit irgendeinem Kapitel anzufangen, das euch gerade interessiert oder neugierig macht. Ich hoffe, dass euch dieses Buch überrascht. Dass ihr nicht das findet, was ihr gesucht und erwartet habt. Ihr könnt das Buch in der Mitte öffnen und schauen, welche Seite ihr zufällig in die Finger kriegt oder worauf ihr gerade Lust habt. Oder aber ihr folgt den Querverweisen im Text, die euch jeweils zu den passenden Kapiteln führen. Wie ihr an das Buch herangeht und es lest, will ich euch nicht vorschreiben.

A wie Anmut

Dumm wie ein Maler?

»Dumm wie ein Maler.« Dieses französische Sprichwort geht mindestens auf die Zeit von Murgers Bohème zurück, um 1880, und wird immer noch scherzhaft in Gesprächen vorgebracht. Warum sollte ein Künstler als weniger intelligent gelten als irgendwer sonst?

Marcel Duchamp,
»Soll der Künstler an die Universität gehen?«[1]

Ist es möglich, mit einem Pinsel an der Schwanzspitze zu malen? Eine mögliche Antwort liefert das berühmte Gemälde *Sonnenuntergang über der Adria*, das im Jahr 1910 in der alljährlich stattfindenden Pariser Kunstausstellung im *Salon des Indépendants* gezeigt wurde. Es ist das Werk von Joachim-Raphaël Boronali und sollte sein einziges Gemälde bleiben. Boronali hieß in Wahrheit Lolo. Und er war ein Esel.

---

1 Der Untertitel und die darauffolgenden Zeilen stammen aus einem Vortrag mit dem Titel »Soll der Künstler an die Universität gehen«, den Marcel Duchamp 1960 an der Hofstra University in New York gehalten hat. So geht der Abschnitt weiter: »Etwa deswegen, weil sein technisches Geschick vor allem Handwerk ist und nicht in direkter Beziehung zum Intellekt steht? Wie dem auch sei, man nimmt normalerweise an, dass der Maler keine besondere Bildung benötigt, um ein großer Künstler zu werden. Aber solche Überlegungen sind heute nicht mehr angebracht, die Beziehungen zwischen dem Künstler und der Gesellschaft haben sich an dem Tag geändert, als der Künstler am Ende des letzten Jahrhunderts seine Freiheit verkündet hat.« Vgl. Duchamp, Marcel: *Duchamp du signe*, Paris 1994, S. 236-239. Ich danke Marcos Mattéos-Diaz für seine große Unterstützung beim Schreiben dieses Kapitels.

In den vergangenen Jahren haben einige Tiere eine altbekannte Diskussion wieder losgetreten, unter anderem dadurch, dass ihre Werke über das Internet verbreitet wurden (☞ *Youtube*). Können wir ihnen zugestehen, dass sie Künstler sind? Die Vorstellung, dass Tiere ein Kunstwerk erschaffen oder an seiner Entstehung mitwirken können, ist nicht neu – lassen wir Boronali einmal außen vor, dabei handelt es sich ja eher um eine Anekdote und die Frage stellt sich hier nicht wirklich. Allerdings haben Tiere schon oft und seit Langem (im Guten wie im Schlechten) bei den unterschiedlichsten Showeinlagen mitgewirkt, was einige Dresseure dazu bewegt hat, sie als echte Künstler zu sehen (☞ *Experiment*). Wenden wir uns der Malerei zu, finden wir heute viele, wenn auch sehr kontrovers diskutierte, Kandidaten.

In den Sechzigern löste Congo, der Schimpanse des berühmten Zoologen Desmond Morris, mit seinen abstrakten impressionistischen Malereien eine Debatte aus. Congo, der im Jahr 1964 verstarb, hat seine Nachahmer gefunden, und so können wir heute im Zoologischen Garten von Niterói – einer Stadt zwischen Rio de Janeiro und der Guanabara-Bucht – tagtäglich Jimmy zuschauen, einem Schimpansen, der sich so sehr gelangweilt hat, dass sein Pfleger auf die Idee kam, ihm Malsachen zu geben. Noch berühmter als Jimmy, und vor allem auf dem Kunstmarkt erfolgreicher, ist das Pferd Cholla, das mit seinem Mund abstrakte Werke malt. Tillamook Cheddar ihrerseits war eine Jack-Russel-Terrier-Dame aus Connecticut, die der Öffentlichkeit ihr Können zeigte, und zwar mithilfe einer Vorrichtung, die sich ihre Eigenschaften als Jagdhündin (und vor allem als sehr ungeduldiges Tier) zunutze machte. Ihr Herrchen bedeckte eine weiße Leinwand mit innen farbigem Kohlepapier, das die Hündin mit Maul und Pfoten beherzt attackierte. Während sie an ihrem Werk arbeitete, wurde sie von einem Jazzorchester begleitet. Nach gut zehn Minuten, in denen die Hündin leidenschaftlich in ihre Arbeit versunken war, nahm ihr Herrchen die Leinwand und entfernte das Kohlepapier. Zu sehen war eine Zeichnung mit ein oder zwei Knäueln aus unruhigen Linien. Die Videos von diesen Aufführungen zirkulieren überall im Internet. Zugegebenermaßen ist fraglich, ob hier wirklich die Intention vorliegt, ein Kunstwerk zu erschaffen – unabhängig davon, was am Ende dabei herauskommt. Aber ist das wirklich die Frage, die wir uns stellen sollten?

Ein besseres Beispiel ist (auf den ersten Blick zumindest), was man bei Elefanten im Norden Thailands beobachten kann. Seitdem in Thailand der Einsatz von Elefanten für den Holztransport gesetzlich verboten wurde, haben sie keine Arbeit mehr. Weil sie nicht mehr in der freien Natur leben können, kamen sie auf Gnadenhöfe. Die bekanntesten Videos, die im Netz verbreitet werden, sind im Maetang Elephant Park gedreht worden, der rund fünfzig Kilometer von Chiang Mai entfernt ist.[2] Darin ist ein Elefant zu sehen, der etwas malt, das die Macher der Videos ein Selbstporträt genannt haben. Hierbei handelt es sich um einen stark stilisierten Elefant, der eine Blume im Rüssel trägt. Bleibt noch zu klären, was die Kommentatoren dazu verleitet hat, dieses Bild ein »Selbstporträt« zu nennen. Wenn ein Außerirdischer einen Menschen beobachten würde, der aus dem Gedächtnis das Porträt eines Menschen malt, würde er das dann womöglich auch als Selbstporträt bezeichnen? Haben die Kommentatoren unserer Videos Schwierigkeiten, Individualität zu erkennen, oder ist das ein alter Reflex? Ich tendiere zu Letzterem: ein Reflex. Dass, wenn ein Elefant einen Elefanten malt, dies automatisch als Selbstporträt wahrgenommen wird, kommt bestimmt von dieser seltsamen Überzeugung, dass alle Elefanten untereinander

2 Die Elefantenvideos findet ihr auf koreus.com und auf Youtube. Ich empfehle wärmstens, sich diese Videos anzusehen, um zu verstehen, wovon ich spreche, wenn ich sage, dass den Aufführungen ein gewisser Zauber innewohnt. In der Umgebung von Chiang Mai findet man viele Gnadenhöfe, die sich um Elefanten kümmern. Die meisten bieten Elefantenreiten für Touristen und manche Ökotourismus an. Sie alle betonen, dass Menschen und Elefanten zusammenarbeiten müssen, damit der Unterhalt der Elefanten, die sehr viel fressen, gesichert ist. Während der Hochsaison zeigen die beiden malenden Elefanten, die man in den Videos sehen kann, ihr Können täglich im Maetang Elephant Park, rund fünfzig Kilometer von Chiang Mai entfernt.

austauschbar wären. Die Identität von Tieren reduziert sich oft auf ihre Zugehörigkeit zu einer Art.

Wenn man sich die Bilder dieses Elefanten bei der Arbeit anschaut, wundert man sich zwangsläufig: Die Präzision und Genauigkeit, die Art, wie das Tier in das vertieft ist, was es tut, all das scheint dem zu entsprechen, woran wir eine künstlerische Intention erkennen. Aber wenn wir uns das Ganze einmal genauer anschauen, wenn wir uns fragen, wie das Ganze genau abläuft, können wir nachlesen, dass diese Arbeit das Resultat jahrelanger Übung ist. Dass die Elefanten zuerst lernen mussten, auf von Menschen angefertigten Skizzen zu zeichnen, und dass es genau diese Skizzen sind, die sie jetzt unermüdlich reproduzieren. Wenn wir genauer darüber nachdenken, wäre alles andere auch verwunderlich gewesen.

Desmond Morris interessiert sich ebenfalls für diese malenden Elefanten.[3] Er will eine Reise in den Süden Thailands nutzen, um sich das einmal genauer anzusehen. Sein Aufenthalt ist zu kurz, um auch in den Norden zu dem Gnadenhof bei Chiang Mai zu reisen, der die Elefanten und ihre Kunst berühmt gemacht hat, aber es gibt Ähnliches im Nong Nooch Tropical Garden zu sehen. Nach einer Vorführung schreibt er: »Die meisten unter den Zuschauern meinten, einem Wunder beizuwohnen. Elefanten müssen, was ihre Intelligenz angeht, fast schon menschlich sein, wenn sie so wie hier Bilder von Blumen und Bäumen malen können. Worauf das Publikum aber nicht geachtet hat, sind die Handbewegungen der Elefantenführer, während ihre Tiere gearbeitet haben.« Schauen wir nämlich genau hin, so fährt er fort, dann sehen wir, dass der Elefantenführer bei jedem Pinselstrich, den der Elefant malt, das Ohr des Elefanten streift. Von oben nach unten für die vertikalen Linien, seitwärts für die horizontalen. So, folgert Morris, »ist das Bild, das der Elefant malt, leider nicht sein eigenes Werk, sondern das des

3 Was Desmond Morris, der Experte für Malerei aus Schimpansenhand, dazu sagt, findet sich auf der Seite dailymail.co.uk. Die Bilder dieser Elefanten finden sich auf Youtube.

Menschen. Auf Seiten des Elefanten steckt keine Intention dahinter, keine Kreativität, nur braves Nachahmen.«
Das nennt man dann einen Spielverderber. Es überrascht mich immer wieder, mit welchem Eifer manche Wissenschaftler diese Rolle übernehmen und mit welch bewundernswertem Heroismus sie die traurige Aufgabe angehen, schlechte Neuigkeiten zu überbringen – wenn es sich nicht gerade um den männlichen Stolz derer handelt, die sich nicht wie alle anderen täuschen lassen. Sie sind übrigens nicht nur Spielverderber, sie befinden sich mit ihrem »Es ist nichts weiter als ...« auf einem regelrechten Feldzug der Entzauberung, wie das eben so ist, wenn Wissenschaftler sich zugunsten der Wahrheit aufopfern, die uns die Augen öffnen soll. Aber diese Entzauberung findet nur auf Kosten eines schweren (und vielleicht auch nicht sehr ehrlichen) Missverständnisses darüber statt, was hier eigentlich bezaubert und Freude bereitet. Dieses Missverständnis fußt auf der Annahme, dass die Menschen voller Naivität an Wunder glauben. Anders gesagt kann etwas nur so leicht entzaubert werden, wie sich darin geirrt wird, was den Zauber ausgemacht hat.

Dem, was dem Publikum dargeboten wird, wohnt nämlich sehr wohl ein gewisser Zauber inne. Aber dieser Zauber liegt nicht dort, wo Desmond Morris ihn vermutet. Da ist vielmehr etwas, das etwas mit einer gewissen Anmut zu tun hat. Eine Anmut, die man in den Videos sehen und sogar noch besser wahrnehmen kann, wenn man das Glück hat, vor Ort dabei zu sein – ich hatte dieses Glück, kurz nachdem ich die erste Version dieses Buchs geschrieben hatte.

Dieser Zauber liegt in der großen Aufmerksamkeit, die das Tier jeder einzelnen Linie widmet, die es mit dem Rüssel zeichnet. Schlichte, präzise und zielgerichtete Linien. Wie es dennoch manchmal inne hält, für einen kurzen Moment, einige Sekunden lang zögert, und uns eine feine Mischung aus Entschiedenheit und Zurückhaltung zeigt. Das Tier, würde man sagen, ist ganz in seinem Element. Aber der Zauber offenbart sich vor allem in der Anmut, mit der beide Lebewesen miteinander im Einklang sind. Er liegt in dem Gelingen, dass Menschen und Tiere zusammen bewerkstelligen, und darin, dass sie dabei glücklich – ich würde sogar sagen: stolz – wirken. Und genau diese Anmut erkennt das Publikum an und sie ist der Grund, warum es begeistert applaudiert. Ob die Tiere auf irgendeine Weise dressiert wurden oder nicht, ob dem Elefanten etwa die Richtung für die Linien, die er zeichnen soll, heimlich gezeigt wird, ist hier nicht das, worauf es für diejenigen ankommt, die sich die Aufführung anschauen. Was diese Menschen interessiert, ist, dass das, was hier passiert, bewusst uneindeutig gelassen wird, dass noch Raum bleibt für Zweifel – ob Zweifel nun angebracht sind oder einfach erlaubt. Es gibt keine endgültige Antwort auf die Frage, was hier gerade passiert. Und genau dieser Zweifel, ähnlich dem, den wir zulassen können, wenn wir einem Zaubertrick beiwohnen, trägt dazu bei, dass wir für die Anmut und den Zauber empfänglich werden.

Ich werde also in dieser Diskussion beim Thema bleiben und nicht argumentieren, dass die Elefantenführer bei der Aufführung in Maetang, anders als bei der in Nong Nooch, nicht die Ohren ihrer Elefanten berühren. (Was ich im Übrigen gar nicht sagen könnte, hätte ich mir nicht die Fotos noch einmal angesehen, die ich dort gemacht habe.) Noch unwichtiger wird dieses Argument, da ja wieder irgendein Spielverderber erwidern könnte, es müsse irgendetwas anderes geben, jeder Gnadenhof müsse seinen eigenen Trick haben, der mir nicht aufgefallen ist. Vielleicht sollten wir uns darauf einigen, dass die Elefanten im Süden, anders als die im Norden, am Ohr gestreichelt werden müssen, um zu malen? Oder darauf, dass manche Elefanten mit ihren Ohren malen; es wird ja auch von den Elefanten im Süden, im Norden und selbst von denen in Afrika gesagt, dass sie mit den Fußsohlen hören.

Das Bedauern, das mitschwingt, wenn Desmond Morris sagt, dass das vom Elefanten gemalte Bild »leider nicht sein eigenes Werk« sei, lehne ich also ab, da ich das damit verbundene großzügige Angebot der Entzauberung ablehne. Natürlich ist das Bild nicht das Werk des Elefanten. Wer würde das infrage stellen?

Ob es sich nun um einen Trick handelt oder ob der Elefant gelernt hat, brav nachzuahmen, was man ihm beigebracht hat, wir kehren immer wieder zur selben Frage zurück. Nämlich, ob er »von sich aus gehandelt hat«. Ich habe gelernt, die Art, wie an diese Frage herangegangen wird, mit Vorsicht zu betrachten. Ich habe während meiner Recherchen festgestellt, dass Tieren viel schneller als Menschen unterstellt wird, nicht autonom zu handeln. Das ist umso mehr der Fall, wenn es um Verhaltensweisen geht, die lange Zeit als sicheres Unterscheidungsmerkmal von Menschen und Tieren galten. Zum Beispiel kulturelle Praktiken, wie jene kürzlich zu aller Verwunderung auf einem Gnadenhof in Kamerun beobachtete, als eine Gruppe Schimpansen über den Tod eines ihrer besonders geliebten Artgenossen trauerte. Weil dieses Verhalten erst auf Initiative der Pfleger hin ermöglicht worden war, die den Körper des Verstorbenen seinen Liebsten zeigten, ließen die Kritiker nicht lange auf sich warten: Das sei keine Trauer, die Schimpansen hätten sie spontan zeigen müssen, irgendwie »von sich aus« (☞ *Varianten*). Als ob wir unsere eigene Trauer angesichts des Todes selbst erschaffen hätten und als ob wir nicht Maler oder Künstler werden würden, indem wir die Handgriffe von denen, die uns vorausgingen, lernen, indem wir Motive, die jemand vor uns erdacht hat, wieder und wieder aufnehmen und fortführen, wie es jeder einzelne Künstler tut.

Sicher, die Sache ist sehr viel komplizierter. Aber wenn wir sie auf ein *Entweder-oder* reduzieren, vertun wir die Chance, dass die Angelegenheit kompliziert oder gar interessant wird.

In den Szenen, die wir uns hier ansehen, entsteht das Kunstwerk anscheinend nicht durch das Handeln eines einzelnen Lebewesens, sei es nun ein Mensch (»Alles ist auf die Intention des Menschen zurückzuführen«, wie manche sagen) oder ein Tier (es ist ja schließlich der Urheber des Werkes). Worum es hier geht, ist ein komplexes Zusammenspiel: Jedes einzelne Mal handelt es sich um eine Konstellation, in der ein intentionales Zusammenspiel entsteht, das sich in heterogene organische Netzwerke einfügt, und darin spielen – wenn wir bei den Elefanten bleiben – die Gnadenhöfe eine Rolle, die Pfleger, die verblüfften Touristen, die dann Fotos machen, die sie im Internet verbreiten, und die die Kunstwerke mit in ihre Länder nehmen, die NGOs, die diese Kunstwerke verkaufen und den Erlös den Elefanten zukommen lassen, die Elefanten, die keine Arbeit mehr haben, weil gesetzlich verboten wurde, dass sie Holz transportieren ...

Ich kann die Frage, ob Tiere Künstler sind, also letztlich nicht beantworten, sei es in dem Sinne, in dem wir es sind, oder in einem ganz anderen (☞ *originell*). Allerdings kann ich davon sprechen, dass etwas gelingt. Diese Terminologie hat sich aus dem, was ich auf diesen Seiten schreibe, ergeben und aufgedrängt: Tiere und Menschen erschaffen zusammen etwas. Und sie tun das mit einer Freude und Lust an dem, was sie erschaffen. Wenn ich bei diesen Begrifflichkeiten bleibe, dann, weil ich das Gefühl habe, dass sie uns für diese Anmut und für alle Erfahrungen, die sich daraus wiederum ergeben, sensibilisieren. Kommt es nicht letztendlich genau darauf an? Solche Weisen zuzulassen, über etwas zu sprechen, es zu beschreiben und davon zu erzählen, dass wir auf diese Erfahrungen mit Sensibilität reagieren.

B wie

Bedürfnisse

Ist es unangebracht, vor Tieren zu pinkeln?

Niemand weiß, wozu der Körper fähig ist, schrieb einst der Philosoph Spinoza. Ich weiß nicht, ob Spinoza damit einverstanden wäre, wie ich seine Gedanken fortführe, aber ich finde, dass er eine sehr schöne experimentelle Möglichkeit gefunden hat, wie dieses Rätsel, das die Praktiken mancher Ethologen aufgeben, ergründet werden kann: »Wir wussten nicht, wozu unsere Körper fähig sind, bis wir es gemeinsam mit unseren Tieren gelernt haben.« So haben mehrere Primatologinnen angemerkt, dass die Arbeit in der Natur ihren Menstruationszyklus teilweise deutlich beeinflusste. Um nur eine zu zitieren: Janice Carter berichtet, dass ihr Menstruationszyklus vollkommen durcheinandergeriet, als sie mit weiblichen Schimpansen zusammenlebte, die ausgewildert werden sollten. Ihr Zyklus reagierte auf die schlagartig veränderten Lebensbedingungen mit einer Amenorrhoe von sechs Monaten. Als ihre Regelblutung zurückkehrte, pendelte sie sich in einem unerwarteten Rhythmus ein: Während der folgenden Jahre der Forschung vor Ort glich sie sich an den der Schimpansenweibchen an, sodass ihr Zyklus fünfunddreißig Tage dauerte.

Dass Ethologen über ihren Körper berichten, kommt allerdings nicht besonders häufig vor. Wenn überhaupt, dann erwähnen sie ihn nur kurz nebenbei und meistens geht es dabei dann um ein praktisches Problem, das gelöst werden muss. Allerdings finden wir bei manchen von ihnen explizit oder implizit Geschichten, in denen ihr Körper auf eine ganz bestimmte Weise aktiv einbezogen wird: als Mittel der Mediation.

Eines der Beispiele, in denen dies auf explizitere Weise geschieht, analysierte die Philosophin Donna Haraway, als sie über die Feldforschung der Primatologin und Pavian-Expertin Barbara Smuts sprach. Als Barbara Smuts ihre Feldforschung im Gombe-Stream-Nationalpark in Tansania begann, wolle sie so vorgehen, wie man es ihr beigebracht hatte. Um die Tiere an einen zu gewöhnen, müsse man lernen, sich ihnen erst nach und nach zu nähern. Um sie nicht zu beeinflussen, müsse man sich so verhalten, als wäre man unsichtbar, so, als wäre man gar nicht da (☞ *Reaktion*). Es ginge darum, »wie ein Stein zu sein«, sagt sie, »nicht ansprechbar zu sein, sodass die Paviane am Ende ihren Beschäftigungen nachgingen, als wäre der Mensch, der neben ihnen seine Fakten sammelt, gar nicht da«.[1] Ein guter Forscher ist also einer, der die Natur aus nächster Nähe beobachten kann, so, als würde er »durch ein Loch in der Wand« gucken, weil er lernt, unsichtbar zu sein. Habituierung zu erzielen, indem man sich unsichtbar macht, ist allerdings ein sehr langsamer, anstrengender Prozess, der oft scheitert. Das können sämtliche Primatologen bestätigen. Und wenn der Prozess scheitert, dann aus einem einfachen Grund: Weil diese Methode auf der Annahme aufbaut, dass Pavianen Gleichgültigkeit gleichgültig wäre. Smuts war bei ihren Bemühungen nicht entgangen, dass die Paviane sie oft ansahen, und je mehr sie ihren Blick nicht erwiderte, desto weniger schienen sie damit zufrieden zu sein. Die einzige Kreatur, für die diese angeblich neutrale Wissenschaftlerin unsichtbar war, war sie selbst. Soziale Interaktion zu ignorieren, ist alles andere als neutral. Die Paviane müssen jemanden wahrgenommen haben, den sie nicht einordnen konnten, jemanden, der so tat, als wäre er nicht da, und sie müssen sich gefragt haben, ob sie diesem jemand beibringen könnten, wie sich ein höflicher Gast bei den Pavianen verhält. Tatsächlich lässt sich alles darauf zurückführen, wie die Tiere von den Forschern wahrgenommen werden. Die Fragen stellt der

---

1 Donna Haraways Analyse von Barbara Smuts Arbeit findet sich in ihrem Buch *When Species Meet*, Minneapolis 2008.

Forscher. Und der ist oft weit davon entfernt, sich vorstellen zu können, dass sich die Tiere genauso viele und manchmal sogar dieselben Fragen über ihn stellen! Es wird gefragt, ob Paviane soziale Wesen sind oder nicht, ohne dabei auf den Gedanken zu kommen, dass sich die Paviane genau dieselbe Frage in Bezug auf diese seltsamen Kreaturen, die sich so komisch verhalten, stellen müssen: »Sind Menschen soziale Wesen?« Offensichtlich sind sie es nicht. Und dementsprechend verhalten sich die Paviane, und flüchten zum Beispiel vor ihrem Beobachter oder verhalten sich anders als sonst oder seltsam, weil die Situation sie verwirrt. Wie Smuts das Problem gelöst hat, ist schnell erzählt. Die Umsetzung aber war alles andere als leicht. Sie fing an, sich ähnlich zu verhalten wie die Paviane. Sie übernahm ihre Körpersprache und lernte, wie man sich bei ihnen richtig verhält. Sie schreibt: »In diesem Prozess, in dem ich ihr Vertrauen zu gewinnen versuchte, habe ich fast alles an mir verändert, auch meine Art zu laufen und zu sitzen, meine Körperhaltung und wie ich meine Augen und meine Stimme gebrauchte. Ich lernte, auf eine völlig neue Weise – die der Paviane – auf der Welt zu sein.«[2] Sie übernahm die Art der Paviane, miteinander umzugehen. Das bedeutete paradoxerweise, dass sie in dem Moment, als die Paviane begannen, ihr böse Blicke zuzuwerfen, damit sie sich entfernte, große Fortschritte machte. Denn sie wurde nicht mehr wie ein Objekt behandelt, das es zu meiden galt, sondern als ein vertrauenswürdiges Subjekt, mit dem sie kommunizieren konnten. Ein Subjekt, das sich entfernt, wenn man es dazu auffordert, und mit dem klare Verhältnisse geschaffen werden können.

Haraway verbindet diese Geschichte mit einem neueren Artikel von Smuts, in dem diese über die Rituale schreibt, die ihr Hund Basmati und sie gemeinsam erschaffen und die ihr zufolge einer verinnerlichten Kommunikation entspringen. Eine Choreografie, kommentiert Haraway, ein Zeichen gegenseitigen Respekts im etymologischen Sinn des Wortes: in

2 Vgl. Smuts, Barbara: »Encounters with Animal Minds«, in: *Journal of Consciousness Studies* 8, S. 5-7, 2001.

dem Sinne, dass der Blick erwidert wird, dass beide lernen, zu antworten, aufeinander zu antworten und Verantwortung zu übernehmen.

Aber wir können Smuts' Text auch so interpretieren, dass er den sehr empirischen und zugleich hypothetischen Rahmen zu dem bildet, das der Soziologe Gabriel Tarde als eine Interphysiologie bezeichnet, eine Wissenschaft des Zusammenkommens der Körper.[3] Wenn wir diese Perspektive einnehmen, knüpft der Körper wieder an das an, was Spinoza einst gesagt hat: Er wird zu dem Ort für das, was affizieren und affiziert sein kann, der Ort für Veränderungen. Betonen wir zuerst einmal, dass das, was Smuts beschreibt, die Möglichkeit ist, zwar nicht durch eine Metamorphose der andere zu werden, aber *mit dem anderen* zu werden. Nicht, um nachzuempfinden, was der andere denkt oder fühlt, wie es das sperrige Konzept der Empathie nahelegen würde, sondern um in gewisser Weise die Möglichkeit zu erhalten und zu erschaffen, eine Beziehung einzugehen, in der ein Austausch stattfindet und Nähe herrscht, in der es aber nicht darum geht, sich mit dem anderen zu identifizieren. In gewisser Weise ist es tatsächlich so, dass *getan wird, als ob*, was dazu führt, dass man eine Veränderung durchläuft, wobei das Ergebnis bewusst ein Artefakt ist, das weder Authentizität vortäuschen kann und will, noch zu einer Art romantischer Vereinigung führen soll, von der oft gesprochen wird, wenn es um Beziehungen zwischen Menschen und Tieren geht.

Von dieser romantischen Vorstellung eines friedlichen Aufeinandertreffens sind wir übrigens weit entfernt, wenn Smuts betont, dass ihr dieser Prozess dann deutlich wurde, als die Paviane ihr irgendwann zu verstehen geben konnten, dass es möglicherweise zu einem Konflikt

3 Was Tarde als Interphysiologie bezeichnet, bildet ihm zufolge den Grundstein für die Psychologie und, genauer gesagt, die Interpsychologie. Eines von Tardes Lieblingsbeispielen ist das der Windengewächse, die sich an einem Wirt festklammern. Dass diese Interphysiologie auch Beziehungen zwischen Wirt und Parasit einschließt, scheint mir ein gutes Zeichen zu sein, und es bewahrt uns davor, die Beispiele und ihre Interpretationen nur auf harmonische Beziehungen, die im Einverständnis entstehen, zu beschränken. Vgl. Tarde, Gabriel: »L'interpsychologie«, in: *Bulletin de l'Institut général psychologique*, Juni 1903.

kommen könnte, indem sie ihr böse Blicke zuwarfen. Dass es zu einem Konflikt kommen könnte und dass man darüber verhandeln kann – genau das ist die Voraussetzung für eine Beziehung.

Bleiben wir bei den Pavianen. In den Texten einer anderen Primatologin finden wir eine andere Diskussion des Körpereinsatzes. Shirley Strum berichtet in ihrem Buch *Almost Human*, dass eine der Schwierigkeiten, mit denen sie seit Beginn ihrer Forschung vor Ort konfrontiert war, darin bestand herauszufinden, was sie in Anwesenheit der Paviane mit ihrem Körper tun durfte und was nicht.[4] Diese Frage stellte sich zum Beispiel, wenn sie dringend pinkeln musste. Sie hätte weggehen können, um sich hinter ihrem Wagen zu verstecken, der recht weit entfernt geparkt war. Aber sie stand vor einem großen Dilemma: Mit großer Wahrscheinlichkeit passiert genau in dem Moment, in dem der Forscher nicht da ist (und diese Sorge habe ich viele Feldforscher äußern hören), etwas Interessantes, das nur sehr selten passiert. So beschloss Strum letztendlich, nicht ohne Sorge, nicht länger hinter ihren Wagen zu gehen. Sie entkleidete sich sehr, sehr vorsichtig und schaute sich dabei immer wieder um. Die Paviane waren überrascht über das Geräusch, sagt sie. Tatsächlich hatten sie noch nie gesehen, wie sie etwas aß, trank oder schlief. Natürlich wissen Paviane, was Menschen sind, aber sie kommen ihnen nie besonders nahe und mussten Strum zufolge geglaubt haben, dass sie keine körperlichen Bedürfnisse haben. So fanden sie es aber heraus und zogen gewisse Schlüsse daraus. Beim nächsten Mal zeigten sie keinerlei Reaktion mehr. Wir können auf Grundlage dessen, was Strum beschreibt, nur mutmaßen. Sicherlich verdankt sie ihren Ruhm vielen Aspekten ihrer Feldforschung, ihrer Arbeit, ihrer Beobachtungsgabe, ihrer Vorstellungskraft, ihrem Interpretationsgespür und ihrer Fähigkeit, Verbindungen zwischen Ereignissen zu sehen, die nicht zusammenzugehören scheinen. Sie verdankt ihren Erfolg ebenfalls

4 Vgl. Strum, Shirley: *Almost Human: A Journey into the World of Baboons*, Chicago 2001.

ihrem Taktgefühl, das sie stets an den Tag legte, wenn sie ihren Tieren begegnete, wovon die von ihr gestellte Frage zeugt: Ist es unangebracht, vor Pavianen zu pinkeln? Ich komme aber nicht umhin anzunehmen, dass ihr Erfolg (diese erstaunliche Beziehung, die sie mit den Pavianen gemeinsam herstellen konnte) vielleicht auch von dem herrührt, was diese an jenem Tag entdeckten: dass die Forscherin, genauso wie sie, einen Körper hat. Wenn man liest, was Shirley Strum und Bruno Latour über die gesellschaftliche Ordnung bei Pavianen und über die Komplexität ihrer Beziehungen geschrieben haben, dann dürfte diese Entdeckung für sie nicht unbedeutend gewesen sein.[5] Weil Paviane nicht in einer materialistischen Gesellschaft leben, weil sie ihre sozialen Beziehungen nicht festigen können und weil jegliche noch so kleine Störung in einer Beziehung auch die anderen auf unvorhersehbare Weise beeinflusst, muss jeder Pavian konstant verhandeln und immer wieder neu verhandeln, um das Netz aus Allianzen stets erneut zu erarbeiten. Bei dieser gesellschaftlichen Verpflichtung geht es um Kreativität, es geht darum, tagtäglich eine fragile soziale Ordnung herzustellen, sie immer wieder neu zu erfinden und wiederherzustellen. Um das zu tun, hat der Pavian nur ein Hilfsmittel: seinen Körper. Was als eine Anekdote erscheinen könnte, war für die Paviane womöglich ein wichtiges Ereignis. Dieses seltsame Wesen, das einer anderen Spezies angehört, hat in mancherlei Hinsicht einen dem ihren ähnlichen Körper.

Ist diese Interpretation überzeugend? Hat Strum sich, in Smuts Sinne, *sozialisiert*, ist sie also in den Augen der Paviane ein soziales Wesen geworden, indem sie einen Körper gezeigt hat, der dem ihren in gewisser Hinsicht ähnlich ist? Darüber können wir natürlich nur mutmaßen.

Diese beiden Geschichten erinnern zwangsläufig an eine dritte. Die Texte, in denen der Biologe Farley Mowat von dieser berichtet, sind allerdings eigentlich keine wissenschaftlichen Texte und sie wurden heftig

5 Vgl. Strum, Shirley/Latour, Bruno: »Redefining the Social Link: from Baboons to Humans«, in: *Social Science Information* 26, 4, 1987, S. 783-802.

diskutiert. An dieser Geschichte ist außerdem einiges vollkommen anders. Zum einen werden dabei eher Verhaltensregeln missachtet, als dass jemand wirklich ein guter Gast hätte sein wollen. Zum anderen verkehrt sie in Anbetracht dessen, was Smuts berichtete, die Forderung: Nicht die Gastgeber sollen freundlicherweise als soziale Wesen wahrgenommen werden, sondern der Beobachter.

Mowats Geschichte beginnt Ende der Vierzigerjahre, als der Biologe gebeten wird, eine Expedition durchzuführen, deren Ziel es ist herauszufinden, was Angriffe durch Wölfe bei Karibus bewirken.[6] Es sollte eine harte Prüfung werden. Mowat brachte eine ziemlich lange Zeit alleine in einem Zelt mitten im Territorium eines Wolfsrudels damit zu, die Wölfe zu beobachten. Wie die Regeln, die Smuts schildert, es vorschreiben, achtete er darauf, so diskret wie möglich zu sein. Mit der Zeit kam der Biologe aber immer weniger damit zurecht, dass er von den Wölfen vollkommen ignoriert wurde. Er existierte nicht. Die Wölfe kamen tagtäglich an seinem Zelt vorbei und zeigten nicht das geringste Interesse. Mowat fing also an zu überlegen, wie er die Wölfe zwingen könnte, seine Existenz anzuerkennen. Wie er sagt, bot sich die Methode der Wölfe an. Er musste Besitzansprüche stellen. Das tat er also in einer Nacht, als die Wölfe auf Jagd gegangen waren. Es dauerte die ganze Nacht, bis er fertig war ... und er trank dabei mehrere Liter Tee. Aber als die Sonne aufging, war jeder Baum, jeder Strauch und jedes Grasbüschel, das zuvor von den Wölfen markiert worden war, jetzt von ihm markiert. Er wartete, etwas unruhig, bis das Rudel zurückkam. Wie gewohnt kamen die Wölfe an seinem Zelt vorbei, als wäre es gar nicht da, doch plötzlich hielt einer von ihnen völlig verdutzt inne. Der Wolf zögerte einige Minuten lang, dann kam er zurück, setzte sich und fixierte den Beobachter mit einem Blick von beunruhigender Intensität. Mowat, der kurz vorm Nervenzusammenbruch stand, entschied sich, ihm den Rücken zuzukehren, um ihm zu bedeuten, dass diese Penetranz ja wohl

6 Vgl. Mowat, Farley: *Never Cry Wolf*, New York 1981.

eindeutig gegen die Höflichkeitsregeln verstieß. Da setzte der Wolf sich in Bewegung, ging systematisch das Territorium ab und markierte mit allergrößter Sorgfalt jeden Fleck, den zuvor der Mensch markiert hatte. Von diesem Augenblick an, sagt Mowat, »hatten die Wölfe meine Enklave akzeptiert«, und jeder von ihnen, Wolf wie Mensch, frischte regelmäßig seine Duftmarken auf seiner Seite der Grenze auf.

Trotz aller Unterschiede sind diese drei Geschichten doch sehr ähnlich: Sie alle beschreiben Situationen, in denen Lebewesen entweder lernen einzufordern, dass das Wesentliche Beachtung findet, oder aber selbst eine Antwort auf eine derartige Forderung zu finden. Und sie lernen es zusammen mit einer anderen Spezies. Und dadurch bekommen jene Forschungsprojekte diese besondere, auffällige Note, bei denen die Beobachteten kennenzulernen dem untergeordnet wird, zuerst einmal *zu lernen sich wiederzuerkennen.*

C wie clever

Äffen Affen wirklich nach?[1]

Es war sehr lange Zeit schwer für Tiere, nicht dumm zu sein (wie sollte ein Schaf nicht dumm wie ein Schaf sein). Natürlich gab es immer Menschen mit einem offenen Geist, engagierte Laien. Menschen, denen unheilbarer Anthropomorphismus unterstellt wurde. Heute arbeitet die wissenschaftliche Literatur an ihrer Rehabilitierung. Sie holt diese Menschen aus der Versenkung und geht außerdem mit all jenen ins Gericht, die aus dem Tier eine seelenlose Maschine gemacht haben. Und das ist gut so. Aber, auch wenn es sinnvoll sein mag, grob auseinanderzunehmen, wie Tiere zu den Dummen gemacht werden, so wäre es doch auch hilfreich, sich die kleinsten Details dieser Abwertungsmechanismen ganz genau anzuschauen, die weniger offensichtlichen Weisen, die sich hinter oftmals noblen Motiven verstecken. Hinter Skeptizismus, hinter den Zwängen der rigiden Regeln der Wissenschaft, der Absicht, mit geringen finanziellen Mitteln auszukommen, der Objektivität usw. So fordert bekanntermaßen eine Regel aus Morgans Kanon, dass, wenn eine Erklärung, die von niedrigeren Fähigkeiten ausgeht, mit einer Erklärung konkurriert, die von höheren oder komplexeren Fähigkeiten ausgeht, die einfache Erklärung gewählt werden muss. Das ist nur eine Strategie der tierischen Verblödung neben anderen, deutlich weniger offensichtlichen

1 Ein Teil dieses Kapitels wurde bereits veröffentlicht: Despret, Vinciane: »Il faudrait revoir la copie. L'imitation chez l'animal«, in: Lenain, Thierry/Loriès, Danielle (Hg.): *Mimesis,* Brüssel 2007, S. 243-261.

Methoden, deren Entlarvung manchmal sorgfältigste Aufmerksamkeit erfordert, oder sogar Argwohn, der an Paranoia grenzt.

Wir sollten mit unserer Suche nach diesen Methoden bei den wissenschaftlichen Kontroversen darüber, welche Fähigkeiten Tieren zugesprochen werden sollten und welche nicht, beginnen. Die Kontroverse über Nachahmung bei Tieren ist exemplarisch, was das angeht.

Wir können aus ihr umso mehr lernen, da diese lange und ziemlich vehement geführte Diskussion zu dieser reichlich seltsamen Frage führen wird: Äffen Affen nach? – *Do apes ape?*

Die Geschichte lehrt uns, dass diese Art von Streit darüber, welche höheren Fähigkeiten Tieren zuzuschreiben sind, sich häufig als Frage nach dem *Anrecht auf Eigenschaften* entpuppt (wenn ihr mir erlaubt, es so herunterzubrechen). Was uns eigen ist, unsere *ontologischen Eigenschaften* – das Lachen, die Tatsache, dass wir uns unserer selbst und unserer Sterblichkeit bewusst sind, dass wir uns Inzest verbieten usw. – sollen das Unsrige bleiben. Dann müssen wir aber die Eigenschaften, die den Tieren schon zugeschrieben worden sind, wieder konfiszieren! Es scheint, dass Wissenschaftler besonders empfindlich reagieren, wenn sie die ihnen eigenen Fähigkeiten angegriffen sehen – den Philosophen wurde das schon vorgeworfen. Es heißt, Letztere würden vollkommen irrational werden, wenn es darum geht, herauszufinden, ob Tiere der Sprache mächtig sind. Könnte, wenn es um die Fähigkeiten von Tieren geht, das Nachahmen für die Wissenschaftler sein, was die Sprache für die Philosophen ist?

Eine andere Hypothese, die empirisch besser gestützt ist, könnte jene etwas unglückliche Vorliebe von Wissenschaftlern für das, was *Kaspar-Hauser-Versuche* genannt wird, berücksichtigen. In Kaspar-Hauser-Versuchen wird die Frage »Wie machen Tiere diese und jene Sache?« in die Frage »Was muss ihnen weggenommen werden, damit sie das nicht mehr machen?« überführt. Konrad Lorenz zufolge werden die Tiere bei dieser Art von Versuch regelrecht kaputt gemacht. Was passiert, wenn einer Ratte oder einem Affen die Augen, die Ohren oder diese oder jene

Gehirnregion weggenommen oder aber wenn ihnen jeglicher Kontakt zu Artgenossen verwehrt wird? (☞ *separieren*). Können diese Tiere dann immer noch durch ein Labyrinth laufen, können sie sich noch beherrschen, können sie zu anderen Tieren in Beziehung treten? Eine starke Vorliebe für diese Art wissenschaftlichen Arbeitens färbt zweifellos umfassend auf die Gewohnheiten mancher Forscher ab und kehrt heute in Gestalt einer seltsamen ontologischen Amputation wieder: Die Affen könnten nicht mehr nachäffen.

Das ist allerdings nicht so ganz, wie die Sache angefangen hat. Die Frage, ob Tiere menschliches Verhalten imitieren, hält Einzug in die Naturwissenschaften, als George Romanes, ein Schüler Darwins, eine Beobachtung seines Lehrers wieder ausgräbt. Darwin war aufgefallen, dass Bienen, die normalerweise Nektar aus Blüten von Buschbohnen sammelten, indem sie ihn von der offenen Blütenkrone auflasen, ihre Art, dies zu tun, änderten, wenn Hummeln in der Nähe waren. Letztere hatten eine ganz andere Technik. Sie stachen kleine Löcher in den Blütenkelch, um den Nektar heraussaugen zu können. Am nächsten Tag taten die Bienen es genauso. Während Darwin dieses Beispiel nur am Rande erwähnt, um zu zeigen, dass Menschen und Tiere teils gleiche Fähigkeiten haben, misst Romanes ihm eine andere theoretische Bedeutung bei. Dass die Bienen das Verhalten der Hummeln nachahmen, ermögliche uns zu verstehen, wie ein Instinkt einem anderen, sich dann durchsetzenden Instinkt weichen kann, wenn sich die Umwelt verändert. Das ist eine schöne Argumentation, weil die Ursache für eine Abweichung oder variierendes Verhalten demnach Imitation sein kann: Etwas anderes wir mit etwas normalerweise Gleichbleibendem gemacht. Bis hierhin ist noch keinerlei Rivalität im Spiel. Das kommt aber noch. Romanes fügt nämlich noch einen Kommentar an. Er schreibt, es sei einfacher, etwas zu imitieren, als es sich selbst zu überlegen. Und wenngleich das Imitieren seiner Ansicht nach von Intelligenz zeuge, so sei es doch eine Intelligenz zweiter Klasse. Natürlich, so Romanes, sei es für diese Fähigkeit wichtig, genau zu beobachten, das Tier sei also umso besser darin nachzuahmen, je höher entwickelt es sei. Er relativiert dieses Zugeständnis aber direkt wieder: Kinder würden in dem Maße, wie ihre Intelligenz zunimmt, immer weniger die Fähigkeit besitzen, andere zu imitieren, sodass wir davon ausgehen dürften, dass die Fähigkeit der Nachahmung proportional abnehme, »je eigenständiger derjenige denken kann und desto höher dessen geistige Fähigkeiten sind.« Romanes schlussfolgert daraus: »Deshalb ist diese Fähigkeit bei Idioten unter einer bestimmten (allerdings natürlich nicht zu niedrigen) Intelligenzschwelle normalerweise sehr stark ausgeprägt und bleibt es auch ein Leben lang, während sich diese Tendenz zu übermäßiger Imitation selbst bei Idioten von höherer Intelligenz, den ›Schwachsinnigen‹, in aller Regel beobachten lässt. Dasselbe ist auch bei vielen Wilden zu beobachten.«[2] Die Fähigkeit zu imitieren, bei deren Ausprägung es hierarchische Unterschiede gibt, dient offenbar einer Hierarchisierung von Lebewesen, welche weit über die Frage nach dem, was ein Tier ausmacht, hinausgeht.

Die von Romanes vorgeschlagene doppelte Hierarchisierung (die Hierarchisierung der Lernweisen und des intelligenten Verhaltens) wird nach ihm weiterentwickelt und noch ein wenig ausdifferenziert, um vor allem folgendes Problem zu lösen: Wie können der *Herdentrieb* der Schafe, die springen, wenn die anderen springen, die Papageien, von denen wir dachten, sie hätten nichts im Kopf, und die nachäffenden Affen auf die gleiche Stufe gestellt werden? Von nun an wurde zwischen der instinktgeleiteten Imitation und der reflektierten Imitation unterschieden, zwischen bloßer Nachahmung und intelligenter Imitation, und (um zwischen Vögeln und anderen Tieren zu unterscheiden) zwischen dem Nachahmen von Lauten und dem Nachahmen von Beobachtetem. Die Naturforscher waren sich alle einig, dass Laute nachzuahmen deutlich weniger Intelligenz erfordere als visuelle Imitation. Bleibt nur die Frage, welche Rolle Anthropozentrismus bei dieser Hierarchisierung gespielt

---

2 Romanes, George: *Mental Evolution in Animals*, London 1883.

hat, die ja immerhin von Lebewesen vorgenommen wurde, deren wichtigster Sinn die visuelle Wahrnehmung ist.

Parallel wird zwischen aktiven, intentionalen Lernvorgängen mit einem bestimmten Ziel und Imitation im Rahmen von unbewusstem, passivem Lernen unterschieden. Genau diese Unterscheidung sollten wir aber hinterfragen, gerade weil sie uns als selbstverständlich erscheint, weil wir sie für offensichtlich halten. Demnach ist die Imitation nicht nur die Vorgehensweise der Zurückgebliebenen, sondern Teil der größeren Kategorien des westlichen Denkens, Denkweisen, die ihrerseits Aktivität und Passivität hierarchisieren. Wie wir wissen, kategorisieren diese Denkweisen nicht nur Erfahrungs- und Verhaltensweisen, sondern hierarchisieren zudem Lebewesen, je nachdem, welche dieser Verhaltensweisen ihnen zugeordnet werden. Romanes' Unterscheidung zwischen wirklicher Intelligenz, die von intentionalem Lernen zeugt, und der weniger ausgebildeten Intelligenz nimmt mit der Konzentration auf die *Einsicht*, einem Konzept, das aus der Forschung Wolfgang Köhlers an Schimpansen hervorgeht, endgültig Gestalt an. *Einsicht*, also das *Verstehen* oder *Erkennen*, ist demnach die Fähigkeit, die es dem Tier ermöglicht, plötzlich die Lösung eines Problems zu finden, ohne vorher mit mehreren Versuchen scheitern zu müssen, was einer Konditionierung nahekommen würde. Genauer gesagt diente die *Einsicht* nicht der Unterscheidung von der Imitation, sondern sie stellte eher eine Waffe dar, im Widerstand gegen die Abwertung der Fähigkeiten der Tiere durch die behavioristischen Theorien, die in ihnen nur noch Automaten sahen, die nur zu einfachen Assoziationen fähig waren. Immer, wenn es ums Lernen ging, dienten diese Assoziationen als Erklärung. Die Behavioristen interessieren sich übrigens wohlgemerkt herzlich wenig für die Imitation, und das aus gutem Grund: Ihr Handwerkszeug ist, bis auf wenige Ausnahmen, dazu gedacht, mit einem einzeln agierenden Tier zu arbeiten. Imitation bleibt also die Sache der Tierpsychologie und der Ethologie.

Wenn sich die Forscher für Imitation interessieren, dann wird sie als ein schneller Ausweg aus der Schwäche verstanden, weil sie dem Tier ermöglicht, kognitive Fähigkeiten zu simulieren, die es – eigentlich – nicht hat. Das ist ein simpler *Trick*, aus dem Mangel an Alternativen erwachsen, eine Finte, ein einfacher Weg, echte Fähigkeiten vorzutäuschen. Die Imitation ist die Antithese der Kreativität (inwieweit sie das Gegenteil darstellt, wird ersichtlich, wenn wir sie mit der *Einsicht* vergleichen), auch wenn sie manchen als eine Abkürzung auf dem Weg zum Können erscheinen mag, die somit von einer bestimmten Form von Intelligenz zeugen könnte.

In den 1980er-Jahren findet eine Kehrtwende statt. Unter dem Einfluss der Entwicklungspsychologie sowie von Feldforschungen weckt die Imitation nicht nur neues Interesse, sondern sie wird auch anders wahrgenommen.[3] Sie ist jetzt eine kognitive Fähigkeit, die nicht nur komplexe geistige Fähigkeiten erfordert, sondern vor allem zu hohen kognitiven Leistungen führt. Zum einen erfordert Imitation, dass derjenige, der imitiert, das Verhalten des anderen als zielgerichtetes Handeln versteht, in dem sich Wünsche und Sichtweisen widerspiegeln. Zum anderen führt seine Handlung dazu, dass er noch höhere Fähigkeiten erlangt: Erstens führt die Gelegenheit, die Intentionen eines anderen zu begreifen, dazu, dass der Imitierende ein Selbstbewusstsein entwickelt. Zudem kann der Übertragungsvorgang, der die Imitation ermöglicht, als ein Mittel verstanden werden, das es auch ermöglicht, Kultur zu übertragen. Heißt: Sobald es um Selbstbewusstsein und Kultur geht, wird die Sache ernst. Die Imitation wird fortan für die Mentalisten[4] (diejenigen,

---

3 Vgl. hierzu: Byrne, Richard: »Changing Views on Imitation in Primates«, in: Strum, Shirley/Fedigan, Linda: *Primate Encounters: Models of Science, Gender and Society*, Chicago 2000, S. 296-310.
Byrne, Richard/Russon, Anne: »Learning by Imitation: a Hierarchical Approach«, in: *Behavioral and Brain Sciences* 21, 1998, S. 667-721.
Tomasello, Michael et. al.: »Observational Learning of Tool Use by Young Chimpanzees«, in: *Human Evolution* 2, 1987, S. 175-183.

4 Mit den Worten *Mentalist* und *Mentalismus* bezieht Despret sich nicht auf Illusionisten und Zauberer, sondern auf die Fähigkeit, die mentalen Vorgänge anderer nachzuvollziehen. [Anm. d. Übers.]

die sich vergegenwärtigen können, dass sich das, was im Kopf der anderen vorgeht, von dem, was in ihrem Kopf vorgeht, unterscheidet, und die dazu plausible Hypothesen aufstellen können, ☞ *mogeln*) der Schlüssel zum kognitiven Paradies und damit die Eintrittskarte in den Kreis der auserwählten Lebewesen, die eine Kultur besitzen.

Was dann kam, könnt ihr bereits erahnen. Der Aufwertung der Imitation als gehobene intellektuelle Fähigkeit folgte eine eindrückliche Zahl an Versuchen, die bewiesen, dass Tiere eigentlich gar nicht andere imitieren oder nicht wirklich fähig sind, etwas zu lernen, indem sie andere imitieren.

Da haben wir wieder unsere Frage, die auch der Titel eines berühmten Artikels ist: *Do apes ape?*[5] Können Affen andere nachäffen? Und schon geht die Diskussion los. Es formen sich zwei Lager, deren Grenzen leicht auszumachen sind. Die Feldforscher machen zahlreiche neue Beobachtungen, wie Tiere andere imitieren. Die experimentellen Psychologen widerlegen dies in ebenso vielen Experimenten.

Die Unterstützer der Theorie, dass Tiere imitieren, argumentieren damit, dass Gorillas dabei beobachtet wurden, wie sie Bäume, die voller Stacheln sind, auf ausgeklügelte Weise entlauben. Die Technik verbreitet sich durch Imitation und wenn Artgenossen gemeinsam fressen, werden Ähnlichkeiten sichtbar. Die Orang-Utans sollen es richten. In Auswilderungsgehegen, wo die Forscher überwachen, wie sie allmählich in die Natur zurückfinden, wird beobachtet, wie sie ihr Geschirr spülen und die Wäsche machen, sich die Haare bürsten, die Zähne putzen, Feuer zu machen versuchen, einen Benzinkanister leeren oder sogar (wenn auch unlesbar) schreiben. Nebenbei bemerkt scheinen diese Orang-Utans nicht sonderlich daran interessiert zu sein, in die Natur zurückzukehren. »Das sind nur Anekdoten«, antworten diejenigen, die nur an Experi-

5 Michael Tomasellos berühmter Artikel »Do Apes Ape?« findet sich hier: Galef, Bennet/Heyes, Cecilia (Hgg.): *Social Learning in Animals: The Roots of Culture*, San Diego 1996, S. 319-346.

mente glauben, entspannt. Oder aber: Folgen wir Morgans Kanon, dann gibt es für jedes eurer Beispiele eine andere Erklärung.

Die berühmt-berüchtigten Meisen, die in den 1950er-Jahren die Milchkannen auf den Eingangstreppen englischer Häuser mit einer Technik öffneten, die sich zum großen Leidwesen der Milchhändler so stark verbreitete, dass sie offenbar auf Imitation zurückzuführen war, werden ins Labor gebeten. Dass es ebendiesen Meisen gelungen ist, ihre Strategie zu ändern, als die Milchhändler ihrerseits andere Verschlusstechniken für ihre Flaschen anwendeten, und dass diese neue Technik zum Öffnen ebenfalls von der einen zur anderen Meise weitergegeben wurde, wird die Experimentatoren nicht weiter beeindrucken: Die Meisen müssen ihre Fähigkeiten zur Imitation unter Beweis stellen. Mithilfe einer Kontrollgruppe hat man sie aber schnell entlarvt. Die Meisen, die eine Flasche vorfinden, ohne dass sie zuvor das Öffnen derselben beobachten durften, öffnen diese genauso gut, wie diejenigen, die einem Artgenossen beim Öffnen zuschauen konnten. Es geht also nicht um *Imitation*, sie *ahmen* ihre Artgenossen nicht nach, sondern sie *eifern* ihnen nach.

Man holt auch die Affen. Hier fällt das Urteil ebenso eindeutig aus: Es handelt sich nicht wirklich um Imitation, sondern um simple assoziative Mechanismen, die dem Imitationsverhalten ähneln, aber nichts damit zu tun haben. Im Grunde handelt es sich um Pseudo-Imitation. Genau, das ist es: Die Affen *imitieren die Imitation*. Aber natürlich ohne dabei die Forscher, die stets auf der Hut vor Fälschungen sind, zu täuschen. Nur Menschen imitieren wirklich.

Immer mehr Experimente werden in den Laboren gemacht, um diese Hypothese zu überprüfen, die letztendlich nichts anderes als eine Übersetzung einer allgemeineren These ist, nämlich der These *des* Unterschieds zwischen Menschen und Tieren. Also holt man die Menschen dazu. Und zwar ausgerechnet die Kinder. Ihnen kommt nun die Aufgabe zu, im Vergleich mit den Schimpansen zu bestehen. Nachdem die Experimente durchgeführt worden waren, war klar: Die Affen verlieren auf ganzer Linie. Der Psychologe Michael Tomasello ließ die Schimpansen dabei zuschauen, wie jemand mit einer Harke in T-Form an Futter gelangte. Die Schimpansen versuchten es selbst, mit Erfolg – allerdings verwendeten sie eine andere Technik. Das Urteil lautet: Schimpansen imitieren andere nicht, weil sie deren Verhalten nicht als ein Verhalten interpretieren können, das einem Ziel dient. Sie begreifen den anderen nicht als einen *agent*[6] mit einer Intention, der ihnen selbst als *agent* mit einer Intention ähnelt.

In einem Experiment, bei dem sich in einer mit Riegeln verschlossenen Kiste für den nichtmenschlichen Primaten eine Frucht und für die Menschenkinder eine Süßigkeit befindet, ahmen die Kinder jede Bewegung des Leiters des Experiments exakt nach und wiederholen die Bewegungen teilweise sogar mehrere Male. Die Schimpansen öffnen die Kiste problemlos, aber weder mit der Technik, die ihnen gezeigt wurde, noch mit einigen der wichtigen Handgriffe. Sie machen nicht nach, sie *eifern nach*, wie die Meisen.

Was können wir dazu noch sagen, was wir nicht schon wussten? Menschenkinder achten aufmerksamer auf die Erwartungen der menschlichen Erwachsenen als Schimpansen ...

Komplizierter wird es allerdings, als eine Forscherin, Alexandra Horowitz, beschließt, sich einige Aspekte des Problems noch einmal genauer anzusehen. Sie vergleicht erwachsene Probanden und Kinder (die erwachsenen Probanden waren Psychologie-Studenten). Sie verwendet genau dieselbe Kiste wie bei den Kindern, nur dass diesmal eine Tafel Schokolade darin liegt. Es ist ein Desaster. Diese Studenten sind noch schlimmer als die Affen, sie verwenden ihre eigene Technik, ohne sich darum zu kümmern, was ihnen gezeigt worden ist. Manche von

6 Despret verwendet in diesem Zusammenhang bewusst nicht die Terminologie nach Bruno Latours Akteur-Netzwerk-Theorie (*actor*, *Akteur*), sondern das Wort *agent* in Anlehnung an den britischen Anthropologen Alfred Gell. Das englische Wort *agent* meint: mit *Agency* ausgestattet. Vgl. Gell, Alfred: *Art and Agency: An Anthropological Theory*, Oxford 1998. [Anm. d. Übers.]

ihnen schließen die Kiste sogar hinterher wieder. So hat man es ihnen nicht vorgemacht. Die Forscherin schlussfolgert lakonisch, dass sich die Erwachsenen eher wie Schimpansen verhalten denn wie Kinder. Jetzt müsse man also, wenn Tomasello Recht hat, daraus folgern, dass Erwachsene keinen Zugang zu den Intentionen anderer haben.[7]

Zurück zu dem, was von den Schimpansen verlangt wurde. Versuchen wir zu verstehen, wie derartige Versuche Tiere dumm (sprich: zu Tieren) machen. Dabei sollten wir auf das achten, was bei dieser Art von Experimenten der blinde Fleck bleibt. Der Versuchsaufbau zeigt nichts anderes, als dass die Affen daran scheitern, sich an unsere Gepflogenheiten anzupassen, oder besser gesagt, an die kognitiven Gewohnheiten der Wissenschaftler. Die Wissenschaftler haben sich nicht die Mühe gemacht zu beobachten, wie sich diese Lebewesen in der Welt und zu anderen verhalten, sie haben den Affen ihre Methoden auferlegt, ohne auch nur ein Mal zu hinterfragen, wie die Affen die Situation, in die sie gebracht wurden, interpretieren könnten (☞ *Umwelt*). Umso überraschender ist dies, wenn wir bedenken, dass dieselben Forscher sofort zur Stelle sind, wenn es darum geht, in der Diskussion ihren Kontrahenten Anthropomorphismus vorzuwerfen, der sie dazu bringen würde, den Tieren Fähigkeiten zuzuschreiben, die den unsrigen ähneln. Dabei wäre es kaum möglich, einen anthropomorpheren Versuchsaufbau zu konzipieren als denjenigen, den sie den Affen vorgesetzt haben!

Alles in allem können diese Experimente nicht behaupten zu vergleichen, wenn sie so vergleichen, wie sie es tun, denn sie messen nicht dasselbe. Als sie vorgaben, sie würden die Fähigkeit zur Imitation erforschen, versuchten die Forscher in Wahrheit, Folgsamkeit herzustellen. Wie sollten wir die Anforderung, unsere Art der Imitation zu imitieren, sonst nennen? Und als die Versuche scheiterten, schoben sie ihr Scheitern den Affen zu. Dass die Kinder so eifrig imitierten, hätte sie jedoch

---

7 Alexandra Horowitz' Antwort findet sich in ihrem Artikel »Do Humans Ape? Or Do Apes Human?«, in: *Journal of Comparative Psychology* 117, 2003, S. 325-336.

auf die richtige Fährte bringen müssen: Die Kinder haben verstanden, wie wichtig es dem Forscher ist, dass sie sich an das halten, was er ihnen zeigt. Die Affen waren, was das angeht, weniger kooperativ und vor allem pragmatischer. Sie verfolgten nicht dieselben Ziele.

Oder konnten sich die Affen vielleicht einfach nicht vorstellen, dass man etwas derart Affiges von ihnen erwartete, wie jede einzelne Bewegung der Menschen, die die Süßigkeiten lieferten, ganz genau zu imitieren? Sicherlich ist es das, woran es den Tieren letzten Endes mangelt: Vorstellungskraft.

D wie

Diebe

Können Tiere aufbegehren?

Auf einer Insel in der Karibik, der Insel St. Kitts, teilen sich Menschen und Grüne Meerkatzen das schöne Wetter, den Sandstrand ... und Cocktails mit Rum. Das Wort ›teilen‹ entspricht zweifelsohne eher dem Verständnis, das die Affen von der Situation zu haben scheinen, als dem der Menschen, die, so gut sie können, versuchen, ihre Getränke in Sicherheit zu bringen. Ohne viel Erfolg; ihre Rivalen scheinen äußerst motiviert. Tatsächlich ist das Verhalten der Grünen Meerkatzen tief verankert. Diese Affen betrinken sich seit fast dreihundert Jahren, seitdem sie zusammen mit Sklaven auf der Insel angekommen sind, welche ihrerseits hierher geschickt wurden, um in der Rumindustrie zu arbeiten. Die Affen kamen auf den Geschmack, als sie auf den Feldern vergorenes Zuckerrohr aufsammelten. Heute prellen sie die Zeche, anstatt selbst zu sammeln, und die Menschen haben es mit Lebewesen zu tun, die einem lang bekannten gesellschaftlichen Übel eine ganz neue Dimension verleihen.

Es ist noch nicht alles verloren. Diese Affen müssten uns eigentlich etwas lehren oder das ein oder andere unserer Probleme lösen. Die Kommentare unter den Videos über dieses Phänomen führen schon in die richtige Richtung.[1] Der *Medical Council of Canada* und die *Behavioral*

---

1 Das Video über die Säufer-Affen findet man auf Youtube. Informationen über Alkoholismus bei Affen finden sich auf der Seite noldus.com, sowie auf ncbi.nlm.nih.gov für eine detailliertere Recherche. Außerdem findet sich dort eine kritische Auseinandersetzung damit, wie die Ergebnisse präsentiert werden (☞ *Youtube*).

Sciences Foundation von St. Kitts haben ein Forschungsprogramm ins Leben gerufen, bei dem 1.000 in Gefangenschaft gehaltenen Grünen Meerkatzen eine große Anzahl von verschiedenen Getränken angeboten wurden. Aus den sich daraus ergebenden Statistiken haben Forscher geschlossen, dass die prozentuale Verteilung des Alkoholkonsums bei den Affen derjenigen unter Menschen entspricht. Auf der einen Seite scheint ein großer Teil der Grünen Meerkatzen Säfte und Limonaden zu bevorzugen und Cocktails nicht zu mögen. Von den übrigen sind zwölf Prozent moderate Trinker und fünf Prozent trinken sich einen Rausch an und liegen danach wortwörtlich unterm Tisch. Die Weibchen zeigen demnach eine weniger ausgeprägte Tendenz zum Alkoholismus, und wenn sie sich doch dieser schlechten Gewohnheit hingeben, bevorzugen sie süße Getränke. Wie sie sich unter Alkoholeinfluss verhalten, unterscheidet sich ebenfalls ähnlich wie bei den Menschen: Manche Trinker werden in Gesellschaft fröhlich und lustig, andere bekommen schlechte Laune und wieder andere suchen Streit. Die moderaten Trinker neigen zu Verhaltensweisen, die ihnen bei den Forschern die Bezeichnung »soziale Trinker« eingebracht haben. Sie trinken eher zwischen Mittag und 16 Uhr als morgens. Die leidenschaftlichen Trinker ihrerseits fangen morgens an und zeigen eine deutliche Vorliebe für mit Wasser verdünnten Alkohol anstelle süßer Getränke. Und wenn die Forscher ihnen nur für eine bestimmte Zeit am Tag Zugang zu Alkohol gewähren, betrinken sie sich in kürzester Zeit bis ins Koma. Es wurde auch beobachtet, dass sie eine ganze Flasche für sich beschlagnahmen und die anderen nicht daraus trinken lassen. Es wird gesagt, diese Verhaltensweisen ähnelten den unseren. Die Forscher schlussfolgern, dass eine genetische Disposition dafür verantwortlich sei, wie wir mit Alkohol umgehen. Das ist eine gute Neuigkeit. Endlich gibt es eine Erklärung, dank derer wir auf all die Details verzichten können, die die Sache unnötig kompliziert machen. Wir müssen uns nicht mehr auf besondere Gelegenheiten berufen, wie, dass wir in einer Bar sind, dass Wochenende ist oder Monatsende, dass wir den Abend mit Freunden verbringen, dass wir vergessen wollen oder feiern, dass wir einsam sind, zwischenmenschliche Probleme haben, dass es das letzte Glas ist oder das vorletzte, dass die Rumindustrie schuld ist, die Geschichte der Sklaverei, der Migration und der Kolonisation, die Langeweile in Gefangenschaft und so viel mehr.

Kommen wir auf die Kriminalität zurück. Fälle, in denen Tiere Probleme bereiten, treten fast überall immer häufiger auf. Mal führen ihre Vergehen zu Belustigung, mal enden sie tragisch. In Saudi-Arabien haben sich Paviane seit Langem einen Ruf als Einbrecher erarbeitet. Sie steigen in die Häuser ein und plündern die Kühlschränke. Von Taschendiebstahl wiederum war im *Guardian* vom 4. Juli 2011 zu lesen: In einem Nationalpark in Indonesien haben Schopfaffen dem Fotografen David Slater den Fotoapparat gestohlen und ihn erst an seinen Besitzer zurückgegeben, nachdem sie einige hundert Fotos, überwiegend von sich selbst, geschossen hatten. Korruption und Erpressung sind ebenfalls in Indonesien zu beobachten, wo Langschwanzmakaken im Uluwatu-Tempel auf Bali den Touristen Fotoapparate und Taschen klauen und diese nur im Tausch gegen Essen zurückgeben. Ganz allgemein gibt es mittlerweile unzählige Fälle, in denen Tiere an Orten, die von vielen Touristen frequentiert werden, Diebstahl begehen. Manchmal geht dies auch mit tätlichen Angriffen einher.

Dramatischer noch sind die recht drastischen Verhaltensveränderungen, die seit einigen Jahren bei Elefanten beobachtet werden. Manche von ihnen haben zum Beispiel Dörfer im Westen Ugandas angegriffen und mehrere Male Straßen blockiert, sodass niemand mehr vorbeikam. Es gab schon immer Konflikte zwischen Menschen und Elefanten, besonders, wenn sie um Raum und Nahrung konkurrierten. Diesmal ging es aber um etwas anderes. Als diese Dinge passierten, gab es reichlich Nahrung und nur wenige Elefanten. Außerdem gibt es fast überall in Afrika ähnliche Fälle und alle Beobachter berichten, dass sich die Elefanten nicht mehr so verhalten, wie sie es in den 1960er-Jahren taten. Manche

Wissenschaftler beschreiben eine neue Generation von »jugendlichen Kriminellen« infolgedessen, dass immer öfter der Sozialisationsprozess fehlt, der sonst innerhalb der Herde stattfindet und jetzt zerstört wird, weil in den vergangenen zwanzig Jahren stark gewildert wurde und das Wildtiermanagement Maßnahmen zur Verringerung der Population durchführt. Im Zuge dieser Maßnahmen wurden in zahlreichen Herden aufgrund fragwürdiger Kriterien (wie sicherlich alle Kriterien fragwürdig wären) die ältesten Weibchen getötet, ohne sich dabei bewusst zu machen, welche katastrophalen Folgen das für die Gruppe haben würde. Andere, ebenfalls gut gemeinte Strategien gegen eine lokale Überpopulation, bei denen einige junge Elefanten umgesiedelt wurden, um andernorts eine neue Herde aufzubauen, hatten ähnliche Auswirkungen. In den Gruppen haben nämlich die Matriarchinnen eine entscheidende Rolle inne. Die Matriarchin ist das Gedächtnis der Gemeinschaft. Sie leitet alle Aktivitäten an. Sie gibt weiter, was sie weiß, aber vor allem ist sie wichtig für das Gleichgewicht der Gruppe. Wenn die Herde auf andere Elefanten trifft, kann die Matriarchin an deren Rufen erkennen, ob sie Mitglieder eines größeren oder sehr weit entfernten Clans sind. Sie gibt vor, wie ihnen zu begegnen ist. Sobald sie ihre Entscheidung getroffen und den Mitgliedern der Gruppe mitgeteilt hat, beruhigt sich die Gruppe wieder. Daher hat von den Herden, die in den 1970er-Jahren in einen Park in Südafrika umgesiedelt wurden, praktisch keine überlebt. Bei einer Autopsie stellte man fest, dass sie Magengeschwüre und andere Verletzungen hatten, die normalerweise mit Stress einhergehen. Ohne Matriarchin, die ihnen als einzige eine normale Entwicklung und ein Gleichgewicht ermöglichen kann, kommen diese Tiere nicht zurecht.

Als die Elefanten anfingen, die Menschen ohne erkennbaren Grund anzugreifen, stellte man also Hypothesen auf: Die Elefanten hätten die Orientierung und die Fähigkeiten verloren, die sie sonst durch die bei den Dickhäutern übliche lange Sozialisation erlernt hatten. Manche Forscher haben im Übrigen, mit einer ganz ähnlichen Argumentation, angeführt, dass die Elefanten, so wie manche Menschen, an posttraumatischen Störungen leiden würden. Mit dieser Diagnose wird ihnen die Fähigkeit abgesprochen, ihre Gefühle zu beherrschen, mit Stress umzugehen und ihre Aggressionen im Zaum zu halten. Wie man sieht, knüpfen diese Erklärungsversuche ein immer engeres Netz aus Analogien zu menschlichem Verhalten.

Wenn man Jason Hribals neuestes Buch[2] liest, wird eine nochmals andere Interpretation angeboten. Hribal interessiert sich für etwas, das seit Langem als Zirkus-»Unfälle« und »Zwischenfälle« in Zoos abgetan wird und wobei vor allem Elefanten eine Rolle spielen. Diese »Unfälle«, bei denen Tiere Menschen attackieren, verletzen oder töten, seien tatsächlich Akte der Revolte, genauer gesagt, des *Widerstands* angesichts der Misshandlungen, die die Tiere erleiden. Hribal geht sogar noch weiter. Ihr Handeln offenbare sogar ein Moralempfinden hinter der offensichtlichen Gewaltbereitschaft (☞ *Justiz*).

Hier sehen wir wieder, wie die Erklärungen auf Analogien beruhen. Was einst als Unfall beurteilt wurde, ist heute das Ergebnis bewussten Handelns, wobei die Motive offengelegt und verstanden werden können. Vergessen wir nicht, was das Wort »Unfall« in einem Zirkus oder Zoo unterschlagen hat. Neben der Tatsache, dass mit dieser Bezeichnung dem Publikum versichert werden sollte, dass diese Vorfälle die Ausnahme darstellten, verwies ein Unfall auf all jene Situationen, in denen keine wirkliche Intention vorhanden war. Aber es wurden auch solche Vorfälle als »Unfälle« bezeichnet, von denen angenommen wurde, sie wären berechtigterweise auf den tierischen Instinkt zurückzuführen, was ebenso sicher ausschließt, dass die Tiere eine Intention oder einen Beweggrund haben könnten (☞ *Forschung*).

Hribals Vorschlag, die »Unfälle« in die Begriffe Protest, Empören, Revolte oder aktiver Widerstand zu übersetzen, ist nichts Neues.

2 Hribal, Jason: *Fear of the Animal Planet: the Hidden History of Animal Resistance*, 2010.

Sicherlich ist diese Interpretation seit dem Ende des 19. Jahrhunderts unter Wissenschaftlern seltener geworden, aber bei Laien wie den Dresseuren, Viehzüchtern, Pflegern und Zoowärtern findet sie sich noch heute. Erst kürzlich hat sie sich in einem Fall durchgesetzt, der ganz offensichtlich keine Zweifel hinsichtlich seiner Interpretation zuließ. Darüber wurde Anfang 2009 ausführlich gesprochen, als Bilder davon im Internet zirkulierten und es in die Schlagzeilen mancher Zeitungen schafften. Santino, ein Schimpanse aus dem Zoo Furuvik nördlich von Stockholm, hatte sich angewöhnt, Besucher, die an ihm vorbeikamen, mit Steinen zu bewerfen. Überraschenderweise stellten die Forscher, die sich mit diesem Fall beschäftigten, fest, dass Santino seine Angriffe sorgfältig plant. Er häuft die Steine in der Nähe der Stelle an, an der die Touristen neben dem Käfig entlanggehen. Und zwar morgens, bevor sie ankommen – und er versteckt sie. Zudem tut er dies nicht an den Tagen, an denen der Zoo geschlossen bleibt. Fehlt es ihm mal an Material, stellt er seine Wurfgeschosse her, indem er Zement von den Steinen in seinem Gehege abkratzt. Den Forschern zufolge beweist das seine recht hoch entwickelten kognitiven Fähigkeiten: die Fähigkeit, die Zukunft zu antizipieren und, vor allem, zu planen. Zweifellos hat Santino seine Fähigkeiten genutzt, um seinem Unmut Ausdruck zu verleihen.

Dass diese Tiere Wurfgeschosse als Waffen nutzen, war bereits bei Begegnungen zwischen Schimpansengruppen aufgefallen. Man hat sie oft dabei beobachtet, wie sie effizienterweise ihren Kot für ihre kriegerischen Vorhaben aufsammelten – das ist tatsächlich häufig die einzige Waffe, die ihnen in den Zoogehegen zur Verfügung steht, aber sie tun das auch in der freien Natur. Auf diese Art begrüßen sie manchmal fremde Artgenossen oder auch einen ihnen unbekannten Menschen. Wie zahlreiche Forscher am eigenen Leib erfahren haben.

Robert Musil sagte über die Wissenschaft, dass sie Fehler zu ihrem Vorteil zu nutzen weiß – wenn sie gute Gelegenheiten erkennt und raffiniert die kleinsten Details bemerkt, um daraus einen Vorteil zu ziehen, und wenn sie die Kunst der Umkehrung und der Neuinterpretation im eigenen Interesse pflegt.[3] Wenn es eine Arbeit eines Wissenschaftlers gibt, die diese Beschreibung verdient, dann die von William Hopkins und seinen Kollegen. Ich weiß nicht, ob es notwendig ist, noch zu erwähnen, dass ihre Arbeit von bemerkenswerter Aufopferungsbereitschaft im Dienste des Wissens zeugt. Das ganze Ausmaß wird erst deutlich, wenn man das Protokoll zu dem Experiment liest und wenn man bedenkt, wie lange es gedauert hat: knapp 20 Jahre.

Bei der Frage, der Hopkins nachgeht, geht es um »uns« (das ist, wohlgemerkt, meistens der Fall, wenn das Verhalten von Schimpansen in Experimenten untersucht wird). Seine Forschung ist Teil des großen Vorhabens, unsere Wurzeln zu verstehen, und des bescheideneren Vorhabens, zu verstehen, wo einige der Verhaltensweisen herkommen, die wir im Laufe der Evolution entwickelt haben. In diesem Fall geht es um die Frage, weshalb die meisten Menschen Rechtshänder sind. Ein kleines Detail. Nur, dass bereits mancherlei Hypothese zu diesem *Detail* aufgestellt wurde. Einer dieser Hypothesen zufolge (derjenigen, die Hopkins interessiert) soll sich die Rechtshändigkeit über die Körpersprache entwickelt haben. Auf etwas zu werfen und somit zu zielen, erfordert ja nicht nur, dass die nötigen neuronalen Netze für intentionales kommunikatives Verhalten vorhanden sind, sondern auch, dass man Informationen über räumliche und zeitliche Gegebenheiten präzise aufeinander abstimmen kann. Die Handlung würde also neuronale Netze aktivieren, die sich für den Spracherwerb als entscheidend herausstellen könnten. Mit anderen Worten könnte das Werfen ein entscheidender Faktor gewesen sein, der die Entwicklung der linken Gehirnhälfte für kommunikative Zwecke begünstigt hat. Hier stellt sich also die Frage in Bezug auf die Schimpansen: Sollten sie etwa, weil sie uns in der Evolution so nahe stehen, Rechtshänder sein? Wie können Schimpansen davon überzeugt werden, uns diese Frage zu beantworten? Ihr ahnt es schon, ganz einfach,

3 Vgl. Robert Musil: *Der Mann ohne Eigenschaften*, Berlin 1930.

indem wir uns ihre Vorliebe für das Werfen zunutze machen. Den Wissenschaftlern ist nämlich nicht entgangen, dass sich die Schimpansen, wenn sie ihnen zum ersten Mal gegenübertraten, der unerfreulichen Angewohnheit hingaben, sie mit Kot zu bewerfen. Unerfreulich, sicher, aber nur so lange, bis diese Gewohnheit den Königsweg zum Wissen bereitet. Zwanzig Jahre! Fast zwanzig Jahre lang haben sich die Forscher also dem Exkrementewerfen gewidmet und mit bemerkenswerter Opferbereitschaft Daten gesammelt, die zweifelsohne eines Tages Licht in die Mysterien der Menschwerdung bringen werden. Sie begannen 1993 mit Schimpansen, die im *Yerkes National Primate Research Centre* gehalten wurden. Zehn Jahre später kamen die Schimpansen des *MD Anderson Cancer Center* der *University of Texas* hinzu (wer weiß, was die Schimpansen in diesem Institut erleiden müssen, kann sich übrigens denken, dass sie begeistert waren, bei diesem Experiment mitmachen zu dürfen).

Achtundfünfzig Männchen und zweiundachtzig Weibchen wurden mindestens ein Mal beim Werfen beobachtet. Aber nur neunundachtzig von ihnen wurden in die Studie aufgenommen. Damit die Ergebnisse haltbar sein würden, war es wichtig, dass dieses Verhalten mindestens sechs Mal bei den Affen beobachtet wurde. Bei einem Minimum von sechs Würfen pro Schimpanse über einen Zeitraum von so vielen Jahren handelt es sich natürlich längst nicht mehr um erste Begegnungen, es sei denn die Forscher hätten möglicherweise eine Armee von Menschen rekrutiert, die sich bereit erklärt hätten, die Rolle des unbekannten Individuums zu spielen, wovon aber in der Studie keine Rede ist. Jedoch können Schimpansen durchaus auch in anderen Kontexten auf diese Methode zurückgreifen, vor allem in Auseinandersetzungen und wenn sie die Aufmerksamkeit eines unaufmerksamen Schimpansen oder Menschen auf sich lenken wollen. Die Wissenschaftler konnten also auf mehrere Strategien zurückgreifen. Allerdings kann man auch eine andere Hypothese vertreten: Die Schimpansen haben verstanden, was die Forscher von ihnen erwarteten, und kamen diesen Erwartungen freundlicherweise nach, ohne sich allzu genau an die Bedingung der

Unbekanntheit des Gegenübers zu halten. Jetzt findet mal heraus, welcher dieser möglichen Gründe tatsächlich derjenige ist, der die Affen motivierte ...

Zweitausendvierhundertfünfundfünfzig Würfe wurden zwischen 1993 und 2005 beobachtet. Und das ist nur ein Teil der Würfe, für die die Forscher als Zielscheibe herhalten mussten, weil in diese Liste nicht die Attacken der weniger involvierten Affen, der nur gelegentlichen Werfer, aufgenommen wurden.

Es war die Mühe zweifellos wert, denn das Ergebnis ist eindeutig: Schimpansen sind bei dieser Tätigkeit in der Mehrzahl Rechtshänder.

E wie

Experiment

Sehen sie sich so, wie wir sie sehen?

In einem großartigen Artikel über Orang-Utans, die nicht gehorchen wollen,[1] berichtet die Philosophin und Hunde- und Pferdetrainerin Vicki Hearne, dass der Dresseur Bobby Berosini, als sie ihn fragte, was Orang-Utans zum Arbeiten motiviert, antwortete: »Wir sind Schauspieler. *Wir* sind Schauspieler. Verstehen Sie, was ich meine?«

Zuerst einmal gibt es da dieses »Wir«. Tatsächlich könnte schon der Ablauf von Berosinis Auftritten dieses Wort rechtfertigen. Die Auftritte vermischen fortwährend die Grenzen zwischen den Rollen und Identitäten. Zu Beginn der Vorführung erzählt Berosini dem Publikum, er werde oft gefragt, wie er es schaffe, seine Orang-Utans dazu zu bringen, bestimmte Dinge zu tun. Dann erklärt er, dass er auf diese Frage mit folgenden Worten antworte: »Sie müssen ihnen zeigen, wer der Boss ist.« Er kündigt an, das einmal vorzuführen. Berosini ruft den Orang-Utan Rusty und fordert ihn auf, auf einen Hocker zu springen. Rusty blickt ihn völlig verständnislos an. Berosini erklärt es ihm mit Händen und Füßen. Rusty schaut immer verwirrter drein. Schließlich beschließt Berosini, es ihm zu zeigen, springt auf den Hocker ... und der Orang-Utan macht eine Geste, damit das Publikum dem Menschen applaudiert. Die Aufführung nimmt weitere zahlreiche Wendungen, besonders als die Orang-Utans sich beharrlich weigern, die Cookies anzunehmen, die ihnen bei jedem

1 Hearne, Vicki: »The Case of the Disobedient Orangutans«, in: Hearne, Vicki: *Animal Happiness*, New York 1993.

gelungenen Kunststück angeboten werden, und sie immer wieder an das Publikum verteilen, beziehungsweise Berosini dazu bringen wollen, sie selbst zu essen.

»Wir sind Schauspieler.« Es gibt zahlreiche Möglichkeiten, ein »Wir« herzustellen. Im Alltag machen wir diese Erfahrung ständig (falls sie uns nicht entgeht). Wie ist dieses »Wir«, das mit dem Erfolg Berosinis verknüpft zu sein scheint, zu verstehen? Man könnte zunächst einmal annehmen, dass das Domestizierungsverhältnis eine wichtige Bedingung wäre, um diese gemeinsame Kompetenz zu erlangen. Diese Hypothese wäre zwar in anderen Fällen einleuchtend, aber hier kann sie nicht zutreffen. Domestizieren bedeutet, dass Menschen und Tiere einander in einem langen Prozess verändert haben, an dessen Ende die Menschen diejenigen sind, die domestiziert haben, und die Tiere diejenigen, die domestiziert wurden. Orang-Utans sind keine domestizierten Tiere. Der Begriff *wild* scheint ebenso wenig zu passen. Aber man könnte sie und ihren Dresseur Berosini als *Gefährten* bezeichnen (um es mit den schönen Worten, die Donna Haraway dafür findet, zu sagen: *companion species*) und sie könnten der Etymologie, auf die Haraway ihre Wahl stützt, sogar noch einen neuen Aspekt hinzufügen: Sie sind nicht nur Spezies *cum-panis*, solche, die das Brot miteinander teilen, sondern es sind Spezies, die ihr Brot zusammen *verdienen*. Das »Wir«, das sie vereint, könnte also daher rühren, dass sie zusammen *etwas tun* (☞ *Team*). Das ist wahrscheinlich hier der Fall.

Aber das Beispiel von Berosini und seinen Orang-Utans beinhaltet noch eine weitere Dimension. Die Arbeit, die sie vereint, ist nicht irgendeine Arbeit. Die Arbeit besteht darin, etwas aufzuführen und darzubieten. Auf der Bühne inszeniert und kreiert Berosini also etwas, das auf einer ganz bestimmten Gestalt beruht, die dieses »Wir« annehmen kann und die aus der besonderen Erfahrung der Darbietung hervorgeht: die Möglichkeit, die Perspektive zu wechseln.

Hier müssen wir kurz innehalten. Zuerst einmal kann das, was ich als *generell* charakteristisch für eine Darbietung auffasse, nur durch den besonderen Ablauf entstehen, den Berosini gewählt hat. Die Show mit den nicht gehorchenden Orang-Utans treibt die Erfahrung des Perspektivenwechsels auf die Spitze, weil jeder der Protagonisten ununterbrochen in den verschiedenen Gags und beim Rollentausch die Möglichkeit bekommt, die Position des anderen einzunehmen. Die Affen übernehmen die Rolle des Dresseurs, der Dresseur findet sich in der Position der Tiere wieder, und wir wissen nicht mehr genau, wer hier über wen bestimmt. Jeder von ihnen macht mit bei diesem fantastischen und explizit der Fantasie entspringenden Spiel, das darin besteht, die Situation aus der Sicht des anderen zu erleben, indem jeder, wie die Briten sagen, wortwörtlich *in jemand anderes Schuhen läuft*. Aber können wir nicht davon ausgehen, dass Berosini mit seiner Show lediglich einen der Aspekte der einer Darbietung eigenen Erfahrung ausreizt, nämlich die Fähigkeit, den Blickwinkel eines anderen oder mehrerer anderer anzunehmen – die Perspektive desjenigen, der man vortäuscht zu sein, desjenigen, für den man das tut, und desjenigen, der verlangt, dies zu tun?

Noch problematischer aber ist, dass offensichtlich viele (beziehungsweise sogar die meisten) Tiere, die in Zoos und Zirkussen zur Schau gestellt werden, in ihrem täglichen Leben die traurige Erfahrung machen, dass eine klare Trennung zwischen *ihnen* und *uns* besteht (☞ *Diebe*, ☞ *Hierarchien*). Nur weil sie Tiere und keine Menschen sind, werden sie zur Schau gestellt, eingesperrt, dem Publikum zum Fraß vorgeworfen und gezwungen, zahlreiche Dinge zu tun, die für sie offensichtlich keinen Sinn ergeben und sie unglücklich machen. Was das angeht gibt es weder ein »Wir«, noch (beziehungsweise: noch weniger) die Möglichkeit, die Perspektive zu wechseln. Wären wir dazu tatsächlich fähig, wären sie nicht da, wo sie sind. Einverstanden. Aber ich möchte trotzdem nicht, dass wir die zweifelsohne selteneren Fälle vergessen, in denen es im Gegensatz dazu möglich ist, dass so etwas passiert: in denen ein »Wir« entsteht und die Perspektive gewechselt wird. Wir erkennen sie daran, dass die Folgen genau gegenteilig zu dem sind, was ich eben beschrieben habe: Die Tiere sind interessiert und sichtbar *bei der Sache,* was eine andere Art ist zu sagen, dass sie glücklich sind, in einem Sinne, der nicht allzu weit von dem entfernt sein muss, was wir als »glücklich sein« bezeichnen.

Wie könnte eine Situation, in der etwas dargeboten wird, einen Perspektivenwechsel ermöglichen und dazu beitragen, dass ein »Wir« entstehen kann (das natürlich immer nur partiell, räumlich gebunden und provisorisch wäre)? Beim Lesen der Berichte von Viehzüchtern, Dresseuren und Leuten, die mit ihren Tieren *Agility*-Sport betreiben, ist mir aufgefallen, dass das Vorführen eine bestimmte Fähigkeit herstellt, herbeiführt oder aktiviert: *jene, sich vorzustellen, mit den Augen des anderen sehen zu können.* Wohlgemerkt gilt hier nur eine bestimmte, eingeschränkte Bedeutung des Perspektivismus als Ausdruck unserer Sichtweise auf die Beziehungen zur Welt und zu anderen. Andere Denktraditionen haben andere Konzepte davon entwickelt, hervorzuheben ist hier insbesondere die Arbeit des Anthropologen Eduardo Viveiros de Castro über die indigenen Völker Amerikas, die eine Form des Perspektivismus beschreibt, bei der die Tiere sich so wahrnehmen, wie die Menschen sich selbst wahrnehmen.[2] Der Jaguar nimmt sich selbst wie ein Mensch wahr und was wir zum Beispiel als das »Blut« seiner Beute bezeichnen, ist für ihn Maniokbier. Was wir für sein Fell halten, ist für ihn ein Kleidungsstück.

Tiere in der eingeschränkten Bedeutung als perspektivistisch zu betrachten, eröffnet allerdings einen ganz neuen Zugang zu einer alten Problematik dessen, was »Mentalismus« genannt wird. Mentalistisch sind solche Tiere, die die Fähigkeit besitzen, anderen Intentionen zuzuschreiben (☞ *clever;* ☞ *mogeln*). Diese Fähigkeit beruht, da sind sich die Wissenschaftler einig, auf einer weiteren, nämlich der, sich

2 Eduardo Viveiros de Castro hat mehrere Artikel zum Thema Perspektivismus geschrieben, zum Beispiel: »Cosmological Deixis and Amerindian Perspectivism«, in: *The Journal of the Royal Anthropological Institute,* Vol. 4 (3), 1998. Im Kapitel V wie Varianten beziehe ich mich noch auf andere Arbeiten von Viveiros de Castro.

seiner selbst bewusst zu sein. Selbst-Bewusstsein kann laut ebendieser Wissenschaftler nachgewiesen werden, und zwar anhand dessen, ob das Tier sich im Spiegel wiedererkennt (☞ *Punkte*). Bei Tieren, die sich in einem Spiegel erkennen, kann also (durch die Wissenschaftler, nicht durch die Tiere) ein Selbst-Bewusstsein erkannt werden. Die Tiere können sich somit um einen Titel bewerben, der ihnen bescheinigt, dass sie eine in der Hierarchie höher verortete Fähigkeit besitzen: die Fähigkeit zu verstehen, dass das, was im Kopf der anderen vorgeht, nicht dasselbe ist wie das, was in ihrem eigenen Kopf vorgeht. Sie können die Intentionen, die Ansichten und die Wünsche der anderen erahnen.

Auch wenn ich Bewunderung für die Gutgläubigkeit, die Geduld und das Talent der Wissenschaftler aufbringe, die diese Vorrichtungen mit Spiegeln aufgebaut haben, so lässt mich doch immer etwas perplex zurück, mit welcher Exklusivität man sich ausgerechnet auf diesen Test beschränkt. Sicherlich ist es eine spannende Frage, wie es gelingt, Tiere für etwas zu interessieren, für das wir selbst uns interessieren. Aber ist nicht einerseits dieses »Wir«, von dem ich eben gesprochen habe, etwas leichtfertig vorausgesetzt? Interessieren Spiegel uns alle? Oder handelt es sich hier vielmehr um eine besondere Weise, eine Beziehung zu uns selbst herzustellen, die aus der Tradition der Introspektion, der Selbstkenntnis und der fortwährenden Reflexivität hervorgeht? Andererseits zeugt der Spiegel, genereller gesehen, nicht nur von einer im Wesentlichen visuellen Herangehensweise, sondern setzt er auch, aus einer solipsistischen Perspektive, voraus, dass sich selbst zu kennen erfordert, sich selbst zu erkennen. Nur mit sich selbst handelt sich das Selbst-Bewusstsein aus – in einem Spiegel. Nach wie vor wird dieser Spiegelbeweis so selbstverständlich gefordert, dass er in diesem Bereich maßgeblich geworden ist. Aber sollten nicht diejenigen, die dieser Test *ausschließt*, diejenigen, für die der Spiegel keine Bedeutung hat oder nicht von Interesse ist, sollten wir über diese nicht noch einmal neu und anders nachdenken?

Die Frage, die ich in Bezug auf das Darbieten stelle, erlaubt es uns, diese Möglichkeit noch einmal zu durchdenken. Die Darbietung erscheint mir nämlich, wenn sie eine bestimmte Form von Perspektivismus hervorruft, zulässt, induziert oder entstehen lässt, viel geeigneter zu sein, um eine bestimmte Dimension des Selbst-Bewusstseins zu definieren (und deutlich großzügiger zuzugestehen), und zwar nicht mehr als einen kognitiven Prozess, sondern als einen Prozess, der sich in einer Beziehung zwischen zwei Individuen abspielt.

Diese Fähigkeit liegt genau komplementär zu der Fähigkeit, sich selbst so wahrzunehmen, wie man sich zeigt, nämlich darin, sich zu sehen, wie die anderen einen sehen. Komplementär dazu, sich in einer Darbietung zu präsentieren (und nicht etwa das Gegenteil davon, wie man vielleicht glauben könnte) ist es, sich zu verstecken. Wenn ein Tier sich versteckt und dabei weiß, dass es sich versteckt, muss man nämlich von genau derselben Kompetenz sprechen: *Es kann sich so sehen, wie die anderen es sehen*, und genau das ermöglicht es ihm, sich zu überlegen oder vorauszusehen, wie erfolgreich es dabei sein wird, sich zu verstecken. Sich zu verstecken und dabei darum zu wissen, deutet anders gesagt darauf hin, dass ein Prozess stattfindet, der auf der Fähigkeit beruht, die Perspektive des anderen einzunehmen: »Von dort aus, wo er ist, kann er mich nicht sehen.« Ein Tier, das sich versteckt, und weiß, dass es sich versteckt, ist also ein Tier, das zu Perspektivismus fähig ist. Bei einem Tier, das sich zeigt, ist dies noch anspruchsvoller, weil wir es hier nicht mehr mit der Trennung zwischen Sehen und Nicht-Sehen zu tun haben, sondern mit einem Durchdeklinieren der Möglichkeiten dessen, was gesehen wird: Es wird mit der Wirkung gespielt (☞ *originell*).

Kommen wir auf die Darbietung als ein Szenario zurück, in dem perspektivistische Kompetenzen aktiviert werden. Woran erkennen wir, dass sich ein Tier aktiv in einer Darbietung präsentiert und die Leistung selbst vollbringt? Meine Antwort könnte überraschend sein: *Daran, dass derjenige, der mit ihm arbeitet, es so beschreibt.* Das ist vor allem das

Resultat aus der Lektüre dessen, was Vicki Hearne über die Arbeit von Dresseuren schreibt, und auch der Umfrage, die ich mit Jocelyne Porcher unter Viehzüchtern gemacht habe.[3] Tatsächlich haben wir in dieser Umfrage festgestellt, dass sich die von uns befragten Viehzüchter, wenn es um Wettbewerbe ging, an denen sie mit ihren Tieren teilnahmen, eines Vokabulars bedienten, das nicht nur eindeutig perspektivistisch war, sondern darüber hinaus in einem Sinne, der sich der Definition des Perspektivismus durch Viveiros de Castro anzunähern scheint.

In diesen Situationen betrachten die Viehzüchter ihre Tiere tatsächlich als dazu imstande, sich so zu sehen, wie *wir selbst uns sehen würden, wenn wir an ihrer Stelle wären*. Manche, wie die portugiesischen Viehzüchter Acácio und António Moura, zögern übrigens nicht zu behaupten, ihre Kuh würde in einer Wettbewerbssituation »am Ende glauben, dass sie sich wirklich von den anderen abhebt und etwas Besonderes ist«. Acácio fügt etwas ernsthafter hinzu: »Vielleicht glauben sie am Ende, dass sie schön sind, dass sie Diven sind.« Oder wie es vonseiten der belgischen und französischen Viehzüchter heißt: »Einer meiner Stiere hat an Wettbewerben teilgenommen, und der wusste, dass er schön sein musste. Wenn du nämlich ein Foto gemacht hast, hat er direkt den Kopf ein bisschen angehoben. Man hätte meinen können, er würde posieren, weißt du, was ich meine? Ein echter Star!« Bernard Stephany besteht ebenso darauf wie Paul Marty: Das Tier weiß Bescheid und beteiligt sich aktiv daran, sich selbst in Szene zu setzen. »Diese Kuh war ein Star und sie hat sich auch wie ein Star verhalten, als wäre sie ein Mensch, der an einer Modenschau teilgenommen hat, und das hat uns wirklich beeindruckt [...]. Auf dem Podium hat sich die Kuh umgeschaut und positioniert, das war ihre Bühne, so stand sie da, und dort drüben standen die Fotografen. Sie hat die Fotografen angeschaut, und während die Leute applaudierten, drehte sie langsam den Kopf und schaute die applaudierenden Leute an [...]. In

3 Man kann die Berichte der Viehzüchter und vieler anderer Personen hier finden: Despret, Vinciane/Porcher, Jocelyne: *Être bête*, Arles 2007.

dem Moment wirkte es, als hätte sie verstanden, dass sie genau das tun musste. Und es war wunderschön, weil es ganz natürlich war.«

Was die Viehzüchter hier berichten (ich habe aber auch Hundezüchter davon erzählen hören), lässt sich in wenigen Worten zusammenfassen: Tieren und Menschen ist es gelungen, sich darüber zu verständigen, was für den anderen wichtig ist, und es ist ihnen gelungen, dass für sie in diesem Moment wichtig ist, was für den anderen wichtig ist.

Ich weiß, dass diese Berichte auch einigen Spott hervorrufen werden. Dieser Spott setzt lediglich eine lange Tradition fort, in der Wissenschaftler stur das Wissen derjenigen, die ihnen die Rolle der Tierexperten streitig machen, der Laien, Viehzüchter und Dresseure mit ihren Anekdoten und ihrem unverbesserlichen Anthropomorphismus, heruntergemacht haben (☞ *Forschung*). Dieser Spott straft außerdem die Unbeholfenheit, mit der ich mich dem Problem selbst genähert habe, als ich behauptete, dass wir *an der Frage, ob derjenige, der mit dem Tier arbeitet, es so beschreibt*, erkennen, ob es sich um einen Fall von aktiver Darbietung und Perspektivismus handelt.

Es stimmt, dass wenige Wissenschaftler, die in Laboren arbeiten, ihren Tieren den Willen zugestehen, aktiv zu zeigen, dass sie tatsächlich gerne tun wollen und können, was von ihnen erwartet wird. Und das aus gutem Grund. Würden die experimentellen Psychologen das nämlich in Betracht ziehen, dann müssten sie einräumen, dass die Tiere gerade nicht einfach nur *reagieren* würden oder konditioniert wären, sondern dass sie vorführen, was sie können, weil das von ihnen verlangt wird (☞ *Reaktion*). In den meisten Laboren wird etwas *über die Tiere* gezeigt, die Tiere zeigen nichts. Aus diesem Grund kann zum Beispiel ein Experiment, bei dem es um Konditionierung geht, dem Zeigen zugeordnet werden, aber nicht der Show. Und aus demselben Grund geht es bei dieser Art von Experimenten nicht um verschiedene Perspektiven.[4]

---

4 Einen Darsteller ersten Ranges und ein Labor, in dem der Sinn für Darbietung des Tieres und der Show-Charakter des Versuchsaufbaus aktiv berücksichtigt

Da haben wir also, worüber Berosini sich mit seinen Kekse werfenden Orang-Utans lustig macht. Seine Parodie der Konditionierung, die sich gegen ihn selbst richtet, stellt die Frage nach der Verstärkung als Beweggrund neu. Die Belohnung mit Futter bei der Konditionierung führt nämlich dazu, dass die Frage »Warum tun sie das?« nicht länger gestellt wird. Alles in allem schränkt die Belohnung die Perspektive erheblich ein, indem sie weitere mögliche, komplizierte Erklärungen überflüssig macht, beziehungsweise solche Erklärungen, die erfordern würden, die Gründe, warum das Tier sich für das interessiert, was ihm angeboten wird, zu berücksichtigen (☞ *Labor*). Noch einmal anders formuliert: Der Umstand, dass mit Futter belohnt wird, kann der Perspektive den Wind aus den Segeln nehmen.

Als ich gesagt habe, dass wir daran, wie derjenige, der mit dem Tier arbeitet, die Situation beschreibt, erkennen, ob es sich um eine Darbietung und einen Perspektivenwechsel handelt, habe ich also keinesfalls vorgeschlagen zu denken, das Ganze wäre rein subjektiv und Interpretationssache. Das Beschreiben an sich zeugt nämlich nicht nur vom Engagement desjenigen, der diese Beschreibung einbringt, sondern involviert und beeinflusst auch diejenigen, die sich von dieser Beschreibung involvieren lassen, diejenigen, die die Beschreibung auf ganz neue Weise *anspricht*. Insofern entspricht das, was ich »Beschreibung« genannt habe, einer Deutung, die angenommen worden ist, und anhand derer jetzt der Erfolg dieser Annahme gemessen werden kann.

Vielleicht würden Laboratorien mehr Interesse hervorrufen, wenn die Wissenschaftler sie als Bühnen für Darbietungen begreifen würden. Damit würden sie wieder an eine wörtliche Definition der Dimension der Öffentlichkeit in der wissenschaftlichen Praxis anknüpfen (diese Dimension wird im Allgemeinen mit der Publikation wissenschaftlicher Artikel bedient) und würden dieser Definition gleichzeitig eine

---

werden, finden wir bei Alex, dem Papagei der Psychologin Irène Pepperberg (☞ *Labor*).

ästhetische Dimension hinzufügen. Die Routinearbeit nach sich immer wiederholendem Protokoll würden die Wissenschaftler durch einfallsreiche Versuche ersetzen, in denen die Tiere *zeigen könnten, wozu sie fähig sind*, wenn man sich die Mühe macht, ihnen Angebote zu machen, die sie möglicherweise interessieren. Die Forscher würden ganz neuen Fragen nachgehen, die nur dann Sinn ergeben würden, wenn sie von denjenigen, denen diese Angebote gemacht werden, aufgenommen werden. Jedes Experiment würde zu einer richtigen Aufführung werden, die Takt, Fantasie, Sorgfalt und Aufmerksamkeit erfordert – Qualitäten also, die gute Dresseure und vielleicht Künstler haben (☞ *originell*).

Dass ich den Konjunktiv benutze, wenn ich davon spreche, könnte bedeuten, dass diese Labore erst noch erfunden werden müssen. Es gibt sie aber. Manche davon tauchen in diesem Buch auf. Auf einige davon trifft diese Beschreibung genau zu, aber ich kann nicht garantieren, dass die betreffenden Wissenschaftler sich in der Beschreibung wiederfinden. Aber ich erinnere daran, dass genau das die Eigenschaft ist, die ich Beschreibungen zugeordnet habe: Es handelt sich um Deutungen, die immer davon abhängen, wie sie aufgenommen werden.

F wie

Forschung

Ist Tieren wichtig, wie sie aussehen?

Das Verhalten von Pfauen hat bis jetzt relativ selten das Interesse der Wissenschaft geweckt. Die hat sich mehr für das Rad des Pfaus als für sein soziales Verhalten oder seine kognitiven Fähigkeiten interessiert. Zweifelsohne ist der Pfau selbst daran nicht ganz unschuldig und er hat den Forschern das angeboten, was ihn selbst umtreibt. Neben den physikalischen Fragen bezüglich des Lichteinfalls, der zu solch schillernden Farben führt, hat sein Rad noch weitere Diskussionen ausgelöst. Wie konnte die Evolution einen derart sperrigen Schmuck durchgehen lassen, der alles in allem doch seinen Besitzer stark einschränken müsste? Ein Paradoxon der Evolution also. Darwin, der einen Sinn für Ästhetik bei den Tieren nicht bezweifelte, würde antworten, dass die Männchen mit dem schönsten Federschmuck von den Weibchen bevorzugt werden und somit dieses Attribut an ihre Nachkommen vererben. Die Forscher nach ihm sind nüchterner und werden die Vorstellung, dass dieses Attribut – und sei es noch so schön – in irgendeiner Form ästhetische Gefühle hervorrufen könnte, ablehnen. Aber insofern, dass es doch irgendeinen Nutzen haben müsse, werden sie vorschlagen, dass sein üppiges Vorhandensein den Weibchen Hinweise darauf gibt, wie kräftig und gesund ihr Besitzer ist (☞ *Notwendigkeit*).

Der israelische Ethnologe Amotz Zahavi seinerseits geht das Problem anders, aus einem etwas anderen Blickwinkel an. Wir müssen uns von der Vorstellung verabschieden, dass dieses derart sperrige Rad tatsächlich ein *Handicap* ist, sagt er. Sicher ist es eine Last und es erleichtert Raubtieren, den Träger ausfindig zu machen, und es gefährdet deutlich eine mögliche Flucht. Wenn also ein Männchen mit einem beeindruckenden und damit stark einschränkenden Rad überlebt, dann verfügt es offenbar über die dazu nötigen Fähigkeiten. Und wenn die Weibchen schlau sind, dann werden sie sinnigerweise ein Individuum mit einem starken *Handicap* als Vater ihrer Kinder wählen – kein anderes, um das Paradoxon aufzulösen, kann es übertreffen. Anders gesagt ist ein derart auffälliges Handicap wie ein üppiges Federrad eine gute und eindeutige Werbung gegenüber den Adressatinnen.

Einigen Beobachtern ist aber nicht entgangen, dass es dem Pfau gelegentlich passiert, dass er nicht sehr wählerisch ist, was ebendiese Adressatinnen angeht. So schildert Darwin die folgende seltsame Szene: Ein Pfau müht sich ab, sein Rad vor einem Schwein zu schlagen. Darwins Kommentar hierzu passt zu seiner Überzeugung, dass Tiere einen Sinn für Ästhetik haben: Die Männchen zeigten eben gerne ihre Schönheit und möchten dabei natürlich einen Zuschauer haben, sei es nun ein anderer Pfau, eine Pute oder ein Schwein.

Solche Hypothesen sollten in den kommenden Jahren in der Naturgeschichte komplett von der Bildfläche verschwinden. Und als der Begründer der Ethologie Konrad Lorenz von der gleichen Beobachtung schreibt, schlägt er eine völlig andere Interpretation vor. Der Radschlag wird als ein angeborenes *Verhaltensmuster* definiert, das mit aktionsspezifischen inneren Energien zusammenhängt. Genauer gesagt ist das Verhalten angeboren und findet in einer Reihe von Handlungen und Reaktionen statt, die entsprechend einer vorprogrammierten Reihenfolge aufeinander folgen. Das Tier gehorcht aktionsspezifischen inneren Energien und tritt in einen Zustand der Handlungsbereitschaft ein. Es beginnt instinktiv, nach etwas zu suchen. Hat es dies erst einmal gefunden, dient ebenjenes als *angeborener Auslösemechanismus* für stereotypisierte Verhaltensweisen. Fehlt der passende Schlüsselreiz, staut sich die Energie an und *erodiert* schließlich (der Pfau schlägt sein Rad auf), und zwar *anlasslos*, wobei sich *anlasslos* hier auf das Schwein bezieht.

Die Soziologin Eileen Crist schlägt vor, sich dieses Modell, und vor allem den Kontrast zwischen den beiden Interpretationsmöglichkeiten, genauer anzusehen.[1] Auf der einen Seite haben wir bei Darwin ein Tier, das für seine Eskapaden voll verantwortlich ist und in dieser Hinsicht einen Sinn für Schönheit, ein Motiv und eine Intention hat, ein Tier, das die Initiative ergreift, sich sogar manchmal irrt und das uns in jedem Fall einige Überraschungen beschert. Auf der anderen Seite haben wir einen biologischen Mechanismus, der von unkontrollierbaren Gesetzen in Gang gesetzt wird und dessen Antrieb fast wie ein autonomes System von Rohren kartografiert werden kann. Das Tier wird von Kräften angetrieben, die zwar innere Kräfte sind, über die es aber keinerlei Kontrolle hat. Der Unterschied zwischen den beiden Beschreibungen scheint demjenigen zu entsprechen, den der estländische Naturforscher Jakob von Uexküll (☞ *Umwelt*) zwischen Seeigel und Hund ausmachte: Wenn sich ein Seeigel fortbewegt, dann bewegen ihn seine Beinchen. Wenn sich aber ein Hund fortbewegt, dann werden seine Beine von ihm bewegt.

Die Divergenz von Darwins und Lorenz' Sichtweisen beschränkt sich nicht auf diese zwei Autoren, sondern kann ausgeweitet werden. Wohlgemerkt legen die Naturforscher des 19. Jahrhunderts, wenn es darum geht, Tieren Subjektivität zuzuschreiben, eine Großzügigkeit an den Tag, die im Nachhinein als zügelloser Anthropomorphismus abgetan werden wird. Der Großteil der Texte von Naturforschern dieser Zeit ist voll von Geschichten, die Tieren Gefühle, Intentionen, einen eigenen Willen, Wünsche und kognitive Fähigkeiten zuschreiben. Im 20. Jahrhundert werden sich solche Geschichten dann nur noch in Texten und Berichten von Nicht-Wissenschaftlern finden, von »Laien«, Pflegern, Dresseuren, Viehzüchtern, Jägern. Aufseiten der Wissenschaftler wird der Diskurs vor allem von der Ablehnung aller Anekdoten und dem Ausschluss jeglicher Form von Anthropomorphismus gekennzeichnet sein.

1 Eileen Crists Analyse entnehme ich dem Buch: Crist, Eileen: *Images of Animals*, Philadelphia 1999. Daraus zitierte ich auch, als ich die Interpretationen derselben Beobachtung zum Pfau bei Darwin und Lorenz darlegte.

Die dargestellte Kluft zwischen den wissenschaftlichen Praktiken und jenen der Laien für die Arbeit mit Tieren ist also noch relativ neu. Sie entstand zu zwei verschiedenen Zeitpunkten und in zwei Forschungsbereichen. Das erste Mal im Laufe des 20. Jahrhunderts, als auf Tiere spezialisierte Psychologen Tiere in die Labore holten und versuchten, jene diffusen Erklärungen loszuwerden, wie etwa dass die Tiere einen Willen, mentale Zustände, Emotionen oder eine Meinung zu der Situation hätten und diese interpretieren könnten (☞ *Labor*).

Das zweite Mal dann ein wenig später, und vor allem Konrad Lorenz spielte dabei eine Rolle. Sicherlich haben wir Lorenz heute als einen Wissenschaftler in Erinnerung, der seine Tiere adoptiert, mit seinen Gänsen und Enten schwimmen geht und mit seinen Dohlen redet. Dieses Bild entspricht seiner praktischen, weniger aber seiner theoretischen Arbeit. Beginnend mit Lorenz' theoretischen Überlegungen wird die Ethologie einen strikt wissenschaftlichen Weg einschlagen. Die Ethologen, die ihm dann folgen, haben gelernt, Tiere als nur *reagierende* statt als *fühlende und denkende* Lebewesen anzusehen und jegliche mögliche Einbeziehung individueller und subjektiver Erfahrungen auszuschließen. Die Tiere werden dadurch etwas verlieren, das eine entscheidende Bedingung für die Beziehung gewesen war, nämlich die Möglichkeit, den, der sie analysiert, zu *überraschen*.[2] Alles wird vorhersehbar. Handlungsursachen

2 Meine Aussage, dass die Tiere vorhersehbar geworden sind, ist vor allem von der Analyse inspiriert, die Dominique Lestel für die Mechanisierung des Tiers vorschlägt. Lestel sieht in ihrem Buch einen Zusammenhang zwischen der Tatsache, dass das Tier die Initiative verliert, und den Mitteln zur Unterwerfung, die dazu dienen, jegliche Möglichkeit für Überraschungen zu verhindern (Lestel, Dominique: *Les Amis de mes amis*, Paris 2007). Auf die Frage nach dem Überraschen haben mich jedoch schon vorher die Arbeiten von Émilie Gomart aufmerksam gemacht, die diesen Aspekt nutzt, um die *Theory of action* (Bruno Latour folgend) neu zu diskutieren, indem sie ergründet, wie das Moment der Überraschung in den Beziehungen zwischen Drogenkonsumenten, Helfern und politischen Mächten eine Rolle spielt (Gomart, Émilie: »Surprised by Methadone«, in: *Body and Society* 2-3, 10, Juni 2004, S. 85-110).

ersetzen Beweggründe, seien sie nun vernünftig oder abwegig, und das Wort *Initiative* weicht dem Begriff *Reaktion* (☞ *Reaktion*).

Wie sollen wir das verstehen, dass wir Lorenz einerseits eine Form von praktischer Arbeit verdanken, die umfassend auf jenen wunderschönen Geschichten von zahmen Tieren, von wirklichen Überraschungen beruht, und dass er gleichzeitig eine Ethologie begründet hat, die derart trocken und mechanistisch ist?

Diese Frage lässt sich zum Teil beantworten, wenn wir uns erinnern, wann sich die Ethologie als eigene wissenschaftliche Disziplin etablierte. Lorenz wollte eine wissenschaftliche Disziplin gründen, die an Universitäten gelehrt würde und die zu beherrschen nur diejenigen behaupten können würden, die sie studiert hätten. Nun können auch andere, die nicht von einer Universität kommen, legitimerweise von sich behaupten, dass sie Ahnung auf dem Gebiet haben. Das sind die »Laien«, Jäger, Viehzüchter, Dresseure, Pfleger und Naturforscher, deren Arbeitsweise vergleichbar ist und die zwar die Tiere gut kennen, aber nicht wirklich die Theorie dahinter.[3] Um die Legitimität des Fachs, das er aufzubauen versucht, zu festigen, wird Lorenz das Wissen über das Tier *verwissenschaftlichen*. Die Ethologie wird eine Verhaltens-*Biologie*, weshalb auch der Instinkt, invariante Vorgänge und angeborene Mechanismen, die physiologisch durch kausale Zusammenhänge erklärt werden können, so wichtig werden. Diese Unterscheidung stellt sich als umso zwingender heraus, je größer die Nähe zum Rivalen ist, der als umso gefährlicher erlebt wird, da ein großer Teil der wissenschaftlichen Erkenntnisse sich

---

3 Wie der Laie an den Rand gedrängt wurde, wurde eingehend in einer Dissertation analysiert: Thomas, Marion: *Rethinking the History of Ethology. French Animal Behaviour Studies in the Third Republik (1870–1940).* Diese Dissertation wurde 2003 an der University of Manchester vorgelegt. Außerdem muss ich auf die wichtige Arbeit von Florian Charvolin zu der Frage des Laien und vor allem zu einem wichtigen Aspekt, den ich hier nicht erwähnt habe, verweisen, nämlich dem der Leidenschaft (Carvolin, Florian: *Des sciences citoyennes? La question de l'amateur dans les sciences naturalistes*, La Tour d'Aigues 2007).

weitgehend aus dem Wissen von Laien speist. Alles in allem ging es darum, *das Tier dem gemeinsamen Wissen zu entziehen.*

Lorenz' Erben werden dem so etablierten Programm treu folgen. Die Strategie, *Forschung zu betreiben* und dabei so zu verfahren, dass man sich von denjenigen distanziert, die Wissen vortäuschen (oder Anspruch auf Wissen erheben) könnten, mündet nach und nach in eine Reihe von Regeln. So werden die Ablehnung aller Anekdoten (die im Diskurs zwischen den Laien so präsent sind) und vor allem der manische Argwohn gegenüber dem Anthropomorphismus als das Zeichen für wahre Wissenschaft erscheinen. Diejenigen Wissenschaftler, die in der Tradition dieser Wissenschaft stehen, legen seither ein starkes Misstrauen an den Tag, wenn es darum geht, Tieren Motive für ihr Handeln zuzuschreiben – und das umso mehr, wenn diese Motive kompliziert sind oder, schlimmer noch, jenen ähneln, die ein Mensch in einer ähnlichen Situation haben könnte. Der Instinkt ist in diesem Zusammenhang die perfekte Handlungsursache. Er entzieht sich, subjektiv gesehen, jeglicher Erklärung. Er ist gleichzeitig biologische Ursache und Motiv, ein Motiv, das sich komplett dem Bewusstsein desjenigen, um den es dabei geht, entzieht. Es hätte kaum ein besserer Mechanismus erdacht werden können.

Was nun aber bedeutet, dass der Vorwurf des Anthropomorphismus nicht so sehr, oder nicht immer, darauf zielt, dass den Tieren menschliche Fähigkeiten zugeschrieben werden, sondern dass er vielmehr den Umstand, unter dem diese Zuschreibung gemacht wird, anprangert. Der Vorwurf des Anthropomorphismus ist, anders gesagt, bevor er einen wie auch immer gearteten kognitiven Vorgang klassifiziert, zuallererst ein politischer Vorwurf, ein Vorwurf der Politik der Wissenschaften, der vor allem darauf abzielt, eine Art von Wissen und Erkenntnis zu disqualifizieren, derer die wissenschaftliche Arbeit sich zu entledigen versucht hat, nämlich jene des Laien.

Diese Hypothese lädt dazu ein, sich Fälle, in denen der Vorwurf des Anthropomorphismus erhoben wurde, noch einmal neu anzusehen, um andere Fragen an sie zu stellen. Wer soll mit diesem Vorwurf angeblich geschützt werden? Das Tier, dem wir zu viel oder aber kaum etwas zugestehen und dessen Gewohnheiten wir nicht kennen würden (☞ *Umwelt*)?

Oder geht es darum, Positionen zu verteidigen, Vorgehensweisen, berufliche Identitäten?

Ich schlage vor, das Beispiel des israelischen Ethologen Amotz Zahavi, den ich wegen seines Beitrags zu dem Rätsel um das extravagante Rad des Pfaus kurz erwähnt habe, wieder aufzunehmen, um die zweite Hypothese zu stützen und sie zuzuspitzen.[4] Zahavi arbeitete eigentlich nicht mit Pfauen, sondern mit ganz besonderen Vögeln, den Arabischen Graudrosslingen. Er beobachtete sie mehr als fünfzig Jahre lang in der Wüste Negev und sie haben ihn dazu gebracht, seine Theorie des Handicap-Prinzips auszuarbeiten, von der heute neben den Pfauen noch viele andere Tiere mit auffällig extravagantem Verhalten profitieren. Das Handicap-Prinzip besagt, dass manche Tiere ihren Wert (Zahavi nennt es Überlegenheit) in Wettkampfsituationen dadurch zeigen, dass sie ein kostspieliges Verhalten an den Tag legen. Zur Erinnerung: Mit Attributen geschmückt zu sein, die einen zu einem leichten Ziel für Fressfeinde machen, ist ein kostspieliges Verhalten, ein Handicap. Wer überlebt, verfügt offenbar über die dazu nötigen Eigenschaften.

Arabische Graudrosslinge sind einigermaßen rätselhafte Vögel. Ihr Handicap liegt nicht in ihrem Aussehen, sondern in ihrem alltäglichen Verhalten. Sie werden Zahavi zufolge nicht müde, kostspielige Handlungen an den Tag zu legen, die ihnen ermöglichen, bei ihren Artgenossen Anerkennung zu gewinnen. Anerkennung ist nämlich wichtig in der Gemeinschaft der Graudrosslinge. Sie ermöglicht, begehrte Positionen

4 Ich empfehle, sich im Internet die Bilder von tanzenden Graudrosslingen und Amotz Zahavi, der sie ruft, begrüßt und ihnen Brotstückchen anbietet, anzusehen (ihr müsst den englischen Begriff *babblers* und *Zahavi* eingeben). Im Übrigen habe ich seiner Arbeit vor einigen Jahren ein Buch gewidmet: *Naissance d'une théorie éthologique. La danse du cratérope écaillé,* Paris 1996. Darin findet sich zudem die Geschichte, wie Graudrosslinge beim Betrügen beobachtet wurden, sowie der Anfang einer Analyse, die ich hier fortführen wollte.

in der Hierarchie zu erlangen, was in Gruppen, wo sich im Regelfall nur ein einziges Pärchen fortpflanzt, vor allem die Möglichkeit bedeutet, sein Recht auf Fortpflanzung einzufordern. Kostspielige und Anerkennung bringende Handlungen können verschiedene Formen annehmen: Die Graudrosslinge machen einander Geschenke in Form von Nahrung. Sie bieten sich an, um Wache zu stehen. Sie füttern ohne sichtbaren Vorteil die Brut des Pärchens, das sich fortpflanzt, und können bemerkenswert mutig sein, wenn sie in Auseinandersetzungen mit anderen Gruppen Risiken auf sich nehmen oder wenn ein Raubtier einen der ihren angreift. Sicherlich ist es nicht selten, dass Vögel eine Brut füttern, die nicht die ihre ist, vor allem nicht bei den subtropischen Arten. Ethologen haben reichlich solcher Fälle dokumentiert. Auch, sich gegen den Feind zu verbünden, ist nichts Besonderes. Geschenke jedoch sind seltener, zumindest außerhalb von Pärchenbeziehungen. Zudem führen Graudrosslinge diese Handlungen nicht so aus, wie andere Vögel das tun. Einerseits tun sie es mit einer explizit zur Schau gestellten Freiwilligkeit. Sie wollen, dass die anderen sie sehen, und kündigen jede ihrer Handlungen mit einem kurzen, charakteristischen Pfeifen an. Andererseits kämpfen sie heftig um das Recht, dies zu tun. Wenn ein Individuum von niedrigem Rang versucht, einem anderen von höherem Rang ein Geschenk zu machen, verbringt er eine unschöne Viertelstunde, eine äußerst unschöne Viertelstunde. Zahlreiche Beobachtungen haben Zahavi somit dazu gebracht, zu glauben, dass Graudrosslinge eine originelle Antwort auf die Wettbewerbsproblematik in Gruppen, für die Kooperation eine überlebenswichtige Notwendigkeit ist, gefunden haben: Sie konkurrieren miteinander um das Recht, zu helfen und zu geben.

Ich konnte Zahavi eine Zeit lang vor Ort begleiten und habe bei ihm gelernt, das Verhalten dieser derart erstaunlichen Vögel zu beobachten und zu verstehen zu versuchen. Mich hat auch die Art interessiert, wie er selbst beobachtet hat, wie er seine Hypothesen aufgestellt hat, die Zeichen gedeutet und den Handlungen Sinn zugeschrieben hat. Zur selben Zeit machte ein anderer Ethologe seine eigenen Forschungen über

Graudrosslinge, Jonathan Wright. Jon ist ein in Oxford ausgebildeter Zoologe, er ist ein Anhänger der Postulate der Theorie der Soziobiologie. Aus dieser Perspektive helfen die Graudrosslinge nicht, weil es ihnen um Anerkennung geht, wie Zahavi annimmt, sondern weil sie durch natürliche Selektion so programmiert sind, dass sie so handeln, wie es am ehesten den Fortbestand ihrer Gene sichert. Diese Theorie stützt sich auf die Tatsache, dass die Graudrosslinge einer Gruppe verwandt sein müssen, und postuliert damit, dass der Brut zu helfen ein Weg ist, sein eigenes genetisches Erbe zu fördern, weil die Wahrscheinlichkeit hoch ist, dass diese Brut aus Brüdern, Schwestern, Neffen und Nichten besteht, deren Körper einen Teil dieses Erbes weitertragen.

Was die Forschungsmethoden im Feld angeht, bilden die von Zahavi und diejenige von Wright die entgegengesetzten Enden des Spektrums ab. Amotz Zahavi wurde als Zoologe ausgebildet, aber seine Forschungspraktiken waren lange Zeit dem Schutz und Arterhalt der Graudrosslinge untergeordnet und sie ähneln eher denen der Naturforscher. Als ich ihn beobachtete, kam ich nicht umhin, seine Methoden mit denen von Anthropologen zu vergleichen. Eine Beobachtungssequenz beginnt mit einer Art Begrüßungsritual. Die Territorien jeder Gruppe sind groß, es ist stets unklar, wo sie anzutreffen sein werden. Es ist also einfacher, sie zu rufen. Genau das tut Zahavi: Er pfeift und wartet. Und die Graudrosslinge kommen angeflogen. Zahavi heißt sie willkommen, indem er ihnen Brotkanten anbietet. Anschließend, um ihr Verhalten zu lesen, stützt er sich bei seinen Erklärungen (Was tun sie und warum tun sie es?) auf Überlegungen der Analogie: »Wenn ich er wäre, was würde ich dann tun, was würde mich dazu bringen, mich so zu verhalten?«

Jonathan Wright ist mit dieser Vorgehensweise ganz und gar nicht einverstanden. Es darf keine Behauptung aufgestellt werden, wenn nicht zuvor ein Experiment durchgeführt wurde. So erfordert es eine richtige, objektive Wissenschaft. Es müssen Beweise vorgewiesen werden, und um Beweise zu finden, müssen Experimente durchgeführt werden. Ihm zufolge ist die auf Interpretation beruhende Methode Zahavis eindeutig einer anthropomorphischen und anekdotischen Praxis zuzuordnen – wobei er die Anekdote grundsätzlich als eine *nicht kontrollierte*, das heißt: nicht mit dem richtigen Interpretations-*Schlüssel* versehene Beobachtung definiert. Um dieses Risiko zu umgehen, unternimmt Jon die verschiedensten Experimente mit den Graudrosslingen, und das letztendlich mit dem Ziel, sie dazu zu drängen zu zeigen, dass sie einen besonderen Fall der soziobiologischen Theorie darstellen.

Ein Ereignis jedoch hat das, was Jon in diesem Zusammenhang als Anthropomorphismus bezeichnet, in ein neues Licht gerückt. Eines Tages standen wir, er und ich, vor einem Nest und waren gerade dabei, das Kommen und Gehen der Vögel zu beobachten, die den Eltern beim Füttern der Brut halfen. Die Graudrosslinge waren also mit ihrer Aufgabe beschäftigt, ob es nun darum ging, ihr Ansehen zu vergrößern oder dem Programm zu folgen, das ihnen ihre Gene unausweichlich vorgeben. Plötzlich, während wir sie beobachteten, sahen wir, wie sich einer der Helfer auf dem Nestrand niederließ und einen Ton von sich gab, der bedeutete, dass er Futter geben würde. Die kleinen Schnäbel streckten sich ihm piepsend entgegen. Er gab ihnen nichts. Das brachte die Brut in Aufruhr und sie piepsten noch lauter. Hatte ich richtig gesehen? Hatten wir es hier mit einem Betrüger zu tun? Jon bestätigte das: Dieser Vogel hatte die Kleinen nicht gefüttert. Auf die Frage, warum der Vogel so gehandelt hatte, gab Jon folgende Antwort. Dieser Vogel hatte einen Stimulus abgegeben, der die Rolle einer Variable spielen sollte. Anschließend hat er (der Vogel) überprüft, wie stark die Reaktion auf diese Variable war, was es ihm (diesmal Jon, aber vielleicht auch dem Vogel) zufolge erlauben sollte, darauf zu schließen, wie groß der Hunger der Brut wirklich war. Der Vogel hatte das empirisch *überprüft*. Dieser Graudrossling kannte die Methoden des experimentellen Verfahrens. Man kann es noch anders ausdrücken: Das *testende* Verhalten des Graudrosslings zeigte sein Misstrauen gegenüber der Sache, die er untersuchte (die Jungtiere tun *immer* so, als hätten sie Hunger). Er brauchte nicht nur einen Beweis, sondern einen messbaren Beweis. Es ist also, um eine

Situation richtig interpretieren zu können, unabdingbar, eine Kontrolle durchzuführen. Man erzählt den Graudrosslingen keine Lügen, und sie erzählen einander auch keine.

Es ist nicht erforderlich, die Ähnlichkeiten zwischen Jons Interpretation seiner Beobachtungen und den seiner Meinung nach einzigen angemessenen und von ihm bevorzugten Methoden zu betonen. Wenn wir dies aber tun, fällt auf, dass Zahavi in gewisser Weise mit einer ähnlichen Übereinstimmung vorgeht. Das Leben eines Graudrosslings besteht darin, unentwegt die anderen zu beobachten und ihr Verhalten zu interpretieren und vorherzusehen. Ein Graudrossling erlebt seine Welt, anders gesagt, als fortwährende Ansammlung von Anekdoten. Obwohl, wenn ich es so sage, übernehme ich das Vokabular des anderen Lagers. Die soziale Laufbahn des Graudrosslings beruht darauf, eine Fülle wichtiger Details zu erheben und zu interpretieren. Jeder Vogel widmet sich also einer fortwährenden Arbeit, die darin besteht, die Intentionen der anderen vorherzusehen und zu übersetzen. Es ist das Leben von sehr sozialen Lebewesen.

Nun entsprechen, wie wir sehen, die so beschriebenen Gewohnheiten der Art, wie Zahavi selbst die Graudrosslinge beobachtet und ihrem Verhalten Sinn zuschreibt: Er achtet genau auf die Details, die wichtig sein könnten, interpretiert Intentionen und ordnet eine Vielzahl an Motiven und Bedeutungen zu.

Natürlich gibt es keinen Anhaltspunkt dafür, woher diese Ähnlichkeit kommt. Hat Zahavi seine Vorgehensweise und seine Interpretationen so gestaltet, dass sie der Lebensweise dieser Vögel entsprechen (im Sinne einer angemessenen *Antwort*) oder überträgt er die Handlungsschemata, die er selbst in seiner Vorgehensweise bevorzugt, auf die Vögel? Die Frage können wir ebenfalls auf Jon beziehen. Überträgt er die Art, wie er gelernt hat, *Forschung zu betreiben*, auf die Vögel? Oder sollten wir die Antwort übernehmen, die er uns selbst geben würde – seine Art zu verstehen, *deckt sich* mit den Gewohnheiten derer, die er beobachtet?

Wie auch immer die großzügige oder auch kritische Antwort hierauf lautet, so können wir doch feststellen, dass uns die Bedeutung des Vorwurfs des Anthropomorphismus entglitten ist und dass er sich jetzt mit der Problematik verbindet, in welchem Verhältnis die Wissenschaftler zu den Laien stehen. Bei dem Vorwurf geht es nicht mehr darum, ob Tieren menschliche Motive zugeschrieben werden. Nicht mehr der Mensch steht im Zentrum dieser Fragestellung, sondern die Vorgehensweise, und somit ein bestimmtes Verhältnis zum Wissen. Zahavis Anthropomorphismus, so wie Jon ihn ihm vorwirft, besteht letzten Endes nicht darin, dass den Graudrosslingen, wenn sie Probleme in ihren Gruppen lösen, rein menschliche Beweggründe zugeschrieben werden, sondern darin, zu denken, der Vogel würde auf dieselben kognitiven Vorgänge wie Laien zurückgreifen – Anekdoten zu sammeln, sie zu interpretieren und bezüglich der Beweggründe und Intentionen Hypothesen aufzustellen ... Die Frage, wer sich den Gewohnheiten des anderen anpasst, die Vögel oder die Wissenschaftler, bleibt dabei ungeklärt. Und wenn wir für einen der beiden Forscher eine Antwort finden, lässt sich diese nicht unbedingt auch auf den anderen übertragen. Vielleicht hat sich der eine *gut angepasst,* während der andere *zugeordnet* hat? Ich werde jedenfalls nicht sagen, dass das »nicht so wichtig« sei, weil genau das wichtig ist, es verändert unsere Sichtweise nicht nur auf das, was als »wissenschaftliches Vorgehen« im Bezug auf Tiere gilt, sondern vor allem auf das, was wir mit ihnen gemeinsam über die richtige Art und Weise, dies zu tun, lernen können.

G wie

Genie

Mit wem werden Außerirdische verhandeln wollen?

Eine Kuh ist ein Pflanzenfresser, der für alle möglichen Dinge Zeit hat. Diese Definition stammt von Philippe Roucan, einem Viehzüchter. *Eine Kuh ist ein Lebewesen, das vieles weiß*, schreibt wiederum Michel Ots. Die Kühe kennen das Geheimnis der Pflanzen, sagt er. Während sie wiederkäuen, meditieren sie – *über die Metamorphosen des Lichts, von den Weiten des Kosmos bis zur stofflichen Materie.* Haben nicht einige Viehzüchter Jocelyne Porcher gegenüber behauptet, dass die Hörner ihrer Kühe sie mit der Macht des Kosmos verbinden?[1] Manchmal sage ich mir, dass wir doch recht wenig Fantasie haben und einigermaßen egozentrisch sind, wenn wir denken, dass Außerirdische, wenn sie auf der Erde landen, ausgerechnet mit uns Kontakt aufnehmen wollen würden – wobei das bestimmt schon Thema eines Science-Fiction-Romans gewesen ist. Wenn ich lese, was die Viehzüchter über ihre Kühe erzählen, stelle ich mir gerne vor, dass die Außerirdischen ihre ersten Kontaktversuche an diese Kühe richten würden. Wegen des Verhältnisses, das sie zur Zeit

---

1 Jocelyne Porcher berichtet, dass sie das von Bauern der biologisch-dynamischen Landwirtschaft gehört hat, die sich auf die Vorträge für Landwirte von Rudolf Steiner beziehen. Die Zitate von Michel Ots stammen aus seinem Buch *Plaire aux vaches* aus dem Jahr 1994.
Alles, was ich hier über Kühe sage, entnehme ich zum einen den Texten von Jocelyne Porcher und zum anderen einer Befragung, die wir gemeinsam unter Viehzüchtern im Jahr 2006 durchgeführt haben und von der wir einen Teil unter dem Titel *Être bête* 2007 veröffentlicht haben.

und zur Meditation haben, wegen ihrer Hörner – diese Antennen, die sie mit dem Kosmos verbinden – wegen allem, was sie wissen und was sie weitergeben, wegen ihres Sinns für Ordnung und Rangordnungen, wegen des Vertrauens, das zu schenken sie imstande sind, wegen ihrer Neugier, wegen ihres feinen Sinns für Werte und Verantwortung. Oder auch für das, was ein Viehzüchter über sie sagt und was uns überrascht: *Sie können weiter denken als wir.*

Wenn die Hypothese, dass Außerirdische die Kühe uns vorziehen würden, für irgendwen Sinn ergeben könnte, dann wäre das Temple Grandin. Wenn sie von Außerirdischen spricht, meint sie zugegebenermaßen vielmehr, dass sie *uns* wie Außerirdische wahrnimmt und dass sie sich oft, um es mit ihren Worten zu sagen, fühlt wie *eine Anthropologin auf dem Mars.*[2] Temple Grandin ist Autistin. Sie ist außerdem die bekannteste amerikanische Wissenschaftlerin auf dem Gebiet der Züchtung. Beides hängt zusammen. Wenn sie nämlich so eine Expertin geworden ist, wenn sie die genialsten Gebäude und Fixierungsvorrichtungen für die Tiere entwerfen konnte, wenn sie so viel Erfolg hat in dem Beruf, den sie gewählt hat, dann, sagt sie, nur deshalb, weil sie die Welt so wahrnehmen kann, wie die Kühe selbst sie wahrnehmen.

Wenn sie ein Problem auf dem Gebiet lösen muss, wenn sich zum Beispiel ein Tier weigert, irgendwo hineinzugehen, wo es regelmäßig hineingehen soll, wenn es Probleme macht, die zu Konflikten mit den Menschen führen, die für es zuständig sind, dann versucht Grandin verständlich zu machen, wie die Kühe die Situation sehen und interpretieren. Weil sie versteht, was das Tier verängstigt haben könnte, während wir nicht wahrnehmen, was die Ursache dafür ist, dass es sich sträubt zu tun, was wir von ihm verlangen – ein Gebäude zu betreten oder einen Gang entlangzugehen –, deshalb kann Grandin die Probleme und Konflikte zu lösen. Manchmal genügt schon ein Detail, ein kleines

2 Dass Temple Grandin von sich sagt, sich »wie eine Anthropologin auf dem Mars« zu fühlen, hat dem Buch *Ein Anthropologe auf dem Mars* aus dem Jahr 1996 von Oliver Sacks, in dem er ihr ein Kapitel widmet, seinen Titel gegeben.

buntes Stück Stoff, das über einer Absperrung flattert, ein dunkler Fleck auf dem Boden, den wir nicht bemerken oder der für uns nicht dasselbe bedeutet – und das Tier verhält sich unerklärlicherweise anders.

Die Tatsache, dass sie Autistin ist, macht sie sensibel für ihre Umgebung, erklärt Grandin, und diese Sensibilität ähnele derjenigen der Tiere. Ihr feines Verständnis für diese, die Fähigkeit, ihre Perspektive einzunehmen, basiert eigentlich auf einer Wette. Die Tiere, betont sie, sind außergewöhnliche Wesen, so wie sie selbst als Autistin. »Der Autismus«, schreibt sie, »hat mir einen Blick auf die Tiere gegeben, den die meisten in dem Beruf nicht haben, auch wenn normale Leute sehen können, dass Tiere schlauer sind, als wir denken. [...] Wer Tiere liebt und viel Zeit mit ihnen verbringt, beginnt oft intuitiv zu merken, dass es für Tiere mehr gibt, als das, was wir mit unseren Augen sehen können. Aber diese Leute wissen nicht, was das ist oder wie sie es beschreiben sollen.«[3] Manche Autisten sind, wie sie erklärt, geistig stark zurückgeblieben, aber zu Dingen fähig, die zu erlernen normale Menschen nicht fähig sind, wie zum Beispiel im Bruchteil einer Sekunde den Wochentag eurer Geburt nur anhand des Datums zu nennen oder euch zu sagen, ob eure Hausnummer eine Primzahl ist. Tiere ähneln Autisten mit einer Inselbegabung. »Sie haben Talente, die Menschen nicht haben, so wie auch Autisten Talente haben, die normalen Menschen nicht haben. Manche Tiere verfügen über ein Genie, über das Menschen nicht verfügen, so wie Autisten mit einer Inselbegabung über eine besondere Form von Genie verfügen.«

Tiere besitzen also die bemerkenswerte geistige Fähigkeit, Dinge wahrzunehmen, die Menschen nicht wahrnehmen, und die ähnlich erstaunliche Fähigkeit, sich an höchst detaillierte Informationen zu erinnern, an die wir uns nicht erinnern könnten. »Ich finde es amüsant«,

3 Alle Zitate stammen aus dem Buch *Animal in Translation* aus dem Jahr 2006 von Temple Grandin und Catherine Johnson. Ich nehme hier eine Analyse über die Arbeit von Temple Grandin aus einem meiner Artikel wieder auf: »Intelligence des animaux: la réponse dépend de la question«, *Esprit* 6, Juni 2010, S. 142-155.

fügt sie hinzu, »dass normale Menschen immer über autistische Kinder sagen, sie würden in ihrer eigenen kleinen Welt leben. Wenn ihr mit Tieren arbeitet, werdet ihr anfangen zu verstehen, dass ihr genau dasselbe über normale Menschen sagen könntet. Wir sind umgeben von einer unermesslich großen, wunderschönen Welt, die die meisten normalen Menschen nicht wahrnehmen.« So liegt das Genie der Tiere in ihrer großartigen geistigen Fähigkeit, den Details Aufmerksamkeit zu schenken, während wir gemeinhin einen umfassenden Blick bevorzugen, weil wir diese Details gerne in ein Konzept einfügen, auf dem unsere Wahrnehmung aufbaut. Tiere denken in Bildern. Wir denken in Wörtern.

»Weil wir ihre Geheimnisse nur lösen können, wenn wir uns in die Lage der Tiere versetzen – wortwörtlich in ihre Lage – gehe ich systematisch zuallererst dorthin, wo das Tier hingeht, und tue, was das Tier tut.« Grandin geht den Gang entlang, geht in den Stall hinein, überquert die Straße, folgt dem Weg und schaut sich dabei um: Die Blätter des sich langsam drehenden Ventilators flackern. Der Schatten auf dem Boden sieht aus wie ein Abgrund. Die gelbe Jacke macht Angst, weil sie zu hell ist, der Kontrast blendet, so wie die grellen Reflexionen des Lichts auf der Metallplatte.

Wenn Grandin diesen Vorgang beschreibt, bei dem sie sich in die Lage der Tiere versetzt, um wie sie zu denken, zu sehen und zu fühlen, dann könnten wir meinen, dass sie dabei über etwas spricht, was allgemein als Empathie definiert wird. Wenn es sich aber um Empathie handelt, dann beschreibt der Begriff hier ein Oxymoron: Wir haben es mit einer Empathie ohne Pathos zu tun.

Es wäre also eher eine Form technischer Empathie, die nicht auf dem Teilen von Emotionen beruht, sondern eher auf nunmehr gemeinsamem visuellen Feingefühl, auf kognitiven Fähigkeiten anstelle emotionaler Intelligenz, denn so ordnen wir diese Art von Vorgang ein. Wenn ich auch wenige Worte finde, um diesen Vorgang zu beschreiben – ich reihe mich eher in eine Tradition ein, nach der Empathie bedeutet, dass Emotionen geteilt werden – so kann ich doch auf den wunderbaren experimentellen Science-Fiction-Roman *Fremdling* von Carolyn Janice Cherryh[4] verweisen. In einem zeitlich wie räumlich weit entfernten Universum wird ein Botschafter von der Erde auf einen Planeten geschickt, auf dem seltsame, uns sehr ähnliche Wesen leben, miteinander interagieren, sprechen und versuchen, Konflikte zu lösen. Nun kennen diese Wesen – und deshalb sind sie so seltsam – zwar Gefühle, aber diese haben nichts mit den unseren zu tun, denn sie finden nicht zwischen den Einzelnen statt. Bei ihnen empfindet niemand weder Liebe, noch Freundschaft, Hass oder Gefühle einem anderen gegenüber. Und die Schwierigkeit für den menschlichen Botschafter besteht genau darin, ein Beziehungssystem zu verstehen, das bis zu einem gewissen Punkt dem unseren ähnelt – wo die Leute einander helfen oder umbringen, Beziehungen pflegen – während er selbst aber die ganze Zeit versucht ist, dieses System in seine Begriffe zu übersetzen, wo Interaktionen mit Emotionen zu tun haben. Was die Menschen hier jedoch zusammenhält, was sie miteinander verbindet und ihr Verhalten erklärt, sind Beziehungen, die auf Treue und Loyalität aufbauen und aus denen sich wie aus einem Regelwerk bestimmte Verhaltensnormen ergeben. Das Ergebnis sind eine Gesellschaftsform und Beziehungen, die den unseren derart ähnlich sind, dass der Protagonist ununterbrochen die Motive und Intentionen derjenigen missversteht, die ihm helfen oder sich ihm gegenüber feindlich verhalten. Er missversteht, aber es funktioniert trotzdem, und wenn seine Missverständnisse Konsequenzen nach sich ziehen, dann hat die Autorin doch darauf geachtet, dass sie für ihn keine schwerwiegenden Folgen haben. Es handelt sich hierbei nicht um eine moralische Lektion sondern um ein Experiment, in dem der Protagonist gezwungen ist, sich von seinen Gewohnheiten zu lösen, nachzudenken und Zweifel zuzulassen.

Ein Vergleich führt zum nächsten. Aber das Beispiel aus dem Science-Fiction-Roman *Fremdling* bringt uns dazu, keine vorschnellen Schlüsse zu ziehen. Sind Tiere *wirklich* wie Autisten? Grandin behauptet das

4 Der Roman heißt im US-amerikanischen Original: *Foreigner* (1994).

zugegebenermaßen mit einer Bestimmtheit, die schwer nachvollziehbar ist, ist man nicht selbst Tier oder Autist. Der vehemente Anspruch, dass es sich bei dieser Behauptung um die Wahrheit handelt, verweist umso mehr darauf, dass hier eine fiktive Wette vorliegt. Er offenbart, dass es sich um eine pragmatische Entscheidung handelt: Indem sie so tut, *als ob* sie es hier mit Wesen zu tun hätte, die die Welt wie sie auf eine bestimmte Weise wahrnehmen und eine geschärfte Wahrnehmung fürs Detail haben, erfährt sie von ihnen, was sie für diese Wette benötigt, um die Intentionen der Viehzüchter und die der Tiere besser miteinander in Einklang zu bringen. Und tatsächlich gibt es, nachdem sie ihre Arbeit getan hat, weniger Gewalt in den Betrieben. Anders gesagt bringt sie den amerikanischen Viehzüchtern bei, die Welt so zu sehen und zu interpretieren, wie es dem Genie der Tiere eigen ist. Mit Absicht habe ich gesagt, dass es *amerikanische* Viehzüchter sind. Die meisten Viehzüchter in diesem Land haben nämlich, anders als die Viehzüchter, die ich am Anfang zitiert habe, nur wenig Kontakt zu ihren Tieren, abgesehen von ganz bestimmten Situationen, in denen sie sie pflegen müssen, oder dann, wenn sie sie zum Schlachter transportieren. Mit anderen Worten hat die Viehzucht, mit der Grandin es zu tun hat, nur in äußerst begrenztem Maße die Bedeutung, die sie für manche unserer Viehzüchter annehmen kann, für die das Zusammenleben mit ihren Tieren und die Tatsache, sie zu kennen und zu lieben, den Kern ihrer Arbeit ausmachen.

Tiere sind Genies. Temple Grandin bietet uns ein schönes Gegenmittel gegen die These, der Mensch sei den Tieren überlegen. Sie hat sie umgedreht. Die Tiere, und nicht die Menschen, sind außergewöhnlich, ebenso wie Autisten außergewöhnlich sind. Dabei arbeitet die Analogie zwar mit einer Art Entsprechungen, aber sie tut das in Form von Inversionen, die diese Entsprechungen problematisch machen. Es ist keine direkte Analogie, sondern sie baut darauf auf, dass in zweierlei Fällen ein Unterschied konstruiert wird und diese beiden Unterschiede in Bezug zueinander gesetzt werden, der Unterschied zwischen Menschen und Tieren und jener zwischen Autisten und normalen Menschen. Was aber noch interessanter daran ist und diese Analogie erst zum Gegenmittel macht, ist die Tatsache, dass sie aus den Unterschieden *qualifizierende Unterschiede* macht. Die Einfältigkeit der Tiere und das Handicap der Menschen werden ein besonderes, außergewöhnliches Talent und eine Begabung, die Welt auf besondere Art wahrzunehmen. Der so angelegte Vergleich erfindet die Identitäten neu. Er führt andere Formen der Leistung ins Feld. Es handelt sich also nicht um einen Vergleich, sondern um eine Übersetzung. Wir machen etwas anderes mit etwas normalerweise Gleichbleibendem. Wir sorgen dafür, dass die Wege sich trennen. Wir schaffen eine Erzählung, die uns wachsen lässt. Wir fantasieren.

Es ist sicher kein Zufall, dass sich Temple Grandin, wenn sie von ihrer Ausbildung berichtet und davon, wie ihre Mutter dafür gekämpft hat, ihrer als »schizophren« diagnostizierten Tochter das Schicksal zu ersparen, in einem Heim zu landen, dass sie sich dann an die Geschichten erinnert, die diese ihr als Kind erzählt hat: Manchmal kommen Feen in die Häuser, in denen gerade ein Kind geboren wurde, und tauschen ihr eigenes Kind gegen dieses aus. Und in dem Haus der Menschen lebt fortan ein merkwürdiges kleines Wesen, das sie nicht verstehen und das auch sie nicht zu verstehen scheint. Diese Kinder sind auf eigenartige Weise abwesend und bleiben immer etwas fremd, sie tun sich mit unserer Sprache und unseren Beziehungen so schwer und sie sehen spannende und gruselige Dinge, die nur sonst keiner bemerkt. Kurz gesagt, Kinder, die uns wie Grandin in unsichtbare und fantastische Welten mitnehmen.

H wie Hierarchien

Könnte es vielleicht ein Mythos sein, dass das männliche Geschlecht das dominante ist?

In einem Wolfsrudel gibt es, wie die Seite *franceloups.fr* bei meinem letzten Aufruf Ende September 2011 postulierte, »oft ein dominantes Paar, das die Chef-Rolle in der Gruppe innehat. Sie werden Alpha-Männchen und Alpha-Weibchen genannt. Alle für das Überleben des Rudels wichtigen Entscheidungen, zum Beispiel wie wann gejagt und wie das Territorium markiert wird, werden von dem dominanten Paar getroffen. Nur das Alpha-Paar pflanzt sich fort. In der hierarchischen Ordnung des Rudels kommen nach ihnen die Beta-Wölfe. Sie übernehmen den Platz des Alpha-Paares, wenn das Rudel in Schwierigkeiten gerät (Tod des Alpha-Paares). Zuletzt kommen die Omega-Wölfe, deren Position im Rudel wenig zu beneiden ist, denn die Omega-Wölfe sind fortwährend und täglich Aggressionen ausgesetzt. Ein Omega-Wolf ist durch seine Position in der Rangordnung der letzte, der von einer Beute, die das Rudel erlegt hat, zu fressen bekommt.«

In den 1960er-Jahren findet sich in der Literatur über Paviane eine ganz ähnliche Beschreibung einer Rangordnung. Da schrieb der Primatologe Sherwood Washburn, dass »die Hauptcharakteristiken der Rangordnung bei den Pavianen aus komplexen Dominanzverhältnissen unter den ausgewachsenen Männchen abgeleitet werden, die normalerweise die Stabilität und einen relativen Frieden in der Gruppe sichern, ein

Maximum an Sicherheit für die Mütter und die Kleinen sowie die größte Wahrscheinlichkeit, dass die Jungen von den in der Hierarchie am höchsten stehenden Männchen abstammen, garantieren.« Das finden wir in bis auf wenige Details gleicher Weise auch an anderen Stellen. So betonen zum Beispiel die Pavian-Forscher die Rolle der dominanten Tiere in der Verteidigung des Rudels. Die Primatologin Alison Jolly konstatiert, als sie im Jahr 1972 den aktuellen Forschungsstand zusammenfasst, dass diese das Vorrecht der in der Rangordnung am höchsten stehenden Männchen ist, ja sogar das deutlichste Indiz für ihre Dominanz: »Wenn ein Pavian-Rudel in der Savanne auf eine Raubkatze trifft, dann zieht es sich im Kampfformation zurück, die Weibchen und die jüngeren Tiere zuerst, dann die Männchen mit ihren großen Reißzähnen, die sich so zwischen das Rudel und die Gefahrenquelle stellen.«[1] Es gibt allerdings eine Ausnahme von diesem erstklassigen Organisationsmodell, schließt Jolly: Die Paviane im Wald im Ishasha-Gebiet, die die Primatologin Thelma Rowell in Uganda beobachtet hat, flüchten, wenn sie ein Raubtier sehen, in völliger Unordnung, jeder so schnell, wie er kann. Das bedeutet, dass die Männchen weit vorne liegen und die mit ihren Jungen beladenen Weibchen nur mit Müh und Not hinterherkommen.[2]

Dieser offenkundige Mangel an Heroismus, wie Thelma Rowell die Lage selbst beurteilt, war tatsächlich nur einer von mehreren Unterschieden, die diese Paviane in ihrem Verhalten an den Tag legten. Die Paviane im Ishasha-Gebiet kennen nämlich keine Hierarchien.[3] Keines der

---

1 Die Zitate von Alison Jolly entnehme ich ihrem Buch *The Evolution of Primate Behavior* aus dem Jahr 1972.

2 Irwin Bernstein nimmt in »Dominance: The Baby and the Bathwater«, in: *The Behavioral and Brain Sciences* 4, 1981, S. 419-457 die Frage nach den Dominanzverhältnissen und den Stand der öffentlichen Diskussion zu Beginn der 1980er-Jahre wieder auf.

3 Thelma Rowell nimmt die Kritik an der Vorstellung von Dominanzverhältnissen in einem Artikel von 1974 wieder auf und führt sie weiter aus: »The Concept of Social Dominance«, in: *Behavioral Biology* 11, 1974, S. 131-154. Außerdem konnte ich aus den Interviews schöpfen, die sie mir im Juni 2005 weitergab. Diese

Männchen ist gegenüber den anderen höhergestellt und keines scheint irgendwelche mit einem Rang verbundene Privilegien zu genießen. Ganz im Gegenteil sogar, in der Gruppe herrscht eine friedliche Stimmung, es gibt wenige Streitereien und es scheint den Männchen wichtiger zu sein, zusammenzuarbeiten als miteinander zu konkurrieren, wie es in den anderen Gruppen der Fall ist. Die Primatologin berichtet von einer noch unerwarteteren Beobachtung: Sie machen anscheinend keine hierarchischen Unterschiede zwischen Männchen und Weibchen.[4]

Diese Beobachtungen stießen bei Rowells Kollegen auf Skepsis. Kein einziger Pavian hatte sich jemals so verhalten. Die Paviane aus dem Isha-sha-Gebiet stellten eine unbefriedigende Ausnahme von der schönen Ordnung dar, die die Natur den Pavianen mitgegeben hatte. Es musste eine Erklärung dafür geben. Schließlich wurde eine Erklärung gefunden, die niemanden kränken würde, weder die Primatologin, die ja sonst *falsch beobachtet* hätte, noch die Paviane, die sonst womöglich keine richtigen Paviane wären – was Anfang der 1960er-Jahre Bärenpavianen in Südafrika passiert war. Letztere hatten für eine Kühnheit teuer bezahlt. Ihr Beobachter Ronald Hall berichtete zu jener Zeit, dass die Paviane, die er beobachtete, keine Hierarchien hätten. Ihnen wurde prompt die Zugehörigkeit zur Art abgesprochen. Das waren keine Paviane! Für die

---

fanden im Rahmen einer Vorrecherche für eine Doku statt (Despret, Vinciane/Demorcy, Didier: *Non Sheepish Sheep*, 2005), die anlässlich der Ausstellung *Making Things Public. Atmospheres of Democracy* im *Zentrum für Kunst und Medien* in Karlsruhe im Frühling 2005 produziert wurde.

4 Die Philosophin Donna Haraway hat viel zu der Frage nach der Hierarchie geforscht und ihre Arbeiten waren für mich sehr inspirierend (vgl. Haraway, Donna: »Animal Sociology and a Natural Economy of the Body Politic, Part 1: A Political Physiology of Dominance«, in: Abel, Elizabeth/Abel, Emily (Hg.): *Women, Gender and Scholarship (The Sign Reader)*, Chicago 1983, S. 123-138). Sie nimmt diese Fragen später wieder auf und geht noch mehr in die Tiefe: Haraway, Donna: *Primates Visions*, London 1992.
Ich nehme hier außerdem einige Aspekte aus einem Artikel wieder auf, den ich zu diesem Thema veröffentlicht habe: Despret, Vinciane: »Quand les mâles dominaient. Controverses autour de la hiérarchie chez les primates«, in: *Ethnologie française* XXXIX, 1, 2009, S. 45-55.

Paviane im Ishasha-Gebiet fand man eine weniger rabiate Lösung: Ihre Extravaganzen mussten daher kommen, dass sie dort im Wald immer von besonderen Lebensbedingungen profitiert hatten, einem wahren irdischen Paradies mit seinen Bäumen, die vor Raubtieren Schutz und außerdem Schlafplätze und Nahrung im Überfluss boten. Der Mythos vom irdischen Paradies und seinem Fall ist nie weit vom Ursprungsmythos entfernt, den zu rekonstruieren die Paviane helfen sollten. Die Paviane im Ishasha-Gebiet waren in den Bäumen geblieben, sie hatten den evolutionären Schritt nicht vollzogen, den ihre Artgenossen in der Savanne gewagt hatten. Fortschritt hat immer auch seinen Preis, und so bezahlten Letztere mit viel härteren Lebensbedingungen und sie standen in heftiger Konkurrenz zueinander, was eine stark hierarchische Struktur in ihrer Gemeinschaft zur Folge hatte. Wenn diese Erklärungen entlang der von der Natur vorgegebenen Lebensbedingungen sie auch marginalisierte, so ließ sie doch den Pavianen aus dem Ishasha-Gebiet die Möglichkeit, weiterhin der Gattung der Paviane anzugehören, und der Forscherin die Anerkennung für ihre Beobachtungen. Nachdem dieses Problem also gelöst war, forschten alle weiter und sammelten Beweise für die Universalität einer hierarchischen Organisation unter den Pavianen in der Savanne. Und ebenso bei zahlreichen anderen Arten.

Dieses Modell war zu diesem Zeitpunkt bereits unumgänglich geworden, sodass es auf jedem Gebiet die erste Forschungsfrage determinierte. Diese bezog sich darauf, dass es zunächst galt, die Hierarchie in der Gruppe und den Platz in der Rangordnung jedes Individuums herauszufinden. Und wenn diese Hierarchie nicht deutlich zu werden schien, griffen die Forscher auf ein recht bequemes Konzept zurück, um die Lücke in der Faktenlage zu füllen, nämlich das der *latenten Dominanz*. Die Dominanzbeziehungen müssen derart tief verankert sein, dass wir sie nicht mehr wahrnehmen können.

Einige Jahre später, Anfang der 1970er-Jahre, beschließt Thelma Rowell, die Außenseiterrolle, in die man ihre Paviane gedrängt hat, nicht länger zu dulden. Ja, die Paviane im Ishasha-Gebiet profitieren von besonders günstigen Bedingungen, die ihre Devianz erklären können. Wovon sprechen wir aber, wenn wir von »Bedingungen« reden? Es geht nicht um von der Natur vorgegebene Bedingungen im traditionellen Sinne, sondern um die Bedingungen bei der Beobachtung. Anders gesagt stellen diese Paviane nur deshalb eine Ausnahme von dem Modell dar, weil sie unter Bedingungen beobachtet wurden, die sie nicht dazu zwingen, sich ebendiesem Modell unterzuordnen.

Dementsprechend hat Rowell alle Untersuchungen, die vor ihr durchgeführt wurden, genommen und miteinander verglichen. Sie konnte die Paviane in zwei Gruppen aufteilen. Auf der einen Seite diejenigen Tiere, die sich offensichtlich nicht besonders für eine hierarchische Struktur interessieren, diejenigen, für die das Konzept der latenten Dominanz verwendet wurde, und diejenigen, von denen angenommen wurde, sie hätten eine andere Art von Selektionsdruck erfahren, so wie die Paviane im Ishasha-Gebiet oder auch jene Paviane, die von ihrer Art exkommuniziert worden waren, wie die Bärenpaviane. Auf der anderen Seite alle (in freier Wildbahn oder in Gefangenschaft lebenden) Paviane, die sich dem Modell entsprechend verhalten haben. Zwei Konstanten fallen dabei auf. Immer, wenn die erforschten Paviane in Gefangenschaft lebten, herrschte unter ihnen eine klare Hierarchie. In freier Natur werden die Dominanzverhältnisse immer dann deutlich sichtbar, wenn die Tiere beobachtet wurden und die Forscher die Tiere gefüttert haben, um sie anzulocken. Zufall? Wohl kaum.

Die Untersuchungen in Gefangenschaft laufen alle nach demselben Schema ab. Um die Dominanzverhältnisse zu untersuchen, teilen die Wissenschaftler die Affen in Zweiergruppen auf und lassen sie miteinander um etwas Nahrung konkurrieren, um ein Territorium oder sogar um die Möglichkeit, einem elektrischen Schock zu entgehen. Die beiden Affen sind einander meistens vollkommen fremd. Aus dem ersten Versuchsdurchgang geht einer von ihnen, das ist der Sinn des Manövers, als Sieger hervor. Im nächsten Durchgang weiß der Unterlegene schon, was jetzt kommt, und wenn er dann noch kämpft, dann nicht mit besonders viel Einsatz. Mit jedem Mal, das der Versuch wiederholt wird, bestätigt sich für den Versuchsleiter genauso wie für den Affen eine immer zuverlässiger werdende Vorhersage. Auf Dauer wird der Affe, der mittlerweile jede Hoffnung verloren hat, sich zurückziehen und, wenn sie mit etwas angelockt werden oder ihnen ein elektrischer Schock droht, wird er den Weg für jenen Affen freimachen, der der *dominante* von ihnen geworden ist. Dieses Phänomen wiederholt sich genauso bei jeder neuen Gruppe, die gebildet wird. Der Platz- und Nahrungsmangel führt unweigerlich zu Konflikten unter Affen, die einander gar nicht kennen und in sozialen Gruppen leben, deren Struktur auf bestimmte Weise durch die Gefangenschaft selbst festgelegt ist.

In freier Natur liegen die Dinge natürlich anders. Die Affen kennen einander. Sie sind prinzipiell nicht denselben Zwängen unterworfen. Dadurch vergisst man die für die Forschungsarbeit aufgestellten Regeln. Wenn nämlich die Forscher ihre Paviane, anstatt sie langsam an die Menschen zu gewöhnen, mit Futter angelockt haben, dann taten sie das meistens mit zu wenig und auf zu wenig Raum verteiltem Futter und provozierten damit ordentliche Streitereien, aus denen die Stärkeren klar hervorgingen. Somit haben die Forscher die Bedingungen aus der Gefangenschaft in der freien Natur reproduziert. Rowell macht in ihrem Urteil keinerlei Zugeständnisse: Eine Hierarchie wird nur dann so deutlich sichtbar und etabliert sich nur dann derart, wenn die Forscher sie aktiv provoziert und aufrechterhalten haben.

Dennoch durchzieht das Modell der Dominanz weiterhin die Forschung.

Und doch werden hie und da Paviane wieder aufsässig. Die Paviane der jungen amerikanischen Anthropologin Shirley Strum, die *Pumphouse-Gang* in Kenia, schienen Mitte der 1970er-Jahre die Fackel des Widerstands wieder aufnehmen zu wollen. Strum kam zu dem Schluss, dass die Dominanz der Männchen über die Weibchen ein Mythos ist. Alle ihre Beobachtungen stimmten überein: Die aggressivsten unter den Männchen, die, wenn der Ausgang dieser Konflikte als Kriterium genommen wird, in der Hierarchie am höchsten stehen, werden von den Weibchen am seltensten als Partner ausgewählt und haben deutlich weniger Zugang zu paarungsbereiten Weibchen. Entgegen jeder Erwartung wird der Verlierer im Vergleich zu dem Männchen, das in einem Konflikt die Oberhand behält, besser behandelt. Er genießt die Aufmerksamkeit der Weibchen auf Partnersuche, er erhält leckeres Essen und regelmäßige Fellpflege. Strum erklärt, dass der Ausgang des Konflikts zeigt, dass es sich nicht einfach um Dominanzstrukturen oder die Frage handelt, wer auf Ressourcen zugreifen kann. Diese Konzepte müssten grundlegend neu aufgerollt werden, um die sich herausbildenden Beziehungen zu verstehen.

Ihre Vorschläge wurden sehr schlecht aufgenommen. Ihr wurde vorgeworfen, das Ganze falsch beobachtet und sogar ihre Ergebnisse gefälscht zu haben. »Die Männchen der Pumphouse-Gang müssen eine Hierarchie haben«, riefen ihr die *Silberrücken* der Universitäten wiederholt entgegen, einer lauter als der andere.[5]

Die unverblümte Ablehnung dieser Forschungsergebnisse und das geringe Echo angesichts von Rowells Kritik machen nur noch deutlicher, wie schwer es den Forschern fällt, ihr Konzept loszulassen. In der Primatologie können wir mit Thelma Rowell die Präsenz des Mythos beobachten, der besagt, dass ein dominantes Männchen für die Weibchen kämpft, und den wir als Folge einer naturalistischen Tradition aus der viktorianischen Zeit und der Romantik bestimmen können – wenn nicht gar als eine Form von Anthropomorphismus oder von *Akademikomorphismus*. Finden wir nicht letztendlich in den Beziehungen

5 Die sehr negativen Reaktionen auf Shirley Strums Lesart beschreibt sie in ihrem Buch *Almost Human. A Journey Into the Worlds of Baboons*.

Die Inspiration für einen Teil dieses Textes stammt von den Analysen, die Shirley Strum und Linda Fedigan in ihrem gemeinsamen Buch *Primate Encounters* aus dem Jahr 2000 veröffentlicht haben, vor allem aus dem einleitenden Kapitel »Changing Views of Primate Society: A Situated North American View«.

zwischen denen, die über dieses Thema am meisten schreiben, genau jene Hierarchieformen?

Wir könnten auch annehmen, dass die Gründe für diese fast schon manische Vorliebe für dieses hierarchische Modell mit den Ambitionen einer großen Mehrheit der Primatologen zusammenhängt, ihre Forschung auf ein wissenschaftliches Fundament mit einer naturalistischen Perspektive zu stellen (☞ *Forschung*). Hierarchien sind so gesehen ein dankbares Thema. Sie bestätigen, dass es bestimmte Invarianten gibt, sie stellen sicher, dass zuverlässige Prognosen getroffen werden können, die zueinander in Korrelation gesetzt werden und in Statistiken einfließen können. Aber der Vorstellung einer nach hierarchischen Prinzipien geordneten Gesellschaft würde auch ein Konzept des Sozialen zugrunde liegen, das die Primatologen von der Soziologie übernehmen und demzufolge die Gesellschaft schon vor der Arbeit der Akteure besteht (☞ *clever*). Dieses Konzept lässt sich Bruno Latour zufolge nur dann anwenden, wenn die fortwährende stabilisierende Arbeit, die nötig ist, damit überhaupt eine Gesellschaft entsteht, verschleiert wird. Die Theorie einer Hierarchie wäre also so etwas wie ein Standbild. Sicherlich gibt es bei den Pavianen viele aggressive Auseinandersetzungen sowie Kämpfe, in denen sie zu zeigen versuchen, wer von ihnen der Stärkste ist, aber, wer eine Rangordnung feststellen will, kann man das nur tun, wenn er den Beobachtungszeitraum auf wenige Tage beschränkt. Verdient eine Hierarchie, die sich alle drei Tage ändert, überhaupt noch den Namen einer Hierarchie? Wenn in einer Hierarchie derjenige, der ein Weibchen für sich erobern kann, nicht auch derjenige ist, der sich öfter und zuerst Zugang zu Nahrung verschafft, und wenn er sich auch nicht als derjenige erweist, der entscheidet, wann das Rudel weiterwandert (eine Rolle, die bei den Pavianen den ältesten Weibchen zukommt), kann es sich dabei dann überhaupt noch um *eine* Hierarchie handeln? Gleichwohl bleiben die Begriffe Hierarchie und Dominanz in einem Großteil der Literatur omnipräsent und für manche Forscher sind sie weiterhin eine Selbstverständlichkeit. Zwar geben diese Forscher zu, dass die Angelegenheit »komplexer ist«. Was sie aber in keinster Weise daran hindert, die Begriffe hartnäckig weiter zu verwenden und diese Art von Beziehungen zu schildern (☞ *Notwendigkeit;* ☞ *Umwelt*). Das Zitat über die Zusammensetzung von Wolfsrudeln am Anfang dieses Kapitels ist ein Beispiel dafür. Diese Vorstellung von Hierarchien unter den Tieren zieht sich auch noch immer durch Handbücher für die Erziehung von Hunden, wo die Herrchen aufgefordert werden, ihren kleinen Begleiter daran zu erinnern, wer der Dominante von den beiden ist, wenn er es mal vergessen sollte.

Dass das immer noch so ist, überrascht umso mehr, da sich die Wölfe, was das angeht, ein Beispiel an den Pavianen genommen haben. In den 1930er-Jahren hatte sich die Theorie vom Alpha-Wolf infolge der Arbeit des Experten Rudolf Schenkel etabliert.[6] Ende der 1960er-Jahre nahm der große amerikanische Wolfexperte David Mech[7] sie wieder auf. Er forschte weiter in dieselbe Richtung und trug dazu bei, dass die Theorie bekannter wurde. Ende der 1990er-Jahre allerdings stellt er die gesamte Theorie infrage. Er ist dreizehn Sommer lang Wolfsrudeln in Kanada gefolgt und stellte fest, dass das, was er als Rudel bezeichnete, in Wahrheit eine Familie ist. Sie besteht aus Eltern und Kindern, die, wenn sie ausgewachsen sind, die Familie verlassen, um selbst eine zu gründen. Es gibt keine Beziehungen, die auf Dominanz beruhen, sondern nur Eltern,

6 Was die Geschichte der Theorien rund um den Wolf und seine »Hierarchisierung« angeht, habe ich sehr von der Hilfe zweier meiner Studentinnen an der Universität Brüssel VUB profitiert, Mara Corveleyn und Nathalie Vandenbussche, die für mich die Geschichte dieses Konzepts nachgezeichnet haben.

Schenkels Theorien lassen sich hier nachlesen: Schenkel, Rudolf: »Expression Studies on Wolves. Captivity Obervations«. Der Text ist nicht datiert, es wird nur erwähnt, dass die Arbeit 1947 begonnen wurde. Er ist eine Lektüre wert, denn es finden darin alle üblichen Ansätze und Theorien zum Thema Dominanzverhältnisse. Ein Teil des Textes findet sich online: davemech.org.

7 In Bezug auf David Mechs Forschung möchte ich auf einen Artikel verweisen, der einen guten Überblick gibt: »Whatever Happened to the Term Alpha Wolf?«, in: *International Wolf* 4, 18, Winter 2008, S. 4-8.

die die Handlungen ihrer Kinder anleiten und ihnen beibringen, zu jagen und sich zurechtzufinden.

Der Grund dafür, dass die theoretischen Positionen sich so stark unterscheiden, ist jetzt, wo wir die Geschichte mit den Pavianen kennen, simpel und leicht zu erkennen. Bevor Mech die Wölfe dreizehn Sommer lang beobachtete, beschränkte sich seine und Schenkels Forschungsarbeit auf Tierparks und Zoos, wo sie anhand von künstlich zusammengestellten Rudeln mit einander fremden Wölfen forschten, die in Gehege gesperrt waren, welche eine Flucht unmöglich machten, und Futter bekamen, das ihnen von Menschen vorgesetzt wurde. Diese Wölfe versuchen sich, so gut sie können, angesichts des Stresses, den jeder dieser Faktoren fortwährend verursacht, zu organisieren. Die Alpha-Tiere reißen also alle Privilegien an sich, die Beta-Tiere spielen mit und die Omega-Tiere versuchen, die ständigen Drangsalierungen zu überleben. Genau dieses Schauspiel lässt sich in zahlreichen Tierparks täglich beobachten.

Und genau so werden Wolfsrudel weiterhin in der Literatur beschrieben. Die Dominanztheorie scheint also geradezu dazu beschaffen, genau so lange zu überleben, wie die Menschen sie weiter fortbestehen lassen und sich mit ihr arrangieren.

Das alles verursacht, wie wir sehen, nicht nur rein theoretische Probleme. Unsere Theorien über Tiere haben praktische Folgen, und sei es nur, dass sie verändern, wie wir über sie nachdenken. Gleichwohl geht dies weit über das einfache Nachdenken hinaus. Die Wölfe in Tierparks sind dafür ein überdeutliches Beispiel – und die Antwort, die wir einander geben, wenn es jemanden beunruhigt, dass die Omega-Wölfe ständigen Angriffen ausgesetzt sind: »So sind Wölfe eben.«

Die Hierarchie-Theorie ähnelt einer ansteckenden Krankheit, die von sehr resistenten Viren verbreitet wird. Ihre Symptome können, ebenso wie ihre Ansteckungsgefahr, leicht identifiziert und kategorisiert werden. Sie bringt Lebewesen hervor, die sich nach strengen Regeln verhalten, Lebewesen, die wenig interessant sind, Lebewesen, die Routinen nachgehen, ohne sich zu viele Fragen zu stellen. Und sie kontaminiert die Menschen, die diese Theorie anwenden, ebenso wie die Tiere, auf die sie angewendet wird.

I wie

inkonsequent

Sind Tiere geeignete Vorbilder für moralisches Verhalten?

Während der Ausstellung *Bêtes et Hommes, Tiere und Menschen,* in der ehemaligen Rinderhalle *Grande Halle de la Villette* in Paris im Jahr 2007 wurden zwischen den Kunstwerken, Videos und Texttafeln einige Trappgänse, fünf Raben, eine Krähe, zwei Warane, fünf Geier und zwei Otter (Bruder und Schwester) untergebracht. Wie es die Veranstalterinnen der Ausstellung (dazu zählte auch ich selbst) wollten, waren die dort nunmehr *wohnhaften* Tiere die Botschafter ihrer Artgenossen. In ihrer repräsentativen Funktion stellten sie Fragen bezüglich der Problematik des Zusammenlebens und der Konflikte, die sich daraus unter den Menschen, zwischen Menschen und Tieren und sogar zwischen den Tieren selbst ergeben (☞ *Justiz*). Diese Tiere machten durch ihre Präsenz auf die Probleme im Zusammenhang mit der Tatsache aufmerksam, dass sie nun, explizit und kollektiv, Teil unserer Geschichten sind, und mit der Tatsache, dass wir heute mit ihnen verhandeln und herausfinden müssen, inwiefern sie an dieser Teilhabe interessiert sein könnten.

Bei ihrer Entscheidung war den Verantwortlichen der Ausstellung bewusst, dass sie das Risiko auf sich nahmen, dass man ihnen vorwerfen würde, dass diese Tiere in ihren Käfigen Teil der Ausstellung sind. Auch hatten sie sorgfältig vorbereitet, wie sie das begründen würden, und vor allem hatten sie darauf geachtet, dass ihnen in Bezug auf die Haltungsbedingungen dieser Tiere kein Vorwurf gemacht werden konnte. Überrumpelt wurden sie aber letztendlich von den Ottern.

Am Anfang lief alles gut. Tag für Tag schienen sich die Otter an ihre neue Umgebung zu gewöhnen und ihr Wohlbefinden sogar immer deutlicher zu zeigen. Sie hatte die Situation also mehr als positiv aufgenommen und die Erwartungen der Veranstalterinnen, die sie dorthin gebracht hatten, erfüllt. Letztere wiederum hatten keinesfalls damit gerechnet, dass die Otter die Initiative ergreifen und ihre Erwartungen noch übertreffen würden. Und ganz sicher hatten sie nicht darum gebeten, dass sie ihr Wohlbefinden zeigen, indem sie in Bezug auf sexuelle Normen plötzlich aus der Reihe tanzen.

Denn die Biologen hatten ihnen bestätigt: Alle Wissenschaftler sind sich heutzutage darin einig, dass bestimmte Mechanismen Otter, so wie viele andere Tiere, davon abhalten, sich von Individuen angezogen zu fühlen, mit denen sie zusammen aufgezogen wurden. Offensichtlich hatten diese Otter-Geschwister aber beschlossen, ihren eigenen Beitrag zu der alten Kontroverse um das Thema Inzest zu leisten (oder, besser gesagt, sie wieder in Gang zu setzen). Und sie schienen den zeitgenössischen Ethologen Unrecht zu geben und im selben Atemzug auf die Hypothesen von Sigmund Freud und Claude Lévi-Strauss zurückkommen zu wollen, die, auch wenn sie keine Experten für die Tierwelt waren, feste Vorstellungen zu diesem Thema hatten und daraus im Übrigen ein Kriterium für das *typisch Menschliche* entwickelten. Bei Menschen ist Inzest ein Tabu, bei Tieren nicht.

Auch wenn sich die Organisatorinnen der Ausstellung von dieser Kontroverse nicht angesprochen fühlten, so ahnten sie doch Schlimmes, als ihre Otter die Wissenschaft so ungeniert Lügen straften. Es ist in der Tat bekannt, dass Zoos und alle Arten von Gefangenschaft seit Langem den Ruf haben, ihre Tiere zu *denaturieren*. In Bezug auf die Sexualität richtet sich dieser Vorwurf vor allem auf sexuelles Verhalten, das als »entgleist« bezeichnet wird und weithin als »gegen die Natur« bekannt ist.

Wichtig ist aber, zu betonen, dass ein Großteil dessen, was wir über die Sexualität von Tieren wissen, Recherchen zu verdanken ist, die in

Gefangenschaft stattfanden. Zuerst einmal, weil sie in freier Wildbahn recht schwer zu beobachten ist, weil Tiere in dieser Hinsicht dazu neigen, Diskretion zu wahren, was vor allem daran liegt, dass diese Aktivitäten bedeuten, sich verwundbar zu machen. In Zoos hingegen haben die Tiere, wenn sie sich nicht einer völligen Abstinenz hingeben wollen (was oft passiert), oft keine andere Wahl, als zur sexuellen Aufklärung der Zuschauer beizutragen (und zum Arterhalt, heißt es, aber das ist eine andere Problematik). Zweitens ist mehr über Sexualität unter künstlich hergestellten Bedingungen bekannt, weil sie dort erforscht, ja sogar initiiert wurde. So haben zahlreiche Forschungsprojekte die sexuellen Aktivitäten von Millionen von Ratten, Affen und anderen Tieren begleitet oder verursacht.

Der Gedanke liegt mir jedoch fern, dass die Abweichungen von der Norm, die bei Tieren in Gefangenschaft beobachtet wurden, einzig und allein das Resultat von pathologischen Bedingungen sind. Die Sache ist komplizierter und Generalisierungen führen uns hier nicht weiter. Wir können in der Tat feststellen, dass Tiere, wenn sie sich relativ sicher fühlen und sich wenig Sorgen um Fressfeinde und ums Überleben machen müssen, andere Formen von Beziehungen ausprobieren oder an den Tag legen. So wurde lange davon ausgegangen, dass wir bei Tieren nicht von Lust sprechen können. Diese Frage wurde schon durch den doppelten Imperativ der Notwendigkeit und der Fortpflanzung beantwortet (☞ *Notwendigkeit;* ☞ *queer*). Aber denken die Tiere wirklich an Fortpflanzung? Ganz offensichtlich laufen die Dinge bei vielen von ihnen anders. Bonobos haben, was das angeht, Berühmtheit erlangt. Inzwischen wird auch bei Vögeln in Betracht gezogen, dass sich ihr Paarungsverhalten aus unterschiedlichen Motiven heraus ergeben könnte. Die Frage der Lust wurde von Wissenschaftlern schon immer nur mit Müh und Not behandelt, und der zügige Ablauf der meisten Demonstrationen sexuellen Verhaltens begünstigt dieses Widerstreben noch. Natürlich ändert sich alles, wenn wir bedenken, dass Tiere auch *anders können*, wenn sie die Möglichkeit dazu haben. Manchmal ist das der Fall. Die Philosophin und Künstlerin Chris Hertzfeld hat viel Zeit mit Orang-Utans im Botanischen Garten *Jardin des Plantes* in Paris verbracht (☞ *Wattana*). Sie beobachtete, wie ein Weibchen einen Paarungsakt mehr als dreißig Minuten in die Länge zog und allem Anschein nach dieses Erlebnis aktiv zu verlängern anstrebte. Das würde bedeuten, dass Tiere unter günstigen Bedingungen auch andere Geschütze auffahren können. In Gefangenschaft sind die Lebensbedingungen natürlich andere als in freier Natur. Aus diesen Lebensbedingungen in Gefangenschaft ergibt sich in gewisser Weise eine Reihe anderer Deutungen, die als solche als geeignet eingestuft werden können, oder auch nicht (☞ *Hierarchien*), dies aber stets *in gewisser Hinsicht*.

Jedenfalls fühlten sich die Organisatorinnen der Ausstellung nicht ganz wohl, was die beiden Otter anging, und fürchteten, eine solche Argumentationsweise nicht gut nachvollziehbar machen zu können, wenn die Journalisten und nach ihnen dann die Tierschützer und die Öffentlichkeit erst einmal Wind von der Sache bekommen hätten.

Sie wussten aber, dass das Ganze niemanden gestört hätte, wenn sie die Otter einige Jahrzehnte früher beherbergt hätten. Es wäre völlig normal gewesen, dass Tiere Regeln, die bei den Menschen gelten, nicht beachten, weil es ja schließlich Tiere sind. Inzest-Verbot und Kontrolle über die eigene Sexualität galten lange Zeit als entscheidende Kriterien, die den Menschen von den Tieren unterschieden. Die besorgten Organisatorinnen wurden unterdessen von den Biologen, die die Ausstellung begleiteten, beruhigt. Sie versicherten, dass so etwas unter günstigen Bedingungen bei Tieren in der Tat passieren kann, aber dass hormonelle Mechanismen verhindern würden, dass dieser Unfug unerfreuliche Konsequenzen haben würde. Die Organisatorinnen vertrauten ihnen in dieser Sache, so wie sie ihren Ottern vertrauten. Tiere sind aber nicht immer derselben Meinung wie ihre Wissenschaftler und Vertrauen benötigt eigentlich zwei Beteiligte. Kurze Zeit später fing die kleine Otterfrau an, auf beunruhigende Weise immer dicker zu werden, bis es schon bald offensichtlich war. Anscheinend konnten die hormonellen Mechanismen nicht mit den Hoffnungen der Biologen und Organisatorinnen mithalten. Am 18. November 2007 verkündete also die Internetseite der Ausstellung die frohe Nachricht einer Geburt, allerdings ohne dabei näher darauf einzugehen, in welchem Verwandtschaftsverhältnis die beiden Eltern zueinander standen.

Wie wir an dieser Geschichte sehr schön sehen, ist das, was einst für eine Eigenheit der Natur gehalten wurde, in diesem Kontext das genaue Gegenteil. Es ist jetzt gegen die Natur. Die Tatsache, dass dieses »gegen die Natur« in den Bereich der Sexualität fällt, ist nicht unwichtig. Die Otter hätten zum Beispiel herausfinden können, wie ein Nussknacker funktioniert, oder in ihrem Gehege anfangen können zu tanzen, was Freude anstelle der von den Veranstaltern der Ausstellung gefürchteten Missbilligung verursacht hätte.

Ich muss erwähnen, dass diese Missbilligung nur selten zutage tritt, wenn es um Haus- oder Labortiere geht. Es wurden Erbschaftslinien von Ratten und Mäusen erschaffen, bei denen die am nächsten verwandten Tiere miteinander gepaart wurden, um so die Variabilität im Verhalten und in der Physiologie zu reduzieren, die ungünstigerweise zu abweichenden Forschungsergebnissen führen kann. Ähnlich wurde bei der Zucht von Hunden und anderen Tieren verfahren (hier aus anderen Gründen). Reinrassigkeit, oder bestimmte Eigenschaften, waren hier so wichtig, dass sie bei der Selektion zum entscheidenden Kriterium wurden. Der gesamte Domestizierungsprozess wurde von Prinzipien geleitet, die nicht unbedingt den Kriterien entsprechen, beziehungsweise weit davon entfernt sind, denen Tiere folgen würden, wenn ihnen die freie Wahl gelassen würde.

Heute wird aber davon ausgegangen, dass Endogamie (die Paarung mit nahen Verwandten) in der Natur bis auf wenige Ausnahmen generell vermieden wird. Davon ausgenommen sind vor allem einige in ihren Möglichkeiten eingeschränkte Populationen, wie es auf Inseln der Fall ist. Es gibt sicherlich noch andere Ausnahmen, wie zum Beispiel einen kleinen, bunt gemusterten, monogamen Fisch, der an den Buchten und

Küsten in Kamerun und Nigeria lebt, der Buntbarsch namens *Pelvicachromis Taeniatus*. Die Weibchen dieser Art paaren sich am liebsten mit ihren Brüdern und die Männchen am liebsten mit ihren Schwestern. Wissenschaftler haben versucht, zu verstehen, welche Gründe diese Fische haben könnten, eine Regel zu missachten, die bis dahin im Tierreich meistens befolgt wurde.[1] Sie vermuten, dass natürliche Selektion bei diesen Fischen dazu geführt hat, dass sie für die Fortpflanzung ihre nahen Verwandten bevorzugen, weil die Eier und die Kinder zu überwachen und vor allem vor Angreifern zu schützen viel Arbeit ist und nur dann wirklich funktioniert, wenn die Eltern gut zusammenarbeiten. Es müsste ja so sein, dass die Zusammenarbeit viel besser klappt, wenn die Eltern einander gut kennen. Jedenfalls zeigt diese Art von Überlegungen sehr gut, wie die Sache in jüngster Zeit andersherum angegangen wird. Wenn die Regeln der Exogamie schon von den Tieren nicht befolgt werden, dann sollen sie jetzt eine Erklärung dafür liefern. Und diese soll bitteschön gut begründet sein!

Die tierische Sexualität hat lange die These, der Mensch würde sich von den Tieren unterscheiden, zu untermauern geholfen (»Wir sind doch keine Tiere!«, wer das sagt, bezieht sich damit auf genau diese

1 Einen Überblick über die Forschung zu den endogamen Fischen findet sich auf der von Amateuren zum Thema Fischzucht betriebenen Website *practicalfishkeeping.co.uk*. Die Autoren haben dort mehrere Artikel veröffentlicht. In meinem Text beziehe ich mich auf den folgenden: T. Thinken, T.C.M. Bakker, S.A. Baldaud und H. Kullmann: »Active Inbreeding in a Cichlid Fish and its Adaptive Significance«, in: *Current Biology* 17 (2007), S. 335-229. Die Autoren erläutern, dass die Fische sich am ehesten mit einem Verwandten paaren, der nicht zur Familie gehört, was in Bezug auf die theoretische Kontroverse jenen Recht geben würde, die postulieren, es gäbe keine Anziehung zwischen Familienmitgliedern. Im Jahr 2011 jedoch präzisieren sie in einem Artikel, der in *Behavioral Exology* veröffentlicht wurde, ihre Theorie: Bei einem Geruchstest (es wurde überprüft, ob die Fische den Duft ihrer Schwester oder den eines anderen Weibchens bevorzugen) seien die größeren Männchen ihren Schwestern zugeneigter gewesen. Die kleineren Fische sind den Autoren zufolge weniger »wählerisch«, weil für sie die Auswahl nicht so groß sei. Der Artikel findet sich unter dem Link *beheco.oxfordjournals.org*.

Dimension der Problematik) und systematische Anfeindungen und Marginalisierung provoziert – genau derer, die sich wie Tiere verhalten –, und das entlang des schmalen Grades zwischen dem, was die Natur zulässt (Inzest) und dem, was sie tugendhaft verhindert hat (Homosexualität). Die Tiere haben sich also so lange wie Tiere verhalten, bis man die Meinung darüber änderte, was es heißt, sich wie ein Tier zu verhalten. Die tierische Sexualität funktioniert also immer als ein Modell, nach dem wir uns richten oder von dem wir uns abgrenzen müssen, um Zugang zur Kultur zu erhalten. Diese Frage ist immer noch aktuell, wenn sie auch mittlerweile andere Formen angenommen hat. Das Beispiel der monogam lebenden Wühlmaus ist, so wie es der junge Schweizer Forscher Nicholas Stücklin untersucht hat, hierfür exemplarisch.[2] Es ist umso interessanter, da diese Wühlmaus ständig zwischen einer lobenswerten Hingabe an das Modell, das die sie beobachtenden Wissenschaftler im Sinn hatten, und einer bedauernswerten Ignoranz diesem Modell gegenüber wechselte.

Die Präriewühlmaus, *Microtus ochrogaster* (kleine Ohren, gelblicher Bauch) ist ein Nagetier, das im Mittleren Westen Kanadas und in den USA lebt. In den Kognitionswissenschaften hat die Wühlmaus einen gewissen Bekanntheitsgrad erlangt, weil manche Zoologen ihr gegen Ende der 1970er-Jahre ein besonderes Sozialverhalten zugeschrieben haben: Sie lebe monogam und ziehe ihre Kinder zu zweit auf, ein Verhalten, wie es nur von drei Prozent aller Säugetiere bekannt ist.

Stücklin schildert die Geschichte beginnend mit dem Jahr 1957, als der Zoologe Henry Fitch feststellt, dass es, wenn Wühlmäuse in der Prärie in Kansas für Zählungen eingefangen wurden, des Öfteren

---

2 Nicholas Stücklins Arbeit über Wühlmäuse ist noch nicht veröffentlicht worden. Ich bin ihm sehr dankbar dafür, dass er mir seinen Text geschickt und mir erlaubt hat, ihn hier zu teilen. Er hat ihn beim vom Zentrum *Geschichte des Wissens* der ETH Zürich vom 23. bis 25. Juni 2011 organisierten Workshop »The Brain, the Person, and the Social« unter dem Titel »How to Assemble a Monogamous Rodent. Ochrogaster sociality in Zoology and the Brain Sciences« vorgestellt.

vorkam, dass ein Männchen und ein Weibchen zusammen in derselben Falle gefangen wurden, die bei anderen Zählungen schon einmal gemeinsam eingefangen worden waren. Fitch stellt aber noch nicht die Monogamie-Hypothese auf, die später angewendet würde. Ihm zufolge ist das Weibchen nicht im Östrus, wenn es eingefangen wird. Deshalb sei die Verbindung nicht sexueller Natur, sondern es handele sich um Tiere, die sich noch aus ihrer Kindheit kennen und gewohnheitsmäßig zusammen unterwegs seien. Wenn einer von ihnen in die Falle gerät, versucht der andere, den Käfig aufzubrechen und gerät auch hinein. Es kann sich übrigens manchmal auch um zwei Weibchen handeln. Da Fitch im Labor keine sexuellen Aktivitäten zwischen den Tieren beobachten kann, kann er die Hypothese, dass die beiden *freundschaftlich verbundenen* Partner möglicherweise eine sexuelle Beziehung miteinander führen, jedenfalls weder widerlegen noch stützen.

1967 werden aber andere Zoologen die Beobachtungen fortsetzen und sich einer anderen Eigenschaft widmen, der Fitch wenig Beachtung geschenkt hatte: Die Männchen beteiligen sich sehr aktiv an der Aufzucht der Jungen. Zehn Jahre sind mittlerweile vergangen und das Interesse für die Wühlmäuse hat sich geändert. Die Forscher überlegen, sie für die Rolle von Labortieren in Betracht zu ziehen, soll heißen: als Modell für menschliches Verhalten. Die Frage nach der Monogamie wird damit ein wichtiger Faktor. Zwei Wissenschaftler, Gier und Cooksey, widmen sich dem elterlichen Verhalten, dem Schlüssel zur Monogamie. Wenn die Beziehung stabil ist, kümmern sich normalerweise beide Eltern um die Kinder. Das Männchen warnt das Tier, das »sein« Weibchen geworden ist, kooperiert mit ihm und zeigt sich lammfromm, es putzt ihm das Fell und füttert es, es nimmt sogar (*vorbildlicherweise*, wie die Forscher sagen) die Rolle der Hebamme an und kümmert sich nach der Geburt um das Nest und die Jungen. Nur ein Monogamist opfert sich so auf! So hat die Wühlmaus einen Ruf erlangt. Die Forscher beobachten die Väter weiter in den kommenden zwanzig Jahren. Neurowissenschaftler, die ein Modell für Bindung suchen, fangen an, sich für die von nun an monogam lebende Wühlmaus zu interessieren. Die Laborratten werden entthront. Wenn sie auch mütterliche Fürsorge an den Tag legen, so sind sie doch vollkommen unfähig, diese Fürsorge auch in einer Paarbeziehung zu zeigen. Die Wühlmaus wird das Modell für die Psychologie der Liebe (beim Menschen, versteht sich) und dafür, wie Paare gebildet werden (heterosexuelle Paare, versteht sich ebenfalls). Die Neuroendokrinologie erblüht aufs Neue. Der Mammaloge Lowell Getz und die Behavioristin Sue Carter ziehen ein neues mögliches Schicksal für die monogame Wühlmaus in Erwägung. Wenn sie uns etwas über die Chemie der Beziehungen beibringen kann, dann muss sie auch als ein Modell der Pathologien ebendieser Beziehungen bei Menschen dienen und somit eine signifikante Menge an unterschiedlichsten Symptomen für soziale Probleme zeigen können. Vorausgesetzt natürlich, dass die Wühlmaus auch weiterhin monogam lebt ...

Das Modell erwies sich aber als weniger perfekt, als es zunächst den Anschein hatte. Zuerst entdeckten die Forscher die Existenz von *Wanderern* unter den Wühlmäusen. Ein nicht unbedeutender Anteil der angeblich monogamen und treuen Wühlmäuse brachte einen Teil seines Lebens damit zu, umherzuwandern und andere Wühlmäuse aufzusuchen. Ihr ahnt es schon, und DNA-Untersuchungen belegen es: Wühlmäuse gehen fremd. Den Forschungen zufolge stammen zwischen 23 und 56 Prozent der Kleinen nicht aus der Paarbeziehung. Die so vorbildlichen Väter kümmern sich in Wahrheit um die Nachkommen eines anderen, was in Bezug auf die Selektion eigentlich nicht zu empfehlen ist.

Das ist eine ziemlich peinliche Neuigkeit und es gefährdet, wie Nicholas Stücklin völlig zu Recht betont, auf unerfreuliche Weise die neue Rolle der Wühlmaus als Modell für menschliche Beziehungen.

Obwohl, so langsam frage ich mich ... Wühlmäuse mögen nicht monogam sein. Aber was heißt das, monogam? Und sind Menschen überhaupt monogam? Gehen sie derart lange Beziehungen ein? Ziehen sie gemeinsam die eigenen Kinder auf? Jetzt sind wir nicht mehr weit von Freuds

Geschichte vom geborgten Kessel entfernt – ich habe überhaupt keinen Kessel geborgt, außerdem habe ich ihn unversehrt zurückgestellt, und übrigens war er schon durchlöchert gewesen.

Das Konzept Monogamie sollte in der Folge deutlich erweitert werden. Es wird nunmehr zwischen sexueller Treue und sozialer Bindung unterschieden. So bleibt die eindeutig auf soziale Bindung bezogene Monogamie bei den Wühlmäusen intakt. Das Problem ist damit umso besser gelöst, da in der Forschung über die neuronale Basis des menschlichen Verhaltens vor allem die Bindung und die Pathologien interessant sind, die hervortreten, wenn sie unterdrückt wird.

Jedenfalls gefährdet diese große Diversität die Zuverlässigkeit der Beobachtungen der Verhaltensweisen im Labor. Wenn die Wühlmaus in der freien Wildbahn solche Extravaganzen pflegt, dann ist ihr monogames Verhalten in Gefangenschaft das Ergebnis der durch das Labor vorgegebenen Einschränkungen, es wäre also künstlich hergestellt. Ratten erweisen sich in dieser Hinsicht als vorhersehbarer und vertrauenswürdiger (die Forscher haben im Übrigen hart daran gearbeitet, abweichendes Verhalten hier bestmöglich zu reduzieren, vor allem indem sie die Auswahl für sexuelle Aktivitäten beschränkten). Dennoch können wir nicht auf die Ratten zählen: Sie scheinen sich nicht zu binden.

Die Forscher stellen also ihre Forschungsfrage anders: Was haben Wühlmäuse und Menschen gemeinsam? Dass sie sich sehr unterschiedlich verhalten natürlich! Und schon können Wühlmäuse das ideale Modell bleiben.

Darüber müssten wir uns eigentlich freuen. Wollen wir nicht eine Welt, in der Diversität herrscht? Ist nicht so eine Welt viel interessanter, macht sie uns nicht viel neugieriger, fesselt viel stärker unsere Aufmerksamkeit und lässt mehr neue Hypothesen zu? Ohne Zweifel, werden wir antworten (☞ *queer*). Ich glaube hingegen, dass die Wühlmäuse ein Anlass sein sollten, das Ganze zu hinterfragen. Vielfalt wird derzeit zu einer moralischen Antwort, einer abstrakten und allgemeingültigen Antwort. Das ist ein Zeichen dafür, dass wir zu schnell voranschreiten und aus der Vielfalt einen regelrechten Gemeinplatz machen. Anders gesagt ist die Vielfalt gerade dabei, eher die Antwort als die Frage zu sein.

Das fällt nicht auf, wenn wir die Liebesabenteuer der Wühlmäuse nach den Schemata beurteilen, die in der Interpretation solcher Geschichten mittlerweile Usus geworden sind. Allerdings könnten wir das *interessante* veränderte Verhalten der Wühlmäuse (in dem Sinne, dass es eine größere Vielfalt an Arten, sich in Beziehungen zu organisieren, gibt) durchaus als eine getreue Kopie dessen verstehen, wie sich unsere Arten der Organisierung verändert haben. Dies liegt auch nahe, wenn wir uns ansehen, dass, als die feministischen Bewegungen auf der Bildfläche erschienen, die die traditionelle Rollenaufteilung in der Kindererziehung infrage stellten, Forscher verkündeten, auch Wühlmäuse seien hervorragende Familienväter im neuen Wortsinn: Sie bringen nicht mehr nur das Geld für die Miete nach Hause, sie kümmern sich auch um den Haushalt. Vergessen wir aber nicht, welche praktischen Auswirkungen diese neuen Beobachtungen haben: Die Wühlmäuse, die sich bei Fitch in Gefangenschaft stur geweigert hatten sich fortzupflanzen, gaben schließlich bei den nachfolgenden Wissenschaftlern doch nach.

Wenn wir uns die jüngste Forschung ansehen, stellen wir außerdem fest, dass die neu entdeckte Beziehungsvielfalt bei Wühlmäusen auf unheimliche Weise den Neuerungen in den heutigen Praktiken der westlichen Kultur ähnelt – nicht zu vergessen, dass es von Anfang an die Menschen dieses Teils der Welt waren, über die die Wühlmäuse Auskunft geben sollten. Könnten wir diese Vielfalt als Grundlage nehmen, um andere Beziehungsentwürfe und andere Definitionen von Familie zu legitimieren? Und diese Vielfalt als ein Zeichen für die natürliche Vielfalt nehmen? Das ist eine Erwägung wert. Aber Nicholas Stücklin stellt eine andere Hypothese auf. Und bei der sollten wir etwas länger verweilen. Er sagt, wir müssten als Ausgangspunkt nehmen, wie die Forschungsprogramme und -ziele für diese neuen Wühlmäuse geändert wurden.

Wir sollten nicht vergessen, dass die Wühlmaus wiederholt zum Forschungsobjekt gemacht wurde, um Fragen in Bezug auf die Psychopathologie der Beziehungen zu beantworten. Beziehungen können in verschiedenen Experimenten auf die Probe gestellt werden, die zeigen, wodurch sie zum Scheitern gebracht oder gehemmt werden können. Die Experimente machen die Konsequenzen durch das besagte Kaputtmachen, wie Lorenz es beschreibt, messbar. Mit anderen Worten: Hierdurch entstehen Situationen, in denen keine Bindung vorhanden ist, oder Situationen, in denen die Bindung gestört ist, Schaden genommen hat oder weniger stark ist, sodass die Folgen mentalen Störungen und sozialen Pathologien ähneln (☞ *separieren;* ☞ *Notwendigkeit*). Je unterschiedlicher die Bindungen sich gestalten, desto mehr kann daran erforscht werden und mit desto mehr pathologischen Befunden kann gerechnet werden. Mit anderen Worten (ich folge hierbei Isabelle Stengers und ihren Überlegungen dazu, was passiert, wenn wir *Wissenschaft betreiben*): Die *Vielfalt* im Verhalten der Wühlmaus ist darin zum Ausdruck gekommen, inwiefern das Verhalten *variieren* kann. Was wiederum *ebenfalls variieren* kann. Das heißt in diesem Fall: Es kann eine manipulierbare Variable werden.

An dieser Stelle könnten wir anfangen, uns um die Wühlmaus Sorgen zu machen. Ihre Schandtaten und ihre Untreue haben sie vor der Aufgabe bewahrt, ein Modell für soziale Konformität als ein Modell für die Natur auszugeben. Durch ihren Einfallsreichtum in Sachen Treue hat sie es geschafft, dass wir uns jetzt wieder mit ihr beschäftigen. Ich fürchte allerdings, dass sie sich selbst nicht wirklich dafür interessiert, ob wir das tun.

J wie

Justiz

Schließen Tiere Kompromisse?

Ein Mann, der als Wärter im Nationalpark Virunga arbeitete und vom Stamm der Lega war, einer Ethnie aus dem östlichen Teil der Demokratischen Republik Kongo, erzählte einmal Jean Mukaz Tshizoz, einem meiner Kollegen, dass es in manchen Dörfern eine Abmachung zwischen Löwen und Dorfbewohnern gebe. Jean berichtete mir, dass diese Abmachung für den Mann nichts Neues war. Seine Großmutter hatte ihm schon früher davon erzählt. Und auch bei Lega in anderen Regionen, bei den Lunda aus der Provinz Katanga und bei anderen Bantu finden sich ganz ähnliche Formen solcher Abmachungen. Es handelt sich um eine Art Vertrag, der besagt, dass Frieden zwischen Dorfbewohnern und Löwen herrscht, solange Letztere die Kinder nicht anrühren. Wenn aber ein Löwe ein Kind angreift, werden direkt Vergeltungsmaßnahmen in die Wege geleitet. Die Dorfbewohner machen sich, mit Trommeln ausgerüstet, auf die Suche nach dem Schuldigen. Sie spielen dabei ein bestimmtes Lied, um den Löwen zu verstehen zu geben, dass jetzt die Jagd beginnt, mit der die Tat bestraft wird. Treffen sie auf einen einzelnen Löwen, dann töten sie ihn. Meistens ist das der erste Löwe, der ihnen begegnet. Damit ist das Verbrechen vergolten. Jetzt können wir uns natürlich fragen, ob so, nach dem Zufallsprinzip, wirklich der wahre Schuldige bestraft wird. Aber anscheinend lautet die Antwort »Ja«. Die Dorfbewohner erklären es so: Einerseits sei die Wahrscheinlichkeit groß, dass das betreffende Tier, wenn es allein ist und sich weit von seinem Rudel entfernt hat, von diesem ausgestoßen worden ist und genau deshalb so rücksichtslos die Gesetze missachtet hat. Andererseits sei der Schuldige niemals weit entfernt und das beweise seine Schuld, da er offenbar auf den Geschmack von Menschenblut gekommen ist. Außerdem ist es ein Zeichen dafür, dass er sich auch weiterhin nicht an die Regeln halten wird. Die Strafe ist in zweierlei Hinsicht angemessen, denn sie ist einerseits eine Vergeltungsmaßnahme und andererseits wirkt sie präventiv. Ist der Schuldige erst einmal bestraft worden, dürfte sich der Vorfall nicht wiederholen. Umso mehr, wie Jean weiter ausführt, da der Trommellärm explizit dazu da ist, *Eindruck zu machen* – bei den Tieren, versteht sich.

Andere Zeit, anderer Ort. Im Frühling 1457 brachte ein furchtbares Verbrechen die Bewohner des Dorfes Savigny-sur-Étang in Aufruhr. Der Leichnam eines fünfjährigen Jungen war gefunden worden. Er war getötet und zur Hälfte aufgefressen worden. Es gab Zeugen, die berichteten, wer das Verbrechen begangen hatte. Die Verdächtigen, eine Mutter und ihre sechs Kinder, wurden den Behörden gemeldet. Es handelte sich um Schweine. Ihre Schuld war endgültig bewiesen, als Reste vom Blut des getöteten Jungen an ihnen entdeckt wurden. Die tierischen Schuldigen wurden einem Gericht vorgeführt, der Saal war brechend voll. Weil sie so arm waren, wurde ihnen ein Pflichtverteidiger zugeteilt. Beweise wurden geprüft, doch angesichts der eindeutigen Fakten ging es in der Verhandlung nur noch um die Frage, wie das Gesetz in diesem Fall anzuwenden sei. Gemäß dem Gesetz wurde die Mutter zum Tod durch den Strang verurteilt. Die Kinder wiederum erhielten dank der überzeugenden Argumentation des Anwalts eine mildere Strafe: Sie waren mental noch nicht reif genug, um vor dem Gesetz als strafmündig zu gelten und für das Verbrechen angeklagt zu werden. Der Staat musste also die Vormundschaft für die kleinen Schweine übernehmen und sich um sie kümmern.

Diese beiden Geschichten haben sicherlich nicht viel miteinander gemein, außer vielleicht der Tatsache, dass Tiere und Menschen Konflikte lösen, indem sie Regeln anwenden, die aus dem juristischen Bereich kommen.[1] Wir könnten nun die (sicherlich wichtigen und zahlreichen) Unterschiede hervorheben. Über die Unterschiede hinaus beschäftigt mich aber, was die Voraussetzung dafür ist, Konflikte auf diese Arten zu lösen: die Annahme nämlich, dass das Tier für seine Taten verantwortlich ist und dafür zur Rechenschaft gezogen werden kann. Zum Ausdruck kommt dies sowohl bei den Löwen als auch bei den Schweinen darin, dass nicht einfach irgendwer irgendwie bestraft wird. Sondern der eine Löwe, der gegen die Abmachung verstoßen hat, und kein anderer. Die Mutter wird schuldig gesprochen, nicht aber ihre Kinder.

In Europa und im kolonialen Amerika wurde schon gegen viele Tiere ordnungsgemäß ermittelt. Die Spuren dieser Prozesse führen bis zum Beginn des 18. Jahrhunderts zurück: Von der Kirche werden Tiere verfolgt, wenn sie die Ernte zerstören, sexuellen Kontakt zu Menschen haben oder aber wenn sie der Hexerei überführt werden oder von bösen Geistern besessen sind. Vor weltliche Gerichte wiederum werden sie gestellt, wenn sie jemand anderem körperlichen Schaden zugefügt haben. Für uns wirken diese Praktiken exotisch, irrational und anthropomorph. Ungläubiges Schmunzeln ist oft die Reaktion. Dennoch zeugen diese Prozesse von einer Weisheit, die wir hie und da wiedererlangen: Der Tod des Tieres darf keine Selbstverständlichkeit sein. Die Justiz muss eingreifen und über ihn entscheiden, in der den juristischen Mitteln eben eigenen, verlangsamenden Art, Dinge zu problematisieren. Wenn es übrigens in den Prozessen um Fälle ging, in denen Tiere angebautes Obst, Gemüse oder Dinge, die Menschen gehörten, zerstört hatten, dann liefen sie oft darauf hinaus, dass ein Kompromiss gesucht wurde.[2] So zum

1 Die Ingenieurin Isabelle Mauz forscht seit einigen Jahren mit großer Leidenschaft auf dem Gebiet der Soziologie über Schutzgebiete. Ihr verdanke ich das theoretische Gerüst, das mir hilft, diese Konfliktsituationen als politisch zu sehen, wobei es für die beteiligten Menschen wichtig ist, dass die Tiere ebenfalls, wie sie, politische Akteure in diesen Konflikten sind. Vgl. Isabelle Mauz: *Gens, Cornes et crocs*, Paris 2005.

2 Die Thematik des Nicht-Schuldigseins und des Kompromisses hat besonders Donna Haraway in ihrer Arbeit *When Species Meet* herausgearbeitet. Émilie

Beispiel bei jenem Urteil, das im Jahr 1713 in Piedade no Maranhão in Brasilien verhängt wurde. Termiten waren dafür verantwortlich gemacht worden, einen Teil eines Klosters zerstört zu haben. Es war eingestürzt, nachdem sie sich an seinem Fundament zu schaffen gemacht hatten. Der ihnen zugewiesene Anwalt hielt ein geniales Plädoyer: Die Termiten seien emsige Kreaturen. Sie arbeiten hart und Gott gab ihnen das Recht, sich zu ernähren. Der Anwalt stellte sogar die Schuld der Tiere infrage. Dass das Kloster eingestürzt war, sei demnach nichts als das bedauerliche Ergebnis der Nachlässigkeit der Mönche. Der Richter entschied angesichts der Fakten und der Argumente, dass die Mönche den Termiten einen Holzstapel zur Verfügung stellen mussten. Die Termiten ihrerseits erhielten die Anordnung, das Kloster zu verlassen und ihren löblichen Arbeitseifer auf diesen Holzstapel zu beschränken.[3]

Kompromisse wie dieser ähneln in mancher Hinsicht jenen, die wir auch jetzt gerade wieder mit den Tieren zu finden versuchen. Sie sind erforderlich, wenn es um geschützte Arten geht, mit denen wir uns irgendwie arrangieren müssen, seien es nun Geier, die in zu großer Zahl von Tierkadaver-Sammelstellen angelockt werden, Wölfe, mit denen zusammenzuleben nicht ganz unproblematisch ist, Otter oder auch

---

Hache hat diese Arbeit in einem sehr schönen Buch fortgeführt: *Ce à quoi nous tenons*, Paris 2011. Auf dieses Buch beziehe ich mich auch, wenn ich Kompromisse als eine Art, sich zu kompromittieren und Prinzipien aufzugeben, betrachte.

3 Das Beispiel stammt aus dem Vorwort, das Jeffrey St Clair für folgendes Buch geschrieben hat: Hribal, Jason: *Fear of the Animal Planet: The Hidden History of Animal Resistance*, 2010.
Eine sehr detailreiche Analyse, wie solche Prozesse ein Ende genommen haben, findet sich in einem Artikel von Éric Baratay. Darin erklärt er, in welchem Kontext und auf welche Weise Tiere exkommuniziert wurden und Exorzismus an ihnen durchgeführt wurde. Er zeigt, dass sich darin nicht ein Prozess hin zu mehr Rationalität widerspiegelt, sondern die zunehmende Ausgrenzung der Tiere aus der Gemeinschaft. Tiere sind in der Folge von Anfang an aus dieser Gemeinschaft ausgeschlossen und es ist nicht mehr nötig, sie zu exkommunizieren, womit zuvor einige Tiere *in der Praxis* und je nach Fall ausgeschlossen wurden. Vgl. Baratay, Éric: »L'exorcisme des animaux au XVIIIe siècle. Une négociation entre bêtes, fidèles et clergé«, in: *Révue d'Histoire Ecclésiastique* 107, S. 223-254.

Murmeltiere ... Bei diesen Tieren hat unser Angebot, sie zu schützen, geradezu *durchschlagenden Erfolg* und heute müssen wir uns Lösungen (die immer behelfsmäßig bleiben) überlegen, wie wir mit den Konsequenzen dieses durchschlagenden Erfolgs umgehen. Wie können wir Geier von der Idee überzeugen, dass sie auch anderen Tierarten Raum lassen müssen? Wie können wir mit Murmeltieren verhandeln, die mit vollem Eifer auf den Wiesen zugange sind, die die Landwirte gerne nutzen würden? Schließen wir die Tierkadaver-Sammelstellen, damit die Geier sich verziehen, dann macht das diese Orte vielleicht unattraktiver, aber es zieht auch andere Konsequenzen nach sich, mit denen wir umgehen müssen. Einige Geier werden nämlich ihre Vorliebe für Aas aufgeben und Lämmer angreifen. Wir müssen uns also mit den Viehzüchtern absprechen. Was wiederum die Murmeltiere angeht, so haben sich eine Zeit lang Freiwillige gefunden, um die Tiere einzufangen und umzusiedeln. Aber mit den Jahren sind es immer weniger Freiwillige geworden, die immer weniger Zeit hatten. Es wurde also darüber nachgedacht, den Murmeltieren Verhütungsmittel zu geben, was aber auch wieder Probleme verursacht, vor allem in den Augen von Ökologen, die sich gegen derart unnatürliche Methoden sträuben. Aber genau das macht Kompromisse aus, wie die Philosophin Émilie Hache so treffend analysiert hat. Es geht nicht, wie es lange Zeit im negativen Sinne verstanden wurde, darum, moralische Zugeständnisse zu machen, sondern um Zugeständnisse in Bezug auf unsere Prinzipien, wenn sie sich als zu eng erweisen, um etwas »gut zu berücksichtigen«. Sie schreibt: »Für diejenigen, die Kompromisse schließen, geht es weniger darum, die Welt anhand von Prinzipien zu beurteilen, als darum, die unterschiedlichen Akteure, mit denen sie zusammenleben, gut zu behandeln und, um das zu erreichen, bereit zu sein, sich mit ihnen auf die ein oder andere Art zu arrangieren.«

Diese neue Art, Kompromisse zu schließen, schleicht sich seit einiger Zeit auch immer mehr in unser Verhältnis zu anderen Tierarten ein, die zwar nicht unter Artenschutz stehen, aber doch auf ähnliche Weise

Aufmerksamkeit auf sich ziehen. Vor einigen Jahren hatten sich Saatkrähen in einem großen, sich selbst überlassenen Garten im Großraum von Lyon eingerichtet. Das Zusammenleben zwischen Mensch und Tier gestaltete sich immer schwieriger. Es gab zu viele Saatkrähen, sie waren zu laut und ihr Kot verdreckte alles fürchterlich. Immer mehr Anwohner beschwerten sich bei der Verwaltung. Diese entschied, Jäger zu schicken. Aber dagegen protestierten die Einwohner: Niemand wollte, dass die Tiere getötet werden. Es wurde eine andere Lösung gefunden. Falkner mit ihren Bussarden und Falken wurden geholt, damit sie die Saatkrähen, direkt nachdem sie alle ihre Eier gelegt hatten, davon überzeugten, dass es besser ist weiterzuziehen. Sicherzustellen, dass die Eier nicht ausgebrütet werden, scheint in dieser Angelegenheit das entscheidende Argument zu sein. Niemand kann sagen, das wäre eine gerechte oder die ideale Lösung, und ich erinnere mich deutlich an das offensichtliche Unbehagen aller angesichts der verzweifelten Rufe der Saatkrähen, vollkommen panisch darüber, dass sie ihre Eier ihrem Schicksal überlassen mussten, um den Angriffen zu entkommen. Wir können nur hoffen, dass die Tiere irgendwo anders einen Ort gefunden haben, an dem sie bleiben können und wo sich das Zusammenleben mit den Menschen nicht so schwierig gestaltet. Garantieren kann das niemand. Diese Lösung war alles andere als unschuldig, wir waren es nicht und wir erwarteten auch nicht von den Vögeln, dass sie es sein sollten. Wir übten uns in der schwierigen Kunst, Kompromisse zu schließen und Zugeständnisse zu machen.

Zurück zu den Tierprozessen. Es lassen sich anscheinend einige Analogien ziehen, aber ein Aspekt bleibt doch seltsam: Die Tiere werden dabei nicht nur von Anwälten verteidigt, was ihnen in gewisser Weise Personenstatus gibt, sondern vor allem wird ihnen zugestanden, dass sie rational handeln und einen eigenen Willen, Motive und vor allem moralische Intentionen haben. Machen wir ihnen den Prozess, dann geben wir uns der Vorstellung hin, dass Tiere einen Sinn für Gerechtigkeit haben könnten.

Diese Vorstellung ist nicht vollständig verschwunden, sondern sie hat sich lange auf das beschränkt, was »Anekdoten« genannt wird. Mit dem Wort wird dem Beobachteten, den Berichten von Viehzüchtern, von Hundebesitzern, Zoowärtern oder Dresseuren gleichzeitig jegliche Relevanz und jegliche Aussagekraft abgesprochen (☞ *Forschung*). Heute ist diese Vorstellung wieder fester verankert, in den immer lauter werdenden Forderungen, die Tiere besser zu behandeln oder sogar zu befreien. Tiere, die ausreißen, sich widersetzen oder Menschen angreifen, würden demnach vorsätzlich handeln und mit ihrem Widerstand zeigen, dass sie sich der Ungerechtigkeit bewusst sind, die ihnen widerfährt (☞ *Diebe*).

Aufseiten der Wissenschaftler hat es etwas gedauert, bis sich diese Vorstellung durchgesetzt hat. Gründe für diese Zurückhaltung gibt es viele. Ich begnüge mich hier damit, darauf zu verweisen, dass der Psychologe Irwin Bernstein im Jahr 2000 einige seiner ganz zweifellos im Irrtum befindlichen Kollegen daran erinnerte, dass das Moralgefühl bei Tieren dazu verurteilt zu sein scheint, mit den verfügbaren wissenschaftlichen Methoden nicht gemessen werden zu können.[4]

Zwar taucht ein Gedanke, der der Bedeutung des Begriffs Gerechtigkeit (oder der Ungerechtigkeit) nahekommt, in der Forschung erst im Jahr 1964 auf – und auch da noch relativ zaghaft –, aber ich erkenne eine Ahnung davon bereits in einem Experiment, das der Biologe Leo Crespi ganz zu Beginn der 1940er-Jahre durchgeführt hat. Er spricht zugegebenermaßen nicht von Gerechtigkeit oder Ungerechtigkeit, aber er ist trotzdem nicht weit von diesen beiden Begriffen entfernt. Ursprünglich ging es bei seiner Forschung um die Neigung weißer Ratten, sich dem Glücksspiel hinzugeben, erklärt Crespi. Was ihm den Ruf eingebracht habe, Lasterhaftigkeit und Roulettespiel bei den Nagetieren zu fördern. Die Ergebnisse waren aber nicht sehr überzeugend, also entschied Crespi, sich einer anderen Frage zu widmen, die sich bei seinen

4 Vgl. Bekoff, Marc: »Social Play Behaviour: Cooperation, Fairness, Trust, and the Evolution of Morality«, in: *Journal of Consciousness Studies* 8, 2001, S. 81, 90.

Experimenten an den Tieren aufzudrängen schien: der Frage, wie sich unterschiedliche Stimuli auf das Verhalten der Ratten auswirken, was traditionell als »Verstärkung« bezeichnet wird, Crespi spricht aber von »*Incentives*«, also Anreizen. Er hat festgestellt, dass Ratten, wenn er sie durch Labyrinthe laufen lässt, eine Durchschnittsgeschwindigkeit erreichen und konstant halten, solange sie die erwartete Belohnung erhalten. Wenn sie aber, nachdem sich die Ergebnisse einmal stabilisiert haben, in einem der Versuche eine höhere Belohnung bekommen, dann lässt sich beobachten, dass die Ratten im darauffolgenden Versuch sehr viel schneller laufen, sogar schneller als die Ratten, die seit dem ersten Versuch genau dieselbe höhere Futtermenge als Belohnung erhalten hatten. Entscheidend ist also der Unterschied zwischen dem, das zu erwarten die Ratte das Recht zu haben glaubt, und dem, was sie wirklich erhält, aber nicht die Menge dessen, was als Anreiz dient. Der gegenteilige Effekt lässt sich ebenfalls beobachten: Wird die Belohnung im Laufe der Prozedur verringert, laufen die Ratten im darauffolgenden Versuch deutlich langsamer. Crespis Überlegung ist, dass diese Ratten im ersten Fall etwas zum Ausdruck bringen, das er »Erfolgsrausch« nennt, und im zweiten mit Enttäuschung reagieren (in manchen Texten spricht er von »Frustration«, in anderen von »Depression«).[5] Ich vermute einen Zusammenhang zwischen seiner Wortwahl bei diesem ersten Begriff und dessen vielversprechendem Potenzial für die Forschung zu Pathologien beim Menschen (☞ *inkonsequent*). Sicherlich führen seine Versuche nicht zu der kühnen These, dass die Ratten, die er »enttäuscht« hat, das Gefühl hätten, dass »das nicht gerecht ist«. Aber die Tatsache, dass sie heutzutage oft in Artikeln über das Wohlergehen der Tiere erwähnt werden, zeigt das spekulative Potenzial. Tiere könnten demnach Situationen, in die sie gebracht werden, *beurteilen*.

5 Crespis ursprünglicher Artikel über die »enttäuschten« und »vom Erfolg berauschten« Ratten, der ursprünglich 1966 veröffentlicht wurde, steht in einer späteren Version von 1981, in der er aber kaum verändert wurde, online: garfield.library.upenn.edu.

Im Jahr 1964 zeigen ihrerseits Jules Masserman und seine Kollegen, dass Rhesusaffen, die vor die Wahl gestellt werden, entweder »zu fressen und einem Artgenossen Leid zuzufügen« oder auf das Futter zu verzichten, den Verzicht wählen.[6] In diesem Experiment werden die Affen einzeln in Käfige gesteckt, die durch einen Spionspiegel in der Mitte in zwei Teile unterteilt sind. In der ersten Phase ist nur die eine Hälfte des Käfigs mit einem Affen besetzt, dem die Forscher beibringen, an einer Schnur zu ziehen, wenn eine rote Lampe aufleuchtet, und an einer anderen, wenn sie blau leuchtet, um Futter zu bekommen. Im nächsten Versuch setzen die Forscher einen seiner Artgenossen in den anderen Teil des Käfigs. Die Trennwand ist so herum sichtdurchlässig, dass der erste Affe seinen neu hinzugekommenen Artgenossen von seiner Käfighälfte aus sehen kann. Von jetzt an führt das Ziehen an einer der beiden Schnüre zwar immer noch dazu, dass der Affe Futter bekommt, aber gleichzeitig auch dazu, dass dem Artgenossen auf der anderen Seite der Scheibe ein Elektroschock verpasst wird. Dank der Vorrichtung in der Mitte des Käfigs sieht der Affe, der an den Schnüren zieht, welche Konsequenzen sein Handeln für den anderen Affen hat. Die Ergebnisse sind eindeutig: Eine große Mehrheit der Affen lässt von jetzt an die Finger von der Schnur, die die Elektroschocks verursacht. Manche von ihnen gehen sogar so weit, gar nicht mehr an den Schnüren zu ziehen und damit auch kein Futter mehr zu bekommen. Die Affen leiden lieber Hunger, als dass sie ihrem Nachbarn Schmerzen zufügen. Zwar geht es in den Schlussfolgerungen der Forscher immer noch nicht um Gerechtigkeit oder Verhältnismäßigkeit. Sie bringen (zaghaft und in Gänsefüßchen) die Möglichkeit von *altruistischem* Verhalten vor und sprechen (diesmal ohne Gänsefüßchen) von Schutzverhalten, wobei sie anmerken, dass Letzteres auch bei vielen anderen Tierarten beobachtet werden kann, und vorschlagen, in diese Richtung weiterzuforschen. Ihr

6 Masserman, Jules: »›Altruistic‹ Behavior in Rhesus Monkeys«, in: *The American Journal of Psychiatry* 121, 1964, S. 584-585. (Onlinezugriff über madisonmonkeys.com)

Vorschlag wurde erhört. Andere Tiere wurden engagiert, um Beweise zu liefern, darunter auch Ratten. Und sie gaben Masserman Recht.

Vor Kurzem aber ist im Labor die sehr explizite Überlegung aufgetaucht, dass Tiere einen Sinn für Gerechtigkeit und Ungerechtigkeit haben könnten. Vor dem Hintergrund, dass die Forschung zum Thema Kooperation glücklicherweise wieder auf mehr Interesse stößt und mehr Interesse hervorruft, hat diese Überlegung zu einigen Forschungsarbeiten geführt.

Im Jahr 2003 berichtete die Psychologin Sarah Brosnan in der Zeitschrift *Nature* von einem Experiment, das später berühmt wurde.[7] Sie hat eine Gruppe Kapuzineräffinnen einem Test unterworfen, mit dem sie ihren Sinn für Gerechtigkeit evaluieren wollte. Die Gruppe bestand nur aus Weibchen. Ihnen wurde angeboten, Steinchen, die sie zuvor erhalten hatten, gegen Gurkenstückchen auszutauschen. Diese Art von Versuch gehört zu den sogenannten »Kooperations-Tests«, das Tauschen gilt als eine Art der Kooperation. Dass für den Test Weibchen genommen wurden, liegt wiederum daran, wie Kapuzineraffen sich in ihren Gruppen organisieren. In freier Wildbahn leben die Weibchen in Gruppen zusammen und teilen das Futter miteinander. Die Männchen dagegen sind eher Einzelgänger. Wird das Experiment unter normalen Bedingungen durchgeführt, bereiten die Tauschgeschäfte keine Probleme und die Kapuzineräffinnen scheinen gerne zu kooperieren. Kein Zweifel, dass sie dasselbe von ihren Forschern denken. Wenn aber eine der Kapuzineräffinnen mitbekommt, wie bei einem der Tauschgeschäfte eine ihrer Artgenossinnen statt eines Gurkenstücks eine Pampelmuse bekommt, die diese Äffinnen noch viel lieber mögen, dann weigert sie sich zu kooperieren. Sie macht noch weniger mit, wenn die andere die Frucht bekommt, ohne irgendetwas dafür im Austausch hergeben zu müssen, also keinen Finger krümmen musste, wie die Forscher sagen.

---

7 Brosnan, Sarah/de Waal, Frans: »Monkeys Reject Unequal Pay«, in: *Nature* 425, 2005, S. 297-299.

Manche Äffinnen lehnen die Gurke ab und drehen dem Menschen, der das Experiment durchführt, den Rücken zu, andere von ihnen wiederum nehmen die Gurke an ... um sie dem Menschen dann an den Kopf zu werfen. Die Forscher schlossen daraus, dass die Äffinnen das, was passiert ist, beurteilen können. Sie können erkennen, ob es fair zuging oder nicht. Und aufgrund dieser Fähigkeit hätte sich kooperatives Handeln bei einigen Spezies wahrscheinlich noch weiter herausgebildet. Das Ganze könnte auch mit anderen Tieren ausprobiert werden. Da erweist sich die Sache aber als deutlich schwieriger. Affen profitieren seit Langem von dem, was die Primatologin Thelma Rowell einen »hierarchischen Skandal« genannt hat. Die Forscher trauen ihnen viel mehr zu, da sie unsere nahen Verwandten sind. Und je mehr soziale Kompetenz und kognitive Fähigkeiten wir ihnen zutrauen und an ihnen mit Experimenten erforschen, desto mehr scheinen sie es zu verdienen, dass wir so eine hohe Meinung von ihnen haben. Und desto mehr sehen sich die Forscher dazu ermutigt, noch komplexere Fragen an sie zu stellen. Die anderen Tierarten halten wir für primitiver, für weniger intelligent und weniger begabt, und so bekommen sie nicht oft so viel Aufmerksamkeit vonseiten der Wissenschaftler – auch wenn sich die Dinge allmählich ändern, was dazu führt, dass viele Tierarten lobend mit Affen verglichen werden (☞ *mogeln;* ☞ *Punkte*).

Der Biologe Marc Bekoff, der sich auf die kognitive Neuropsychologie spezialisiert hat, ist sich dessen bewusst, wie Tieren, die weder zu einer der Affenarten zählen noch zu den wenigen Arten, die als vergleichbar mit diesen eingestuft werden, nur zögerlich höhere moralische und soziale Fähigkeiten zugeschrieben werden. Wie lässt sich, und zwar wissenschaftlich korrekt, zeigen, dass sich Tiere *gerecht* verhalten, sich nach vielschichtigen sozialen Normen richten und genau wissen, welches Verhalten *ungerecht* ist? Moral ist nicht eindeutig, sie widersetzt sich dem Beweis.

Beim Spiel aber, sagt Bekoff, ist es anders.[8] Wir können sehr gut erkennen, wann ein Tier spielt. Und wenn wir Tiere aufmerksam beim Spielen beobachten, dann wird deutlich, dass das Spiel bei genau diesen Tieren ein sehr feines Gespür dafür, was gerecht ist und was nicht, was akzeptabel ist und was Missbilligung hervorruft, kurz, ein Gespür für die verschiedenen Formen und Codes von Moral zum Vorschein kommen lässt.

Wenn Tiere spielen, greifen sie auf ein Verhaltensrepertoire aus anderen Bereichen zurück: Sie greifen an, beißen zu, werfen einander zu Boden und wälzen sich umher, rangeln miteinander, jagen den anderen, knurren ihn an und drohen ihm oder sie fliehen. Genauso verhalten sie sich auch, wenn sie es mit einem Raubtier zu tun haben oder mit einem Angriff oder Konflikt mit ihresgleichen, aber die Handlungen haben jetzt eine andere Bedeutung. Wenn es nicht zu Missverständnissen kommt, dann, weil das Spiel auf einer Abmachung beruht, die immer wieder kommuniziert und erneuert wird: »Jetzt gerade ist es nur ein Spiel«. Genau diese Abmachung macht das Spiel zum Spiel und gibt ihm seinen Sinn. Es sind dieselben Verhaltensweisen wie jene in den Situationen, aus denen sie ursprünglich kommen, aber sie unterscheiden sich auch, weil sie ständig als eine Übertragung codiert sind. Die Tiere werfen sich ständig Blicke zu, um sicherzugehen, dass diese Übertragung auch stattfindet und beide sich einig sind, worum es sich handelt.

Bekoff betont, dass Spielen auf Vertrauen und auf Gegenseitigkeit fußt sowie auf der Annahme, dass beide Akteure gleichgestellt sind. Das Vertrauen rührt vor allem daher, dass für die Dauer des Spiels ein sicherer

---

8 Marc Bekoffs Arbeit zum Thema Spiel wurde in zahlreichen Werken und Artikeln veröffentlicht. Ich beziehe mich hier vor allem auf einen Artikel aus dem Jahr 2001: »Social Play Behaviour: Cooperation, Fairness, Trust, and the Evolution of Morality«, in: *Journal of Consciousness Studies* 8, S. 81-90. (Online abrufbar unter imprint.co.uk)

Im Englischen ist der Zusammenhang, den Bekoff zwischen Spiel und Gerechtigkeit herstellt, dank der Begriffe *fair* und *fairness* deutlicher, auf die Bekoff seine Analyse aufbaut.

Raum hergestellt wird, in dem Fehler und Grenzüberschreitungen vergeben und Entschuldigungen schnell akzeptiert werden. Das Spiel folgt Regeln, aber es wird nicht von diesen definiert. Die Tiere sind dadurch einander gleichgestellt, dass keines von ihnen im Rahmen des Spiels die Schwächen des anderen ausnutzt, es sei denn, es ist für das Spiel. Dass das Spiel auf Gegenseitigkeit beruht, ist sogar die Bedingung: Kein Tier lässt sich gegen seinen Willen auf ein Spiel ein und es spielt auch kein Tier mit einem anderen, wenn es nicht spielen möchte. Es sei denn, es handelt sich um ein vorübergehendes Missverständnis, das ist natürlich immer das Risiko. Beim Spiel geht es um Gerechtigkeit, und die Tiere erkennen genau, wer von ihnen sich an die entsprechenden Regeln hält und wer das nicht, oder nicht konsequent, tut. Wenn sich ein Tier beim Spielen nicht zurückhalten oder angemessen verhalten kann, wenn es mogelt oder ohne Vorwarnung vom Spiel ins echte Leben wechselt, wenn es aggressiv wird und allgemein nicht nach den Regeln des *Fair Play* spielt, dann findet es schon bald keinen Spielpartner mehr.

Aber im Spiel werden nicht nur einfach die Regeln nach einem bestimmten Protokoll umgesetzt. Es braucht noch etwas mehr, was sich nicht in Form von Regeln widerspiegelt und auch schwer in Worte zu fassen ist, aber was deutlich zum Vorschein kommt, wenn zwei Tiere spielen. Marc Bekoff sagt, es gebe da einen »*Spirit of Play*«. Das ist das Spiel. Das macht die Freude daran aus.

Das Spiel ist nämlich nur dazu da, diesen *Spirit of Play* herzustellen und nicht aufhören zu lassen. Dieser *Spirit* macht gleichzeitig das Spiel zum Spiel, stellt einen Rahmen her, in dem die Handlungen gedeutet werden können, und er ermöglicht und erschafft den Einklang zwischen den Spielgefährten. Er stellt dieses Einvernehmen her, aber er wird gleichzeitig auch selbst durch es hervorgerufen. Es handelt sich darum, dass etwas aufeinander *abgestimmt* wird, dass also Rhythmen und Affekte und Lebensenergien in Einklang gebracht werden.

»Anders, als es scheint, ist es immer noch ein Spiel«: Die Bewegungen und ihr ganz besonderer Charakter, die mitschwingende *Stimmung* und die Blicke, die dabei ständig ausgetauscht werden, sind Handlungen, die den Handelnden *sagen*, was hier gerade passiert (das »Wir tun jetzt so, als ob« bei Kindern), und die *machen*, dass genau das passiert und so weitergeht (es wird immer noch gespielt). Mit anderen Worten: Wenn die Tiere sagen, was sie machen, machen sie, was sie sagen. Noch klarer lässt sich die Basis einer Beziehung, die auf Vertrauen beruht, nicht definieren.

Letztere Begriffe entsprechen zwar nicht denjenigen, die Bekoff benutzt, aber ich bin mir sicher, er wäre damit einverstanden. Denn das Spiel, das lange Zeit funktional interpretiert wurde (es sei dazu da, dass die Tiere Bewegungen üben, die sie an anderer Stelle brauchen werden, es ermöglicht es jungen Tieren, hierarchische Konflikte auszutragen, usw.), ist Bekoff zufolge der Augenblick, in dem am besten erlernt werden kann, was sich schickt zu tun und was nicht geduldet wird und welches Verhalten *richtig* ist, in dem Sinne, was die anderen erwarten. Zudem lernen die Spielenden zu beurteilen, wie die anderen sich ihrerseits zu diesem pragmatischen Ideal von *Gerechtigkeit* verhalten. Das Spiel macht Vertrauen möglich. Es lehrt die Tiere, *aufmerksam zu sein*, denn sonst *ist es kein Spiel mehr.* Es lehrt sie, andere und alle möglichen Rollen einzunehmen. Zum Beispiel, so zu tun, als wären sie klein, obwohl sie groß sind, schwach, obwohl sie stark sind und ihr Spielkamerad jünger oder schwächer ist, oder als wären sie wütend, obwohl sie sich freuen. Und es lehrt sie, dies *in Bezug* auf jemand anderen zu tun. Das Spiel ermöglicht und verfestigt auf eine schöne und anmutige Weise verschiedene Arten, sich auf jemand anderes einzustellen, entsprechend dem, was gerecht ist. Wenn ich Donna Haraways Gedanken wieder aufnehme und ihn um die Forschungsergebnisse von Bekoff erweitere, heißt das, dass die Tiere beim Spielen lernen, verantwortungsvoll zu handeln und also auf das Verhalten des anderen mit dem eigenen Verhalten zu antworten. Sie lernen, einander zu re-spektieren, was ja etymologisch bedeutet, dass sie den Blick des anderen erwidern. Genau das machen die Tiere. Exakt das. Moral ist eine sehr lustige und sehr ernste Sache, sie bereitet größte

Freude und wiegt ungemein schwer. Tiere lernen das, indem sie so Spaß haben, wie Tiere Spaß haben.

Natürlich geht die Bedeutung, die wir diesen Begriffen zuschreiben (Gerechtigkeit, Einvernehmen, Antwort, Respekt) weit über das hinaus, was in der Wissenschaft akzeptiert wird. Marc Bekoff musste das selbst seine gesamte Karriere lang immer wieder in Diskussionen mit seinen Kollegen feststellen. Wie oft musste er sich anhören: »Das ist nicht wissenschaftlich.« Dass die Begriffe in Bezug auf das Spiel über das hinausgehen, was wissenschaftlich akzeptabel ist, ist eigentlich nicht weiter überraschend. Wenn es nämlich etwas gibt, was durch das Spiel passiert, dann, dass die Bedeutungen verändert und die Dinge nicht mehr wortwörtlich genommen werden. Das Spiel ist das Paradies der Homonymie. Eine Bewegung, die in einem anderen Kontext Angst, Aggression und körperliche Kraft ausdrücken würde, definiert sich neu, löst sich auf und wird zu etwas anderem. Sie bedeutet nicht mehr, was sie zu bedeuten scheint. Das Spiel ist ein Raum für Erfindungsreichtum und Kreativität, für Metamorphose von etwas gleichem in etwas anderes, und das gilt sowohl für Lebewesen als auch für Bedeutungen. Es ist der Ort, wo das Unvorhersehbare passieren kann, aber immer nach den Regeln, denen diese Kreativität und dieses *Sich-aufeinander-Abstimmen* unterworfen sind. Alles in allem also der Ort, wo die Gerechtigkeit voller Anmut in der Freude zum Vorschein kommt.

K wie

Kilogramm

Gibt es eine Spezies, die wir töten dürfen?

Zwei Milliarden und dreihundertneunundachtzig Millionen Kilo. So viele Nutztiere sind im Jahr 2009 gestorben. Sie wurden gegessen. Wer das Gewicht wirklich aller toten Tiere herausfinden möchte, muss jene hinzurechnen, die bei der Jagd getötet wurden, bei Verkehrsunfällen, die starben, weil sie alt oder krank waren, die eingeschläfert oder von einem anderen Raubtier als dem Menschen gefressen oder die aus hygienischen Gründen entsorgt oder aussortiert wurden, weil sie nicht rentabel waren. Die Liste geht bestimmt noch weiter.[1]

Wie viele Kilo Mensch haben wir im selben Jahr verloren? Solche Fragen zu stellen gehört sich nicht, oder genauer gesagt müssen sie anders formuliert werden. Wenn die Frage geklärt werden soll, wie viele Tote es bei den Menschen gab, würde ein Durchschnitt errechnet oder hochgerechnet werden, wie viele es waren. Niemals würden Kilogramm oder Tonnen in Anschlag gebracht werden, sondern Individuen. 25.000 Menschen sterben jeden Tag an Unterernährung, 8.000 Menschen an Aids, 6.300 bei Arbeitsunfällen.[2] Ich könnte die Liste weiter fortführen und problemlos die Zahlen für die Verkehrstoten, die Gewaltverbrechen

1 Die Zahlen, wie viele Tiere jedes Jahr gegessen werden, habe ich den Seiten notre-planete.info und petafrance.com entnommen.

2 Die Zahlen über die Todesfälle bei Menschen, auf die ich mich hier beziehe, finden sich auf Wikipedia, auf actualutte.info und auf sida-info-service.org. Eine Echtzeit-Statistik für die häufigsten Todesursachen findet sich auf planetoscope.com.

oder die Drogentoten herausfinden. Wie diese Zahlen verteilt sind und wie zugänglich sie sind, sagt etwas darüber aus, in welchem Verhältnis wir zu diesen Toten stehen. Diese Zahlen geben uns nicht nur eine einfache Information. Sie packen nicht einfach nur die Welt in eine Statistik. Hinter der Arbeit all der Statistiker, die Daten gesammelt und ausgewertet haben, können wir die Idee von einem *Grund* (*cause*) erkennen. Nicht nur ein Grund im Sinne von Kausalität, sondern vor allem in dem Sinne, in dem Luc Boltanski und Laurent Thévenot von einem Grund sprechen.[3]

Wenn eine Gruppe eine gemeinsame Identität erschafft, die mobilisieren soll, damit eine Ungerechtigkeit offengelegt und beendet wird, dann ist das Resultat den beiden Soziologen zufolge ein Grund, eine gemeinsame Sache (*cause*). So wird zwischen jenen Toden, seien sie nun durch Aids, Autounfälle oder Unterernährung verursacht, eine Gemeinsamkeit hergestellt: Sie sind alle ungerecht, weil vermeidbar. Sie vereint, dass diese Menschen nicht hätten sterben müssen, wenn etwas getan worden wäre, wenn sich jemand um die Opfer gekümmert hätte, wenn die Ursachen bekämpft worden wären, mit Programmen zur Prävention, mit einer Umverteilung von Wohlstand, einer anderen Organisation in den Betrieben ...

Für Boltanski und Thévenot wird eine Ursache dann zu einer Sache, für die eine Gruppe kämpft, wenn die Opfer nicht mehr für sich alleine stehen. Sie werden jetzt durch ihren Tod definiert. Wenn die Seiten, auf denen sich solche Zahlen finden, zwei Milliarden dreihundertneunundachtzig Millionen Kilo tote Nutztiere zählen, dann passiert dasselbe. Die Semantik ist natürlich eine etwas andere als die, die ich verwendet habe: 2.389 Millionen Tonnen Fleisch sind im Laufe des Jahres gegessen worden. Kilos oder Tonnen von etwas sterben nicht, sie werden geges-

3 Was zu so einem »Grund« werden kann, lässt sich hier nachlesen: Boltanski, Luc/Thévenot, Laurent: *De la justification. Les économies de la grandeur*, Paris 1991. In Bezug auf den Umgang mit Körpern verweise ich auf: Chamayou, Grégoire: *Les Corps vils*, Paris 2008.

sen. Hinter dieser Zahl verbergen sich nicht nur Gründe und Ursachen, sondern auch Konsequenzen, die berücksichtigt werden müssen: bezüglich unserer Umwelt, des Schicksals von Entwicklungsländern, der Ozonschicht, der Gesundheit von Fleischessern und der Tiere selbst. Der getöteten Tiere wiegen schwer, aber auf unterschiedliche Weisen: in Form von durch Kühe verursachten Methan-Emissionen, in Form von Herz-Kreislauf-Erkrankungen bei Fleischessern, in Form von Getreide, das an Tiere verfüttert wurde, in Form von Bäumen, die im Zuge der Umwandlung von Waldflächen für den Anbau eben jenes Getreides abgeholzt wurden ...

Bleibt als nächstes anzumerken, dass es nicht auf die gleiche Weise dazu kommt, dass die Toten nicht mehr für sich alleine stehen. Die getöteten Tiere werden in Kilogramm Fleisch übersetzt, die verstorbenen Menschen in Individuen. Sicherlich bestimmen, was die Tiere angeht, die Konsumlogik und die Kritik an dieser die Richtung, in der diese Transition verläuft. Diese Übersetzung in Kilogramm bewirkt, dass sich all jene der Sache anschließen, die von den Auswirkungen der Intensivtierhaltung betroffen sein könnten, ob sie sich um das Schicksal der Tiere scheren oder nicht. Wenn euch das Schicksal der Tiere kalt lässt, dann vielleicht schon weniger die Auswirkungen der Futter produzierenden Landwirtschaft auf den Rückgang der Wälder. Und wenn es euch egal ist, dass Wälder abgeholzt werden, dann beunruhigen euch vielleicht dennoch die Auswirkungen, die Methan auf die Ozonschicht hat. Und wenn ihr zu den Klimaskeptikern gehört, wird es euch vielleicht bewegen, wenn es um eure Gesundheit geht. Wir können uns fragen, welche praktischen Folgen diese Argumentation hat: dass die Toten nicht mehr für sich alleine stehen, wodurch eine gemeinsame Sache entsteht. Was mittels einer messbaren Größe, des Gewichts, erreicht wurde, scheint nicht nur zu einer Waffe zu werden, die zu verwenden einigermaßen gefährlich ist. Selbst Aktivisten sagen, dass ihnen bewusst geworden ist, dass diese Fakten vorzubringen zu gefährlichen Diskussionen führt, die sie verwundbar machen. Aber auf gewisse Weise wird dadurch auch etwas fortgeführt, das wir als Folge eines ontologischen Bruchs begreifen können: Menschen und Tiere sind ontologisch so verschieden, dass ihre Toten unter keinen Umständen gemeinsam gedacht werden können. Wenn sie tot sind, sind Menschen Leichname, sterbliche Überreste. Tiere sind Aas oder Kadaver, sofern sie nicht dafür bestimmt sind, dass Menschen sie essen. Wir sprechen von Tierleichen, doch menschliche Leichen gibt es auch, aber nur in bestimmten Fällen. Im Allgemeinen bezeichnet der Begriff Leiche, wenn wir zum Beispiel an Nachrichten oder Krimis denken, einen vorübergehenden Zustand, der auf eine Lösung *wartet*. Wir sprechen von einer Leiche, wenn es um einen toten Körper geht, der irgendwo gefunden wurde und den diejenigen, die ihn als Mensch gekannt haben, nicht wiedererkennen und sich somit noch nicht oder niemals *aneignen* können. Eine Leiche bleibt so lange eine Leiche, bis sie sich jemand *aneignet*, bis sie ihren Verwandten zurückgegeben wird, die dann aus der Leiche einen *Leichnam*, einen *Verstorbenen* machen. Einen Toten *für die anderen*, einen Toten, dessen Existenz nun unter dem Schutz der Lebenden beginnt.

Wenn wir von Tonnen oder Kilogramm sprechen, beteiligen wir uns an etwas, das Noëlie Vialles als einen – materiellen und semantischen – Übersetzungsvorgang vom Fleischesser zum *Sarkophag* beschreibt.[4] Die-

4 Die Anthropologin Noëlie Vialles hat den Forschungsbereich rund um das Töten von Tieren stark durch einen ihrer Artikel geprägt: »La viande ou la bête?«, in: *Terrain* 10, 1988, S. 86-96. Online ist er unter terrain.revues.org verfügbar. Ich habe kürzlich dank Maud Kristen, die ihn mir freundlicherweise geschickt hat, herausgefunden, dass es einen sehr schönen empirischen Beweis für das gibt, was Vialles beschreibt. In einem Youtube-Video (Suchbegriff: *Moedor de porco*) mit versteckter Kamera ist ein richtiges Experiment zum Thema soziale Psychologie zu sehen: Ein Fleischer bietet Kunden an einer großen Theke frische Würstchen aus Schweinefleisch an. Er lässt sie die Würstchen kosten und bietet ihnen anschließend an, noch weitere davon herzustellen. Er betont dabei immer wieder, wie frisch die Würstchen sind. Die Kunden stimmen zu. Doch dann sehen sie, dass der Fleischer ein noch ganz kleines, noch lebendes Schwein nimmt und in eine Kiste mit einer Kurbel daran setzt, die Kiste oben zumacht und an der Kurbel dreht. Woraufhin aus einem Loch an der Seite der Kiste Würstchen herauskommen. Wie schockiert und angewidert die Kunden

ser Begriff beschreibt in Vialles Analyse die zunehmende Tendenz, alles, was an das lebende Tier erinnert, zu entfernen, alles, was, wie sie schreibt, »zu sehr an das Tier, seine Formen, sein einzigartiges Leben und sein Sterben erinnert«. Dass der Tod derart verschleiert wird, ist heute offensichtlich, da die Schlachthöfe aus dem Stadtbild verschwunden sind. Was noch an das lebende Tier erinnern könnte, an das Tier als Lebewesen, ist ebenfalls verschwunden. Nun ist verborgen, was einst erkennen ließ, was es war. Jeder, der vor den 1970er-Jahren geboren wurde, kann bezeugen, dass die aufgereihten Kalbsköpfe und von Hühnchen oder Wild die noch ganzen Körper, die teils noch nicht ausgenommen worden waren, nach und nach von den Märkten verschwanden. Den Höhepunkt dieser Verschleierung stellt heute der Hamburger dar, der fast die Hälfte des Konsums von Rindfleisch in den USA ausmacht.

Diese Umwandlung des toten Lebewesens in etwas anderes, das in keiner Weise mehr an seine ursprüngliche Form erinnert, ist das Resultat einer Arbeit, die die Soziologin Catherine Rémy »Deanimalisierung« des Tieres nennt. Diese vollzieht sich genau andersherum als der Vorgang, den ich eben in Bezug auf die Menschen beschrieben habe. Das Tier hört im Schlachthof auf, ein Körper zu sein, es wird zum Kadaver. Die Konsumgewohnheiten bestimmen, welche Metamorphosen dieser als nächstes durchläuft. Von jetzt an wird, wie Noëlie Vialles betont, nicht mehr von *einem Schwein*, *einem Rind* und *einem Kalb* gesprochen, sondern von *Schwein*, *Rind* und *Kalb*. Die Körperteile des Tiers werden entsprechend der Zubereitungsarten umbenannt: der Braten, das Stück zum Kochen oder zum Garen. Verborgen wird das Tier auch materiell, indem es zurechtgeschnitten und damit zugleich in Begriffe übersetzt wird, von denen die meisten nicht der Anatomie des Tiers entsprechen: Steak, Kachelfleisch, Keule, Schinken, Roastbeef, Rippenstück, Rippchen, Filet, Rückenstück, Hachse, Kotelett. Die Fleischstücke scheinen

reagieren und wie sie sich nun weigern, das Fleisch zu essen, spricht Bände darüber, wie diese Mechanismen des Vergessens funktionieren, die nötig sind, um Fleischkonsum zu ermöglichen.

also aus einem Prozess hervorzugehen, den Chatherine Rémy »Auseinandernehmen« nennt, als wären die neuen Bezeichnungen – Braten, Kotelett oder Filet – etwas ganz Natürliches.[5] Und damit unumstritten und unproblematisch. Dieser Prozess des Auseinandernehmens, der im Schlachthaus vollzogen wird, erscheint dadurch als eine Umwandlung, bei der es keinerlei Reibereien gibt. Und das umso mehr, da durch diese Umwandlung – materiell und in der Vorstellung – die Gewalt verschwindet, die ihr vorausgegangen ist. Man erinnere sich an die Szene aus *Tim in Amerika*[6], als Tim verblüfft dabei zuschaut, wie in einem Schlachthaus erst eine Kuh dasteht und sich dann in Corned Beef, Würstchen und Bratfett verwandelt.

Wer das Tier konsumiert, schreibt Noëlie Vialles, begehrt »das Ergebnis von etwas Lebendigem«, aber will es »losgelöst von dem Lebewesen, das die Substanz geliefert hat«. Letztendlich sind unsere Praktiken Praktiken des Vergessens.

Im Namen welcher Sache könnten wir Praktiken der Unkenntnis anklagen? Wenn das Wissen nur zum Ziel hat, unser Verhältnis zu uns selbst zu ändern, ohne in geringster Weise unser Verhältnis zu den Dingen zu ändern, ist die Anklage nutzlos. Sie hat nur einen Sinn, wenn sie uns dazu zwingt, nachzudenken, zu zweifeln und innezuhalten. Das ist der Punkt, weshalb es mir problematisch erscheint, den Fleischkonsum in Tonnen zu bemessen. Wenn es das Manöver auch strategisch erlaubt, unterschiedlichste Interessen zu vereinen, eine gemeinsame *Sache* zu finden, dazu zu ermutigen, den Konsum zu reduzieren, und also die Industrialisierung der Tierhaltung – ein haarsträubendes Oxymoron –

---

5 Die Idee, dass die Tiere umgewandelt und auseinandergenommen werden, ist von Catherine Rémys Arbeit auf diesem Gebiet inspiriert, insbesondere von ihrer Analyse von Romanen, in denen Autoren wie Upton Sinclair, Bertolt Brecht und Georges Duhamel ihre eigenen Erfahrungen beim Besuch von Schlachthöfen verarbeiten: Rémy, Catherine: *La Fin des bêtes. Une ethnographie de la mise à mort des animaux*, Paris 2009.

6 Comic aus der beliebten Reihe *Tim und Struppi* des belgischen Zeichners Hergé aus dem Jahr 1932. (Anm. d. Übers.)

infrage zu stellen, so deutet es zugleich auf eine problematische Nähe zu der Art hin, wie diese Tiere nicht etwa *aufgewachsen*, sondern *Produkte geworden* sind, Konsumgüter. Wer nämlich so vom Sterben der Tiere spricht, kommt mit den Worten, die anprangern sollen, jenen Worten gefährlich nahe, die bei ebenjenen Praktiken benutzt werden, die zu der Ent-Subjektivierung des Tiers beitragen, jene Praktiken, die – eloquent – als Systeme der Tierproduktion bezeichnet werden. Wie wir anprangern, was wir essen, weist zurück auf und rechtfertigt somit die Art, wie produziert wird, was wir essen. Werfen wir nur einmal einen Blick auf eine der Seiten, auf denen es um Schweineproduktion geht: Da sehen wir Zahlen und noch mehr Zahlen, Tonnen und Prozentangaben, Grafiken und bunte Kreise, Kuchen, wie sie umgangssprachlich in der angewandten Statistik heißen, die visuell die Aufteilung dieser Zahlen darstellen. Die Leistungsfähigkeit ist in der Produktion das geworden, was der Arbeit ihren Sinn gibt, betont die Soziologin Jocelyne Porcher. Sie konstatiert, dass seit den 1970er-Jahren, als der Plan zur Rationalisierung der Produktion auf den Weg gebracht wurde, »die Schweineproduktion eine große Menge an Zahlen gesammelt hat, die die erledigte Arbeit verdeutlichen sollen«. Sie fügt hinzu: »Die Produktion von Zahlen hält uns noch vom Denken ab.«[7]

Die Zahlen übernehmen damit eine ähnliche Funktion, wie sie auch der Sarkophag-Logik eigen ist: Sie sollen vom Denken abhalten, uns vergessen lassen.

Die Philosophin Donna Haraway stellt fest, dass statistisch gesehen die häufigste Form einer Beziehung eines Menschen zu einem Tier darin besteht, es zu töten. Wer das anzweifelt, hat zweifellos die Serie von Massakern der letzten Jahre vergessen, sei es wegen Rinderwahnsinns, Vogelgrippe, Maul- und Klauenseuche oder Scrapie. Diese Tatsachen nicht ernst zu nehmen, bedeutet, wie sie sagt, nicht mit Ernsthaftigkeit

7 Vgl. Porcher, Jocelyne: *Vivre avec les animaux. Une utopie pour le XIXe siècle*, Paris 2011.

– verantwortungsbewusst – durch die Welt zu gehen. Zu wissen, wie man die Sache ernst nimmt, fügt sie hinzu, ist alles andere als einfach. Wie groß auch immer die Distanz ist, die wir zu diesen Tatsachen zu wahren versucht sind, »es gibt keine Art zu leben, die nicht gleichzeitig für *jemanden*, nicht für *etwas*, eine Art wäre, anders zu sterben«. Für jemanden und nicht für etwas. Nicht, dass wir töten, hat dazu geführt, dass wir so viele vernichten, sondern dass wir *ermöglicht haben, dass man sie töten kann*. Sicherlich, sagt sie außerdem, zollt der ethisch begründete Veganismus einer notwendigen Wahrheit Tribut, nämlich, dass unsere angeblich normale Beziehung zu den Tieren von ungeheurer Brutalität ist. In jedem Fall erfordert eine *multispeziezistische* Welt – um überhaupt möglich zu sein – dass es auch *einander zugleich widersprechende* Wahrheiten gibt unter denen, die sich auftun, sobald wir der Regel, die die herausragende Rolle des Menschen begründet – »Du sollst nicht töten« – nicht länger jene Bedeutung beimessen, sondern eher einer anderen Regel, einer Regel, die uns die Tatsache vor Augen führt, dass Ernähren und Töten unvermeidbare Aspekte des Bands sind, das sterbliche, miteinander lebende Spezies verbindet: »Du sollst nicht ermöglichen, dass jemand getötet werden kann«.[8]

Wir müssen, sagt Haraway dann, eine Möglichkeit finden zu würdigen, und zwar außerhalb der Logik von Opfergaben, wie es sonst üblich ist. Und das überall dort, wo Haus- und Nutztiere leben, leiden, arbeiten, sterben und fressen, von den Laboren, die Mensch und Tier zusammenbringen, über die Ställe bis an unseren Tisch.

Wie wir würdigen können, muss noch erdacht werden. Dafür müssen wir besonders auf die Worte achten, darauf, wie wir etwas sagen und wie wir damit eine bestimmte Art, etwas zu tun oder zu sein, bestätigen. Das zwingt uns dazu, zu zweifeln, uns neue Tropen auszudenken

8 Im englischsprachigen Original formuliert Haraway: »*You shalt not make killable*« (Anm. d. Übers.), *When Species Meet*, S. 80. Den Gedanken, dass keine Spezies a priori getötet werden kann, entwickelt Donna Haraway in ihrem Buch *When Species Meet.*

– zu stolpern – Homonyme zu pflegen, die uns daran erinnern, dass nichts selbstverständlich ist, dass »alles erst aus den Worten entsteht« (☞ *Varianten*).

Ich mag den Vorschlag, den Jocelyne Porcher hierzu macht. Sie schlägt vor, dass das Tier, das, um es zu essen oder aus anderen Gründen, getötet wurde und das wir auf verantwortungsvolle Weise zu würdigen lernen müssen, ein *Verstorbener* ist. Ein Verstorbener, kein Kadaver, keine Kilogramm, kein Lebensmittel. Ein Lebewesen, das weiterhin auf eine andere Weise unter den Lebenden existiert, die es ernährt und deren Fortdauern es sichert. Ein Verstorbener, dessen Existenz sich verlängert, wenn nicht in unseren Erinnerungen, dann in unseren Körpern. Bleibt noch zu lernen, wie wir erinnern, zu lernen, wie wir »im Fleisch erben«, wie Haraway es formuliert, lernen, gemeinsam Geschichte zu schreiben, als Spezies, die Seite an Seite leben, deren Existenzen derart miteinander verschlungen sind, dass jede von ihnen anders lebet und stirbt.

Der Philosoph Cary Wolfe erweitert diesen Vorschlag Jocelyne Porchers, wenn er die Frage aufnimmt, die Judith Butler nach der Tragödie vom 11. September stellt: »Welche Leben zählen als Leben?«[9] Diese Frage danach, welche Leben etwas zählen oder wer dies für sein Leben einfordert, kann in eine andere, konkrete Frage übersetzt werden: »Was macht ein Leben zu einem Leben, das betrauert werden kann?« Sicher, sagt Wolfe, Judith Butler meint nicht die Tiere, wenn sie von Leben spricht, deren Verlust betrauert werden soll. Aber er geht davon aus, dass er ihr nicht unrecht tut, wenn er die Frage auf diese ausweitet. Denn für Butler, sagt er, drängt sich uns diese Frage auf, weil wir in einer Welt leben, in der jeder vom anderen abhängig ist und vor allem *durch die anderen* und *ihnen gegenüber* verletzlich ist. Die Frage nach der Verletzlichkeit weist dem Tier allerdings nicht die Rolle des passiven

9 Die Analyse des amerikanischen Philosophen Cary Wolfe entnehme ich seinem letzten Werk, das noch nicht veröffentlicht worden ist. Er hat mir freundlicherweise das Manuskript geschickt: *Before the Law: Humans and Other Animals in a Biopolitical Frame.*

oder heiligen Opfers zu. Denn genau das ist das Problem, das Wolfe, wie mir scheint, umgeht, wenn er »diese Leben, für die eingefordert wird, dass sie betrauert werden« in das Konkrete und Alltägliche in den Beziehungen zwischen Mensch und Tier einordnet, die eine sehr besondere Form der *gemeinsamen Verletzlichkeit*, von der Butler spricht, hervorbringen. Er fragt: »Warum sollte nicht-menschliches Leben nicht so viel zählen wie ein Leben, um das offiziell getrauert wird, wenn wir bedenken, dass Millionen von Menschen Trauer, und zwar tiefe Trauer, um ihr Haustier an den Tag legen?« Diese Frage soll uns nicht an eine banale Beobachtung erinnern. Sie ist, denke ich, entscheidend in der Argumentation von Wolfe. Denn so wird die Verletzlichkeit nicht mit der Rolle des Opfers verknüpft, legt sie nicht lediglich Schwäche offen. Diese Verletzlichkeit entsteht aus der aktiven Teilhabe an einer verantwortungsvollen Beziehung, einer Beziehung, in die jedes der Lebewesen sich einzubringen lernt und von der es lernt, sich einzubringen. Durch die Trauer, die gezeigt wird, kann das Leben etwas zählen. Dadurch, dass diese Trauer akzeptiert wird, zählt es etwas. Verletzlichkeit angesichts der Trauer zu wagen, damit ein Leben, das verletzlich ist, nicht nichts zählt, damit es *als Leben zählt,* anzunehmen, gemeinsam mit den Tieren und auf jeweils andere Weise verletzlich zu werden, scheint mir eine Antwort auf Haraways Vorschlag zu sein, mit der sich Seite an Seite mit den Tieren Geschichte schreiben lässt. Genau das tun einige Viehzüchter, die Jocelyne Porcher und ich befragt haben, Viehzüchter, denen keine ihrer Entscheidungen jemals leichtfällt und denen die damit verbundene Trauer vertraut ist. Fotos ihrer Kühe, die die Wände ihrer Häuser schmücken, erzählen uns davon. Ebenso zeugen davon die Namen, die sie ihren Tieren in dem Wissen geben, dass genau diese Namen Trauer und Erinnerungen hervorrufen werden. Und sie selbst berichten davon, wenn sie sagen, dass sie ihre Tiere nicht um Verzeihung bitten, sondern ihnen danken müssen.

So zu denken, ergibt keinen Sinn, nicht mehr als es Sinn ergibt, die Toten zu ehren oder sich zu fragen, was sie ehrt. Aber es erfordert, nach diesem Sinn zu suchen. Und zu lernen, Sinn zu erschaffen, selbst wenn er nicht auf der Hand liegt – erst recht, wenn er nicht auf der Hand liegt.

L wie

Labor

Wofür interessieren sich Ratten bei einem Experiment?

Die Philosophin Vicki Hearne erzählt, dass sie gehört hat, wie in der Forschung äußerst erfahrene Forscher jungen Wissenschaftlern geraten haben, nicht mit Katzen zu arbeiten. Nebenbei bemerkt wird in Laboren auch vehement davon abgeraten, mit Papageien zu arbeiten, und zwar nicht nur, weil sie nie das tun, was man von ihnen erwartet, sondern weil sie ihren Aufenthalt dazu nutzen, mit bemerkenswerter Sorgfalt alle Gerätschaften zu demolieren. Nach den Kriterien amerikanischer Forscher sind sie komplett ungeeignet. Man könnte das mit ihrer unbändigen Neugier begründen, mit ausgeprägter Langeweile oder mit ihrem Charakter. Was die Katzen angeht, lösen sie Probleme und führen Aufgaben, mit denen sie an Futter kommen, recht schnell aus, und die Diagramme, die ihre Intelligenz darstellen und vergleichbar machen sollen, schlagen recht steil nach oben aus, wie die in der Forschung erfahrenen Forscher Vicki Hearne zufolge sagen. »Das Problem« allerdings, zitiert sie einen der Forscher, »besteht darin, dass sie, sobald sie begriffen haben, dass der Forscher oder Labortechniker *möchte*, dass sie den Hebel drücken, aufhören, ihn zu drücken, und manche von ihnen würden eher verhungern, als mit dem Experiment weiterzumachen.« Sie fügt lakonisch hinzu, dass diese extrem antibehavioristische Theorie ihres Wissens nach noch nie Gegenstand einer Publikation war. Die offizielle Version lautet: Nehmt keine Katzen, sie machen euch nur die Daten kaputt.

Anders als man denken könnte, ist es Katzen nicht etwa egal, was wir von ihnen halten, erklärt uns Hearne. Eher im Gegenteil. Für sie ist es sehr wichtig, was die Menschen von ihnen erwarten, und sie nehmen die Aufgabe sehr ernst. Und genau deshalb, weil es für sie so ernst ist, weigern sich Katzen schlicht, wenn man ihnen nicht die Wahl lässt, ob sie diesen Erwartungen nachkommen oder nicht.

Manche von uns könnten an dieser Stelle Anthropomorphismus wittern. Die Fährte ist ja auch offensichtlich: Katzen haben in dieser Erzählweise einen eigenen Willen, Wünsche, sie wollen kooperieren, aber nur unter bestimmten Bedingungen. Das erinnert an das *Nicht-Wissenschaftliche* (☞ *Forschung*). Tatsächlich war Vicki Hearne, bevor sie Philosophin wurde, Hunde- und Pferdedresseurin. Ihr Wunsch, Philosophin zu werden, war übrigens, wie sie erzählt, dadurch entstanden, dass sie einen Weg finden wollte, die Erfahrungen der Dresseure zu interpretieren und eine Sprache zu finden, die diese Erfahrungen treffend beschreiben und auf sie aufmerksam machen kann.

Wenn sie aber zwar berechtigterweise sagen kann, dass eine äußerst antibehavioristische Theorie zugrunde liegt, wenn man behauptet, dass Katzen deshalb nicht den Hebel drücken wollen, weil man sie dazu drängt, genau das zu tun, so liegt sie doch praktisch gesehen nicht ganz richtig. Wenn man sich die Arbeit des Wissenschaftssoziologen Michael Lynch ansieht, ist nichts Ungewöhnliches oder Seltsames daran, wie die Behavioristen ihr Scheitern im Labor scherzhaft mit den Worten »die Katzen machen uns die Daten kaputt« resümieren. So etwas bekommt man in Laboren öfter zu hören. Lynch hat festgestellt, dass es in den Laboren zwei verschiedene Vorstellungen davon gibt, wie das perfekte Versuchstier sein sollte: In der ersten ist es ein *technisches, analytisches Tier* und in der zweiten eine *holistische natürliche Kreatur*.[1] In der zweiten

---

1 Michael Lynch hat sich in zahlreichen Texten der Frage nach den Laborpraktiken gewidmet. Vgl. vor allem: »Sacrifice and the Transformation of the Animal Body into a Scientific Object: Laboratory Culture and Ritual Practice in the Neurosciences«, in: *Social Studies of Science* 18, 2, 1988, S. 265-289. Die Hauptgedanken seiner Analyse finden sich auch in Catherine Rémys Buch *La fin des bêtes* von 2009 wieder.

Vorstellung existiert ein Fundus an implizitem Wissen, das niemand in offiziellen Berichten jemals erwähnt, auf das aber im alltäglichen Gebrauch unbesorgt, oft in Form von witzigen Geschichten, zurückgegriffen wird. Der Humor dient der Soziologin zufolge dazu, eine Distanz zu dem herzustellen, was nicht zum *Forschung betreiben* gehören kann. Tatsächlich eröffnen diese beiden Sichtweisen ein Spannungsfeld. Die zweite stellt eine natürliche Sichtweise dar, die dann zum Tragen kommt, wenn Lebewesen mit eigenen Intentionen aufeinandertreffen, und die erste ist eine Antwort auf die Forderungen der Behavioristen, jeglichen möglichen Kontakt zwischen demjenigen, der das Experiment durchführt, und seinem Versuchsobjekt bzw. -subjekt zu vermeiden. Infolgedessen müsste der Anthropomorphismus, der in der Praxis ständig eine Rolle spielt, verschwinden, sobald der Schauplatz gewechselt wird und der Wissenschaftler über seine Ergebnisse berichtet.

Wenn wir »infolgedessen« sagen, wie ich es eben gemacht habe, sind wir ein bisschen voreilig. Damit würde man davon ausgehen, dass der Anthropomorphismus schlicht dadurch verschwindet, dass die Ergebnisse in eine schriftliche Form gegossen werden, zu denen der Humor zunächst den Weg geebnet hatte. Die Sache ist deutlich komplizierter. Es beginnt alles schon lange, bevor die wissenschaftlichen Artikel geschrieben werden. Zunächst einmal ist das Leugnen nicht einfach das Ergebnis einer asketischen Schreibübung. Und dann geht es hier nicht nur darum, dass etwas geleugnet wird. Der Anthropomorphismus ist weder in den Hintergrund gerückt, noch ist er gar nicht vorhanden. *Er ist nur nicht wahrnehmbar.* Anders gesagt wird er unsichtbar gemacht.

Dass er derart unsichtbar ist, rührt von einer Reihe von Vorgängen und Routinen, die sich bereits mit den ersten tierpsychologischen Laboren entwickelten.

Diese Vorgänge lassen sich grob in zwei Kategorien einteilen. Auf der einen Seite sind praktisch alle Gerätschaften darauf ausgelegt zu verhindern, dass das Tier zum Ausdruck bringen könnte, wie es zu dem, was man von ihm will, steht. Anders gesagt wird die Frage »Inwiefern kann das für das Tier interessant sein?« niemals *ernsthaft* gestellt. Es ist also ein Leichtes für die Forscher, nicht anthropomorph zu sein, sie lassen weder ihre Tiere der Versuchung nachgeben, noch lassen sie sich von ihnen dazu verleiten. Auf der anderen Seite ist der Anthropomorphismus nicht erkennbar, weil die Wissenschaftler uns dazu einladen, unsere gesamte Aufmerksamkeit auf das zu richten, wo dieser am einfachsten zu begrenzen ist: auf die Texte und die Interpretationen in den Forschungsberichten.

»Inwiefern kann das für sie interessant sein?« beinhaltet eigentlich zwei Fragen. Zum einen hinterfragt diese Frage schlicht, ob das Experiment für das Tier interessant ist oder nicht. Sieht man sich an, wie die meisten Experimente konzipiert werden, wird klar, dass überhaupt keine Chance besteht, dass die Frage in diesem ersten Sinn gestellt wird. Der Unterwerfungs-Imperativ, der dem Versuchsaufbau in der Regel zugrunde liegt, ist ein entscheidender Faktor dafür. Es gibt überhaupt keinen Grund, warum man hinterfragen sollte, ob eine hungrige Ratte sich dafür interessieren könnte oder nicht, durch ein Labyrinth zu laufen, um in den Gängen, nachdem sie den richtigen Weg gegangen ist, Futter zu finden. Sie kann gar nicht anders. Sie ist nicht daran interessiert, sondern sie ist motiviert – oder durch einen Anreiz dazu gebracht worden, was nicht dasselbe ist. Dass ein Tier sich widersetzt oder sein Desinteresse aktiv zeigt, kann natürlich dazu führen, dass auch diese Möglichkeit in Betracht gezogen wird: Ist es vielleicht *nicht* interessiert? In der Regel wird eine einfachere Lösung bevorzugt: Katzen, Papageien und einigen anderen Tieren versucht man schlicht und einfach gar nicht erst, etwas beizubringen. Man sagt dann meist, sie wären nicht *konditionierbar*. Genau das ist den Papageien in den Laboren der Behavioristen passiert. Weil Letztere es nicht schafften, ihnen das Sprechen beizubringen, gaben die Wissenschaftler, die sich an dieser Aufgabe versucht hatten, schließlich Skinner Recht, der gesagt hatte, dass Sprache etwas Instinktives sei und dass man weder Instinkte noch Reflexe konditionieren kann, mit einer Ausnahme, nämlich dem Speichelreflex. Das hatte ja Pawlow mit seinem

Hund und seiner Glocke bewiesen. Wir sollten dabei nicht unbeachtet lassen, auf welche Art man versucht hatte, diesen angeblich sprechenden Vögeln das Sprechen beizubringen. Die Forscher hatten Papageien und Beos in Versuchsboxen gesetzt und ihnen dann immer wieder Tonaufnahmen mit einzelnen Wörtern oder Sätzen vorgespielt, und nach jedem Wort oder Satz spuckte eine Maschine ein Leckerli für die zuhörenden Tiere aus. Normalerweise hätten die Versuchstiere der Theorie der Konditionierung zufolge lernen sollen, den *bedingten Reiz* zu wiederholen. Das haben sie aber nicht getan. Die Forscher schlussfolgerten also, dass Skinner Recht hatte. Der Psychologe Orval Mowrer merkt allerdings an, dass man Indizien für *andere* Gründe hätte finden können, wenn man beobachtete, was nach dem Experiment passiert ist. Die Forschungsassistenten haben die beiden Beos adoptiert und mit zu sich nach Hause genommen. Da haben sie gesprochen, und zwar sehr gut.[2]

Zurück zu der Frage, »wie das für das Tier interessant sein kann«. Auch eine andere Dimension dieser Frage wird bereits durch die Konzeption des Versuchs beeinträchtigt. Die Dimension nämlich, die es ermöglichen würde herauszufinden, wie das Versuchstier auf seine jeweilige Art ausdrückt, inwiefern es sich für das Problem, vor das man es stellt, interessiert. Denn bei dieser Art von Experimenten muss das Tier nicht nur auf das eingehen, was von ihm verlangt wird, sondern es muss vor allem auf dieselbe Art antworten, in der sich die Frage an es richtet. Die Beos der Assistenten sind nie in einem Artikel oder Forschungsprojekt aufgetaucht. Sie waren nicht dem Protokoll gefolgt, beziehungsweise haben, wenn ihr so wollt, aus »den falschen Gründen« gesprochen.[3]

2 Die Geschichte der Beos, die gesprochen haben, sobald sie von den Lernzwängen befreit worden waren, habe ich in folgendem Buch gefunden, in dem sie von Orval Mowrer erzählt wird: Griffin, Donald: *Animal Minds*, Chicago 1992.

3 »Aus den falschen Gründen zu sprechen, zu lernen« usw., das ist von einer These von Isabelle Stengers inspiriert, die in *Médecins et sorciers* (das sie gemeinsam mit Tobie Nathan geschrieben hat und das 2004 erschienen ist) zeigt, dass eine der großen Herausforderungen der Medizin im wissenschaftlichen Kontext darin besteht, zu unterscheiden, welche Patienten aus den richtigen Gründen gesunden

Wenn ein Tier seinen ganz eigenen Gewohnheiten entsprechend antwortet, im Rahmen dessen, was es interessiert, dann denken die Forscher, dass das Tier sie *austricksen* würde. Sicher hat es tun können, was von ihm verlangt wurde, aber es hat es aus den *falschen Gründen* getan. Die Forschungsarbeit besteht also darin, diese Hinterlist aufzudecken und, natürlich, sie zu verhindern. Sprechende Tiere sind in dieser Hinsicht ein Paradebeispiel. Dass man Tonbänder verwendet, hat nicht nur in einer schlichten Mechanisierung der Arbeit seinen Grund. Diese Tonbänder *entschlacken* die Lernsituation. Wenn das Tier etwas bei dieser Art von Versuchsaufbau lernt, dann kann es unter jeglichen Bedingungen sprechen, unabhängig von einer besonderen Beziehung und den dazugehörenden Einflüssen, wie den Erwartungen des Forschers, »der das Tier zum Sprechen bringt«, und so weiter. Die Fähigkeit ist damit kurz gesagt genug abstrahiert, um Generalisierungen jeglicher Art zu ermöglichen.

Der von den Tieren angewendeten Hinterlist werden die unterschiedlichsten Dinge entgegengesetzt, von einfachen Umräumarbeiten bis hin zu grausamen Verstümmelungen. So sollen Wissenschaftler die Labyrinthe, durch die die Ratten laufen müssen, mit reichlich Wasser gereinigt haben, wenn wir einmal bei den weniger gewalttätigen Lösungen bleiben wollen. Ihnen war nicht entgangen (allerdings erst nach einigen Jahren eifriger Arbeit an Theorien rund um das Lernen durch Konditionierung), dass diese kleinen Schlauberger sich nicht merken, welche Gänge zum Futter führen und welche in Sackgassen. Die Ratten markieren jeden Gang mit ihrem Geruch. Diese Duftmarken sind nicht neutral, sondern zeigen der Ratte ganz klar: »Hier ist eine Sackgasse« (wer weiß, vielleicht riecht es nach Frust?) oder »Hier bist du richtig«. Da sie auf

---

und welche aus den falschen. Sehr erhellend in Bezug auf die Frage, was das in der Praxis bedeutet, ist Philippe Pignarres Artikel »La cause du placebo«, der im Mai 2007 online veröffentlicht wurde (pignarre.com). Er lädt dazu ein, den Placebo-Effekt zu hinterfragen, und hat mich dazu ermuntert, diese Verbindung zu ziehen. Was die Prozesse der Unterwerfung und ihre Nicht-Sichtbarkeit angeht, verweise ich auch auf Isabelle Stengers' Buch *Sciences et Pouvoir*, Paris 2002.

diese Art tricksen, können wir an ihnen nicht beobachten, wie sie lernen, indem sie sich erinnern, sondern etwas anderes, was ebenfalls eines der Talente der Ratten ist, aber weder die Menschen noch die Anhänger der Theorie der klassischen Konditionierung interessiert. Mit anderen Worten: Uns interessiert nicht, inwiefern es für die Ratte interessant sein könnte, das gegebene Problem zu lösen, sie soll es auf genau die Art lösen, die für die Forscher interessant ist. Genau darin spiegelt sich wider, dass die zweite Dimension der Frage »Inwiefern kann das für das Tier interessant sein?« nicht einbezogen wird. Wie man nämlich sieht, gibt das Tier, wenn es antwortet, indem es jenen Weg wählt, mit dem es ihm gelingt, mit dem Problem umzugehen, keine *generelle* Antwort auf die Frage. Das bedeutet, dass seine Antwort nicht mehr generalisierbar ist. Schlimmer noch, wenn es aus Gründen antwortet, die mit seiner Beziehung zum Forscher zusammenhängen, oder aus ganz individuellen Gründen, die aber mit der bestimmten Situation, in der es sich befindet, zusammenhängen, dann läuft der Umstand, dass es bei dieser Antwort *nicht indifferent* ist, einer möglichen Generalisierung zuwider. Nicht, dass die angebotene Antwort selbst *indifferent* sein soll, das kann sie auf keinen Fall sein. Aber die Wissenschaftler glauben, das Recht zu haben zu denken, eine konkrete Antwort als Ergebnis des Unterwerfungsprozesses sei von allen anderen Antworten, die aus denselben Prozessen der Unterwerfung hervorgehen, nicht zu unterscheiden. Daher kommt die entscheidende Bedingung für den Prozess des Unterwerfens, nämlich die Tatsache, dass er nicht sichtbar ist. In allen Labyrinthen der Welt laufen die Ratten, weil sie Hunger haben. Da haben wir einen bequemen Weg, die Frage endlich zu beantworten. Selbstverständlich unter der Voraussetzung, dass die Gerätschaften gut gereinigt wurden. Sonst müsst ihr andere Gründe in Betracht ziehen. Vielleicht wird die Ratte nicht von dem Wunsch getrieben, das Futter zu finden, sondern liest Abschnitt für Abschnitt, einen nach dem anderen, die Nachrichten, die dort hinterlassen wurden, und lässt sich davon leiten. »Hier nicht«, »Da aber schon«, »Ein bisschen weiter vielleicht noch«, »Den Geruch kenn' ich, hier war ich schon mal«. Vielleicht hat sie auch noch andere Gründe und vielleicht hat sie den Hunger darüber ganz vergessen. Die Ratte würde wieder an ihre alten Gewohnheiten anknüpfen. Was kann man darüber wissen, was eine Ratte für Gründe hat? Oder, schlimmer noch, worauf mich einmal eine junge Forscherin hingewiesen hat: Ihr war aufgefallen, dass Ratten schneller rennen, wenn sie Zuschauer haben. Furchtbar, wie viele verschiedene mögliche Gründe hier zusammenkommen, und es wird noch schlimmer, wenn man an Leo Crespi denkt, der sagte, dass Ratten ihr Verhalten in manchen Experimenten ändern, wenn sie von der Belohnung enttäuscht werden oder aber siegestrunken sind, wenn die Belohnung höher ausfällt, als sie erwartet hatten (☞ *Justiz*). Oder an den berühmten Rosenthal-Effekt, das furchtbarste aller Szenarien: Die Ratten lernen schneller, wo sie lang müssen, wenn derjenige, der das Experiment mit ihnen durchführt, daran glaubt, dass sie ganz besonders gut darin sind, und somit eine umso engere Beziehung zu ihnen aufbaut, je stärker er davon überzeugt ist.[4]

Stimmt schon, wenn man die schwierige Aufgabe umgeht, über die Gründe, die das Tier haben könnte, sich an der Forschungsarbeit zu beteiligen, aufzuklären, sich zu überlegen, welche Gründe das sein könnten, oder sie zu berücksichtigen, umgeht man die Anthropomorphismus-Falle. Stimmt. Mein erster Reflex wäre allerdings, dieses Argument nicht zu akzeptieren. Anthropomorphismus ist allgegenwärtig. Was könnte es Anthropomorpheres geben als einen Versuchsaufbau, der von dem Tier verlangt, seine Gewohnheiten aufzugeben und durch solche zu ersetzen, von denen Forscher glauben, dass sie relevant sind, wenn Menschen etwas lernen? Abgesehen davon *glauben* die Forscher nicht wirklich, dass die Menschen auf dieselbe Weise lernen, darum geht es ihnen nicht. Das

4 Ich spiele auf Rosenthals Experiment lediglich kurz an, weil ich mich bereits in sehr vielen Texten damit auseinandergesetzt habe, oft im Übrigen aus einer sehr kritischen Perspektive. Vgl. Despret, Vinciane: *Naissance d'une théorie éthologique. La danse du cratérope écaillé* und *Hans, le cheval qui savait compter*, Paris 1996 bzw. 2004.

ist nicht ihr Problem. Sehr wohl wichtig ist ihnen aber, dass das Lernen aus den *richtigen Gründen* vonstattengeht, das heißt aus Gründen, die für das Experiment geeignet sind. Von daher ist die Form, die der Anthropomorphismus in Experimenten annimmt, noch schwieriger erkennbar. Er äußert sich in Form eines *Akademikozentrismus*. Das gilt nicht nur für das Geruchsproblem in den Labyrinthen. Diese akademikozentrische Vorgehensweise ist noch deutlicher erkennbar, wenn es um das Erlernen einer Sprache geht. Wenn von diesem Erlernen gesprochen wird, liegt dem eine sehr eingeschränkte Vorstellung von Sprache als einem rein referenziellen System zugrunde, welches nur dazu dient, Dinge zu benennen, was eine sehr akademische Vorstellung von der Fähigkeit zu sprechen ist. Demnach lernen wir nur zu sprechen, indem wir im Gedächtnis abspeichern, was *grosso modo* dasselbe ist, als würden wir etwas auswendig lernen. Weder Menschen noch Tiere lernen das Sprechen auf diese Art. Aber Menschen können mit sehr viel Mühe und Disziplin erlernen, auf diese Weise zu *lernen*.

Jetzt kann man mir die Inkohärenz meiner Polemik vorwerfen. Ich bezichtige einen Vorgang des Anthropozentrismus, wenn ein Labyrinth mit Wasser gereinigt oder ein Lernvorgang von Beziehungseinflüssen entschlackt wird, und gestehe gleichzeitig Crespi mit unverhohlener Sympathie zu, dass Ratten enthusiastisch oder enttäuscht sein können, je nachdem, ob man auf ihre Erwartungen eingeht oder nicht. Allerdings will ich gar nicht polemisch sein, im Gegenteil. Ich versuche, die Anthropomorphismus-Problematik zu entpolemisieren, indem ich sie verkompliziere. Um sie zu verkomplizieren, muss man in diesem Fall das hinterfragen, was üblich ist, und es in einen neuen Zusammenhang einbetten, der davon abhängt, was für das Tier interessant sein könnte, wie man sein Interesse erzeugen könnte und wie dies für uns interessant sein könnte (☞ *Umwelt*).

Die Frage »Wofür interessiert es sich?« bewirkt, dass wir mehr Hypothesen unter die Lupe nehmen, Mutmaßungen anstellen, unsere Vorstellungskraft bemühen und unerwartete Folgen nicht als Hindernisse betrachten, sondern als etwas, das Verpflichtungen für uns mit sich bringt. Die Frage birgt einige Risiken. Sie ist nicht nur Mutmaßung, sondern eine aktive, uns fordernde und sogar verzwickte Suche. Es ist eine praktische und pragmatische Frage. Sie beschränkt sich nicht darauf, dass man etwas versteht oder ein Interesse aufdeckt, sondern sie erzeugt ein solches, dreht und wendet es und handelt es gemeinsam mit dem Tier aus. Wie bringt man einen Papagei zum Sprechen? Wie kann das für den Papagei von Interesse sein? Ganz bestimmt können wir nicht länger die Gerätschaften der Behavioristen mit ihren Tonbändern und den Belohnungen nach jedem Satz verwenden. Andere Forscher, wie unter anderem Orval Mowrer, hatten diese Lektion begriffen. Der Papagei braucht Kontaktaufnahme ... und eine Belohnung. Vergebene Liebesmüh. Mowrers Papagei lernte gerade einmal, »hello« zu sagen, und nicht einmal das hat er in einem Gespräch richtig einzusetzen gelernt. Weil er jedes Mal, wenn jemand »hello« sagte, eine Erdnuss bekam, dachte er, dass »hello« »Erdnuss« bedeutet. Der Kontakt zu einem Menschen reicht nicht aus, auch dann nicht, wenn es Erdnüsse gibt. Es muss Interesse erzeugt werden. Die Forscherin Irene Pepperberg beginnt ihre Forschungsarbeit mit diesem Ziel. Interesse entsteht, ändert sich wieder und lässt sich durchaus austricksen. Genau das tut sie mit Alex, dem grauen Papagei aus Gabun, den sie in ihr Labor geholt hat. Als erstes wendete sie einen Trick an, den Papageien-Dresseure gut kennen: Diese Vögel haben einen sehr ausgeprägten Wettbewerbsgeist. Sie versucht also nicht, Alex irgendetwas beizubringen, sondern verlangt nur von ihm, dabei zuzuschauen, wie sie einem eingeweihten Assistenten Unterricht gibt.[5] Früher oder später will der Papagei es besser machen als die Versuchsperson. Er spricht. Er spricht umso besser, wenn er begreift, dass er etwas bekommen kann, wenn er spricht (etwas anderes als Erdnüsse), und dass er seine Beziehung zu dem Forscherteam neu ver-

---

5 Irene Pepperbergs hat über ihre Arbeit mit dem mittlerweile verstorbenen Alex in zahlreichen Artikeln geschrieben, sowie in einem Buch: Pepperberg, Irene: *The Alex Studies*, Cambridge 1999.

handeln kann. Und noch mehr als das. Wenn ich es so erzähle, klingt es relativ simpel, als wäre es ganz selbstverständlich. Aber es war eine lange, riskante und anspruchsvolle Aufgabe. Pepperberg war der Meinung, dass das, worum es ging, in zweierlei Hinsicht etwas Außergewöhnliches war: Zum einen, weil die Sprache, die der Vogel gelernt hat, die Sprache einer anderen Spezies ist, und zum anderen, weil der Lernprozess weit über die Lernphase hinausging, in der ein Papagei unter normalen Bedingungen von seinen Artgenossen lernt. Pepperberg schreibt, dass das Wort *außergewöhnlich* zugleich impliziert, dass jeglichen möglichen Hindernissen für diesen Lernprozess besonders große Aufmerksamkeit gewidmet wurde. Was die Aufgabe noch schwieriger macht. Trickreichtum und Taktgefühl, Trickreichtum und Aufmerksamkeit. Lehrer und Schüler müssen sich sehr genau aufeinander abstimmen und miteinander im Einklang sein. Sie müssen das Tempo drosseln, wenn es schwierig wird, und beschleunigen, damit keine Langeweile aufkommt, intensiver miteinander interagieren, und, wie sie sagt, darauf achten, »dass das, wozu das Lernen führt, so nah wie möglich an dem ist, zu was es in der echten Welt führen würde«: Zugang zu Dingen und Einfluss auf andere zu erlangen.

Aber was auch immer Pepperberg darüber sagen mag, *wir befinden uns doch* in der *echten* Welt, in der echten Labor-Welt. Zugegeben, es ist eine außergewöhnliche Welt, in der verschiedene Spezies zusammen arbeiten. Eine echte Welt, in der ein Papagei jeden Abend, wenn seine Forscherin sich für den Nachhauseweg fertig macht, zu ihr sagt: »Auf Wiedersehen. Ich werde jetzt etwas essen. Bis morgen.«[6]

6 Diese Szene habe ich in einem Artikel im Internet gefunden, den Pepperberg geschrieben hat (randsco.com).

M wie

mogeln

Sollte Betrug ein Beweis für *richtiges* Verhalten sein?

Ein Affe hatte die Angewohnheit, auf einen hohen Mast zu klettern und dort oben festgeklammert zu verharren. Jedes Mal, wenn jemand ihm nun seinen Teller mit Futter brachte, waren direkt Krähen, die in der Nähe herumflogen, zur Stelle, um es ihm zu stehlen. Jeden Tag war es das Gleiche. Und mit jedem Tag hatte der arme Affe keine andere Wahl, als immer wieder zwischen der Mastspitze und dem Boden hin- und herzuklettern, wenn sich eine der schamlosen Krähen seinem Futter näherte. Sobald der Affe näherkam, flogen die unverschämten Vögel davon und ließen sich einige Meter entfernt nieder. Der Affe kletterte wieder nach oben und die Krähen kamen zurück. Eines Tages schien der Affe sehr krank geworden zu sein. Er schaffte es kaum noch, sich am Mast festzuhalten, so furchtbar schwach war er. Wie gewohnt kamen die Krähen an, um sich ungestraft ihren Teil von seinem Futter abzugreifen. Der geschwächte Affe machte sich daran, mit großer Mühe den Mast herunterzuklettern. Schließlich ließ er sich auf den Boden fallen und blieb dort, offensichtlich am Ende seiner Kräfte, ausgestreckt liegen und bewegte sich nicht mehr. Das ermutigte die Krähen dazu, wiederzukommen und in aller Ruhe weiter ihr täglich Brot zu fressen. Plötzlich aber schien der Affe wie durch ein Wunder seine Kräfte wiederzuerlangen. Mit einem Satz sprang er auf eine der Krähen, hielt sie fest, klemmte sie sich zwischen die Beine, rupfte mit aller Kraft ihre Federn aus und hielt sein gleichermaßen erschrockenes und gerupftes Opfer in die Höhe. Seine Tat zeigte Wirkung: Keine einzige Krähe wagte es von da an, in die Nähe seines Tellers zu kommen.

Aufgeschrieben hat diese Geschichte ein Autor aus einer ganz anderen Zeit als der unsrigen. Edward Pett Thompson ist ein Naturforscher aus dem 19. Jahrhundert, und er ist Kreationist.[1] Wenn wir lesen, was er geschrieben hat, wirkt es irgendwie vertraut. Diese Geschichte gleicht solchen, die heute entstehen, wenn Wissenschaftler mit den wenigen Tieren arbeiten, die als kognitiv und sozial höher entwickelt angesehen werden. Umso mehr noch scheint diese Geschichte aus unserer Zeit zu kommen, da diese Art von Erzählungen für lange Zeit in der Forschung komplett von der Bildfläche verschwunden waren, es sei denn, es handelte sich um Anekdoten (☞ *Forschung*).

Thompsons Buch wimmelt von solchen Geschichten. So erzählt er von einem im Zoo lebenden Orang-Utan, der eine Orange gestohlen hatte, während sein Wärter so tat, als würde er schlafen, damit er ihn beobachten konnte, und der anschließend die Schale versteckte, um die Spuren seiner Übeltat zu verwischen.

Wir erkennen in dieser Geschichte ganz klar die Vertreter von zwei verschiedenen Spezies, die sich in der Kunst üben, zu mogeln, zu täuschen und zu betrügen. Das ist aber nicht das, was Thompson darin erkennt. Erstaunlicherweise verwendet er nicht einmal diese Wörter, weder das Wort Täuschung noch das Wort Betrug. Er sieht etwas anderes darin. Wie er das Geschehnis interpretiert, hat damit zu tun, welches Problem er zu lösen versucht. Er wollte in Bezug auf die intellektuellen Fähigkeiten ein Gemeinschaftsgefühl zwischen Tieren und Menschen herstellen, um die Tiere besser zu schützen. Es ist ziemlich schwierig, so eine Gemeinschaft im Rahmen einer kreationistischen Anthropologie

---

1 Edward Pett Thompsons Buch (Passion of Animals, London 1851) ist in einer eingescannten Version online verfügbar. Ich habe Thompsons Arbeit ausführlich in einem meiner Bücher behandelt (der Titel ist von ihm inspiriert): *Quand le loup habitera avec l'agneau*, Paris 1999.

herzustellen, die von einer Welt ausgeht, die durch zahlreiche göttliche Verordnungen geregelt und hierarchisch strukturiert wird, welche den Tieren verbieten, eine Seele zu haben. Thompson versucht also völlig berechtigterweise intuitiv, diese Gemeinschaft herzustellen, indem er sie mit einer Reihe von Analogien in Bezug auf ähnliche intellektuelle Fähigkeiten und Empfindungen begründet.

Einige Jahre später wird sich mit Darwin erneut jemand dem Fall der gestohlenen Orange widmen. Auch er wird nicht von einer Lüge sprechen. Sondern von Scham. Wenn der Affe die Schale versteckt, dann liegt das Darwin zufolge daran, dass er irgendwo ein Bewusstsein dafür hat, was verboten ist. Man könnte meinen, man hätte es bei diesem Verhalten, das dem von Kindern so ähnlich ist, mit den Anfängen eines Moralgefühls zu tun. Es ist dieselbe Geschichte, aber eine andere Interpretation, wobei Darwin nicht mehr das Ziel hat, eine Ähnlichkeit herzustellen, sondern Kontinuität, und zwar indem er sie dem Prinzip der Vererbung unterordnet. Die Analogien im Verhalten sind sehr vielversprechende Indizien für diese Kontinuität. Und das umso mehr, wenn es sich dabei um einen Bereich handelt, der für die besondere Stellung des Menschen in der Natur essenziell ist, nämlich die Moral.

Auffällig ist, dass solche Tiere und die Geschichten, die über sie erzählt werden, später im wissenschaftlichen Bereich komplett von der Bildfläche verschwinden. Zu anekdotisch, zu anthropomorph sind diese Geschichten, und so überlässt man es den Laien, dieses Wissen zu bewahren, sie weiterzuerzählen und sich daran zu erfreuen – was sie sich auch nicht nehmen lassen. Die Zoos sind somit einer der letzten Zufluchtsorte für die Lüge, die vor allem noch in den üblen Streichen weiterlebt, die einige Tiere, die um jeden Preis ausbrechen und der Langeweile entkommen wollen, ihren Wärtern spielen.

Es dauert fast ein ganzes Jahrhundert, bis Wissenschaftler die Frage wieder aufzunehmen bereit sind, indem sie sie explizit mit der Frage nach verschiedenen mentalen Zuständen verbinden. Zu Beginn der 1970er-Jahre liefert die Feldforschung immer mehr Beispiele für bewusstes

Lügen und Betrügen. Weniger als zehn Jahre später folgen dann auch die Labore.

Im Gombe-Stream-Nationalpark in Tansania beobachtet Jane Goodall Schimpansen dabei, wie sie von Bananenbüscheln fressen, die sie für sie ausgelegt hat. Ein junger Schimpanse kommt näher und schickt sich an, sich daran zu bedienen, als plötzlich ein dominantes Männchen auftaucht. Sofort verändert sich das Verhalten des Jungtiers. Es tut gleichgültig, so, als wären ihm die Bananen völlig egal. Das ältere Männchen geht wieder weg und das junge hat abermals freie Bahn und wendet sich also wieder dem Futter zu. Doch da ist das alte Männchen auf einmal wieder da. Er hatte der scheinbaren Gleichgültigkeit des Jungtiers nicht getraut und sich versteckt, um es zu beobachten. Später sollten noch andere derartige Fälle bestätigen, was Goodalls Beobachtungen vermuten ließen: Schimpansen sind Schwindler.

Ganz am Ende der 1970er-Jahre wird diesen Beobachtungen schließlich so viel Bedeutung beigemessen, dass eine beeindruckende Reihe an Forschungsprojekten folgt. Jetzt sind es keine Anekdoten mehr, sondern richtige wissenschaftliche Projekte. Man beachte, dass *Bedeutung beimessen* in diesem Fall in einem ganz bestimmten Sinn zu verstehen ist. Der Ausdruck beschreibt, dass die Anekdoten *bedeutsam* werden, weil sie *gemessen*, also im Labor nachgewiesen werden konnten. Deshalb bekommen sie nun den Status eines ernsthaften Forschungsgegenstands. Umstritten zwar, aber ernsthaft. Im Jahr 1978 beschließen David Premack und George Woodruff, die beide seit einigen Jahren mit Schimpansen arbeiten, in ihrer Arbeit eine neue Richtung einzuschlagen. Bis dahin hatte man, wie sie erklärten, Schimpansen als Physiker angesprochen, weil man von ihnen in der Regel wollte, dass sie Probleme lösen, wie zum Beispiel, mit einem Stock, einem Hocker oder einer Kiste an eine Banane zu kommen. Jetzt sollten wir uns aber daran machen, uns mit Schimpansen als Psychologen auseinanderzusetzen. Kann es sein, dass Affen Mentalisten sind? Sind sie dazu fähig, anderen in die Köpfe zu schauen, wie man umgangssprachlich sagt? Können sie, um es anders auszudrücken, sich mental an die Stelle eines anderen versetzen und ihm Intentionen, Meinungen und Wünsche zuschreiben?

Den beiden Forschern zufolge liefert das Experiment eindeutige Ergebnisse. Wenn derjenige, der das Experiment durchführt, eine Leckerei sucht, von der der Schimpanse weiß, wo sie versteckt ist, dann hilft dieser Ersterem normalerweise, wenn er verstanden hat, dass der Mensch ihm die Leckerei hinterher geben wird. Behält der Mensch sie aber hinterher für sich, dann wird man feststellen, dass das Tier im nächsten Versuch nicht ehrlich zu ihm sein wird. Das zeigt einerseits, dass dem Schimpansen klar ist, dass dieser Mensch Intentionen hat, und andererseits, dass das, was er selbst über die Sachlage weiß, nicht dasselbe ist wie das, was der Mensch darüber weiß. Er erkennt also, dass im Kopf dieses Menschen etwas anderes vorgeht als in seinem eigenen.

Die beiden Autoren räumen ein, dass wir das Verhalten des Affen sicherlich auch schlichtweg mit Konditionierung erklären könnten, und nehmen damit die vorhersehbare Reaktion der Behavioristen (ohne Konditionierung geht gar nichts) und den berühmten Kanon Morgans vorweg (☞ *clever*). Dann würden die Schimpansen nichts anderes tun, als der besagten Regel erlernter Assoziationen zu folgen. In Wahrheit könnten sie gar nicht herausfinden, welche Intentionen derjenige, der sie hintergeht, hat. Sie assoziierten nur, sobald sie damit konfrontiert werden, mechanisch das Fehlen der Belohnung mit dem Forscher, der dafür verantwortlich ist. Ein gebranntes Kind scheut das Feuer. Dafür braucht es keine besonderen Fähigkeiten, außer der elementarsten Fähigkeit, durch Konditionierung zu lernen. Anschließend konterkarieren Premack und Woodruff eine solche Argumentation, indem sie, nicht ohne Humor, die hierarchische Unterteilung der Fähigkeiten umkehren, und Morgans Kanon gegen diejenigen verwenden, die ihn normalerweise zitieren: Wir schreiben anderen spontan Intentionen zu, weil das die einfachste und natürlichste Erklärung ist, sagen sie. Der Affe tut wahrscheinlich dasselbe. »Der Affe kann nur ein Mentalist sein. Wenn wir uns nicht stark täuschen, ist er nicht intelligent genug, um Behaviorist zu sein.«[2] Es ist die Frage, ob nicht letztendlich Schimpansen weniger Schwierigkeiten als die Behavioristen haben, den Angehörigen einer anderen Spezies bestimmte mentale Zustände zuzuschreiben.

Die Fähigkeit zu mogeln hat die Labore der Kognitivisten verlassen und wird wieder durch Feldforschung erforscht, wo sie bei der neuen Definition eines sozialen Schimpansen helfen soll, die gerade noch in ihren Anfängen steckt. Nachdem brutal ausgetragene Auseinandersetzungen, Verbrechen und Kannibalismus bei Schimpansen beobachtet worden waren, hatte er seinen Ruf als lieber, friedlicher Wilder verloren, der ihm bis dahin so gut gestanden hatte. Seine Fähigkeit darin, zu mogeln und zu schwindeln, verschafft ihm einen neuen Ruf. Er wird der »machiavellistische Schimpanse«, der über wichtige soziale Fähigkeiten verfügt. Er kann nämlich andere beeinflussen, wenn nicht sogar manipulieren.

Jetzt erheben auch andere Tiere ihrerseits Anspruch auf diese Fähigkeit. Andere Affen, versteht sich. Die Schimpansen verlieren ihr Monopol. Vögel scheinen *a priori* keine guten Kandidaten dafür zu sein, da dem Neokortex eine entscheidende Rolle zugeschrieben wird, wenn es darum geht, diese Fähigkeit im Laufe der Evolution zu entwickeln (☞ *Punkte*). Dass Raben aber sehr soziale Tiere sind, wie auch Beobachtungen aus der Feldforschung bestätigen, wird den Raben-Experten Bernd Heinrich dazu bringen, dieses Vorurteil zu hinterfragen.[3] Was Thompsons Affe einem der ihren angetan hatte, als er ihn in die Falle lockte und ihm dann zahlreiche Federn ausrupfte, findet bei den Raben seine Entsprechung in

---

2 Das Zitat findet sich in diesem Artikel: Premack, David/Wooldruff, Guy: »Does the Chimpanzee Have a Theory of Mind?«, in: *The Behavioral and Brain Science*, 1978, S. 516-526. Ich danke meinem Studenten Thibaut De Meyer dafür, dass er mich auf den Artikel aufmerksam gemacht hat.

3 Vgl. Heinrich, Bernd: *Mind of the Raven*, New York 2000 und Bugnyar, Thomas/Heinrich, Bernd: »Ravens, Corvux Corax, Differenciate between Knowledgeable and Ignorant Competitors«, in: *Proceedings of the Royal Society B*, 2005.

einem Fall, bei dem ein Schwan das Opfer war. Jener Schwan war dabei, seine Eier auszubrüten. Da attackierte ihn ein Rabenpaar und versuchte, sie ihm zu stehlen, aber ohne Erfolg. Der Schwan machte eine Drohgebärde, blieb aber, wo er war. Daraufhin tat einer der beiden Raben etwas, was man bei Raben noch nie gesehen hatte. Er tat so, als wäre er verletzt, als wäre sein Flügel gebrochen. Jetzt versuchte der Schwan, den pseudo-verletzten Raben zu fassen zu kriegen ... während der andere Rabe sich auf das Nest stürzte und sich ein Ei schnappte. Eine Verletzung vorzutäuschen ist zwar nichts Besonderes, das tun viele auf dem Boden brütende Vögel, um damit ein Raubtier vom Nest und damit von ihren Jungen wegzulocken. Sie tun so, als wären sie verletzt und als würde ihnen die Flucht sehr schwerfallen, und wenden so die Gefahr von ihren Jungen ab. Doch bis dahin war dieses Verhalten auf einen vorprogrammierten Mechanismus zurückgeführt worden. Dadurch waren weitere Erklärungen nicht mehr nötig, die Selektion reichte als Erklärung aus, wodurch es unmöglich wurde, an mentale Zustände überhaupt nur zu denken. Bietet es sich hier deshalb nicht mehr an, das Verhalten dieser Raben damit zu erklären, dass es sich um einen Instinkt handelt, weil die Raben es in einem völlig neuen Kontext an den Tag legen und dabei ein völlig ungewohntes Ziel verfolgen? Oder bietet sich die neue Erklärung an, weil Heinrich seinen Raben so viel Intelligenz zutraut und sie deshalb in seiner Version weniger auf ihren Instinkt reduziert werden? Das ist schwer zu unterscheiden, und wir müssen das auch gar nicht tun. Wenn diese Frage uns aber anfangen lässt zu zweifeln, dann ist es zweifelsohne an der Zeit, sie in Bezug auf diejenigen, bei denen eine Antwort eindeutig schien, noch einmal neu zu stellen.

Während das Beispiel mit den Raben für diejenigen, die diese Tiere beobachten, überzeugend klingt, ist es für diejenigen, die nur Experimenten Glauben schenken, (im Kontext einer starken Rivalität zwischen Feldforschung und Laborexperimenten) nur eine Anekdote. Besondere Ereignisse haben, wie die Formulierung schon zeigt, eine nicht so hohe Wahrscheinlichkeit, sich zu wiederholen. Es sei denn natürlich, einem würde ein Versuchsaufbau einfallen, der die Tiere dazu bringt, ihre Beständigkeit unter Beweis zu stellen. Heinrich tut genau das bei in Gefangenschaft gehaltenen Raben. Und schon beweist eine Reihe von Experimenten, dass seine Hypothese richtig war. Wenn ein Rabe das Gefühl hat, von einem Artgenossen beobachtet zu werden, dann tut er so, als würde er irgendwo Futter verstecken, und versteckt es aber in Wahrheit woanders, wenn der andere Rabe damit beschäftigt ist, es im vorgeblichen Versteck zu suchen. So wie auch die Forscher in ihren Experimenten mit Affen versucht auch Heinrich sich an Experimenten, in die die Forscher involviert sind. Bei diesen Experimenten geht es um eine Praxis, die bei Raben in Gefangenschaft relativ häufig ist: Sie verstecken gerne im Spiel Dinge voreinander. Wenn nun ein menschlicher Beobachter eines der im Rahmen dieses Spiels versteckten Spielzeuge klaut, kann man, wenn es sich um Futter gehandelt hat, eine starke Veränderung darin bemerken, wie die Raben sich genau dieser Person gegenüber verhalten. Der Rabe trifft danach viel mehr Vorkehrungen, achtet genau darauf, außerhalb des Sichtfelds dieser Person zu sein, und verbringt mehr Zeit damit, das Futter zu verstecken, als wenn er sich in der Gegenwart einer ihm unbekannten Person befindet. Was also bedeutet, dass diese Tiere sich nicht nur der Intentionen ihrer Artgenossen bewusst sind, sondern dass sie den Kreis derer, denen sie eine Intention zuschreiben, erweitern und auch Menschen in dieses große Spiel des Lebens in einer Gemeinschaft einbeziehen können.

Kürzlich wurden auch Schweine in die große Familie der Schwindler aufgenommen. Ein Experiment mit zwei Schweinen, einem, das über das Futterversteck »informiert« war, und einem, das dieses Versteck nicht kannte, zeigte, dass, wenn das Schwein, das das Versteck nicht gekannt hatte, seine körperliche Überlegenheit nutzte, um das gefundene Futter für sich zu beanspruchen, das »informierte« Schwein es beim nächsten Versuch in aller Ruhe in eine Sackgasse im Labyrinth laufen ließ.

Im Übrigen begünstigt diese Fähigkeit der Tiere, jemand anderem mentale Zustände oder Intentionen zuzuschreiben, eine Allianz von eigentlich getrennten Forschungszweigen, nämlich dem der Kognitivisten, die eher in Laboren und unter Bedingungen arbeiten, die manchmal denen einer schulischen Prüfung ähneln, und dem der Primatologen, die vor Ort forschen und sich eher für die Gemeinschaften ihrer Tiere interessieren. Diese Allianz äußert sich in Form einer Hypothese: Da der Schwindel auf der Fähigkeit beruht, die Intentionen der anderen zu begreifen, muss eine Korrelation zu sozialer Kooperation bestehen. Einander zu helfen oder zu betrügen sind demnach zwei Facetten derselben Fähigkeit, nämlich des sozialen Feingefühls. Es gibt immer weniger Moral in der Welt, und dann kehrt die Moral zurück und Forscher, die einst Rivalen waren, arbeiten zusammen.

Es tauchen noch weitere Fragen auf, die das Interesse noch stärker auf diese so unehrlichen Tiere lenken und weiter dazu beitragen, dass dieses Forschungsthema einen Aufschwung erlebt. So haben sich die Soziobiologen beispielsweise für die Art und Weise interessiert, wie Tiere betrügen, um Interessenkonflikte untereinander zu lösen. Wie löst man einen solchen Konflikt, wenn er zwischen zwei potenziellen zukünftigen Eltern entsteht, von denen jeder Elternteil darauf achten muss, dass der Partner seine Pflichten bei der Nestpflege erfüllt? Den Soziobiologen zufolge muss jeder der beiden darauf achten, so wenig Energie wie möglich zu investieren, und gleichzeitig aufpassen, dass der Partner Energie investiert. Unehrliche Selbstpropaganda und schamlose Manipulation werden so zu Regeln dafür, wie man sich *richtig verhält* und letztendlich *überlebt*. Die Heckenbraunelle, ein Vogel, der hier, in Mitteleuropa, zu Hause ist, hat ein ziemlich erstaunliches System erfunden. Diese Erfindung muss diesmal (aber nur ausnahmsweise) den Weibchen zugerechnet werden, genauer gesagt einigen von ihnen, weil nicht alle dieses Verhalten an den Tag legen. Unter bestimmten Umständen verhält sich ein Weibchen, dessen Territorium an die Territorien von zwei Männchen grenzt, so, dass sie alle beide davon überzeugt, dass sie der Vater ihrer Brut sein könnten. Wenn sie dies mit Geschick tut, findet sie sich Beobachtern zufolge mit zwei Männchen wieder, die beide ein jetzt größeres Territorium verteidigen und ihre Kleinen füttern. Ihre Strategie besteht darin, sich so diskret wie möglich zuerst mit dem einen und dann mit dem anderen zu paaren. Die Männchen finden natürlich früher oder später heraus, was Sache ist, aber keiner von ihnen kann sicher sagen, ob er nicht doch der biologische Vater ist. Da die Paarungszeit dann bereits lange vorbei ist, können sie nicht mehr zurück und nehmen also lieber das Risiko auf sich, als sich auf Verdacht zurückzuziehen. Sicherlich bewegen wir uns hier in den typischen und mehr oder weniger repetitiven Schemata der Soziobiologie. Es geht um Interessenkonflikte zwischen Männchen und Weibchen, um Tiere, die manisch alles dafür tun, sich fortzupflanzen, Dilemmata in Bezug auf Investitionen für die nahe oder ferne Zukunft, reproduktives Kapital, das sorgfältig abgewägt wird, mit Strategien zur Kalkulation, die die zynischsten Börsenmakler beeindrucken würden. Zwar ändert sich hier das Bild, bei dem sonst die Weibchen den Männchen unterworfen oder Opfer ihrer Dominanz und ihres Wankelmutes sind, aber an unserem Bild von einer Natur, die den Gesetzen des Wettbewerbs unterworfen ist, ändert sich hier nicht viel. Kooperatives Verhalten ist dabei wohlgemerkt lediglich das Ergebnis dunkler Machenschaften.

Allerdings ist noch eine letzte interessante Hypothese aus der gemeinsamen Forschung von Kognitivisten und Soziobiologen hervorgegangen. Dass die Tiere lügen und sich vor Betrug schützen müssen, hat demnach aus evolutionsbiologischer Sicht zu einem Wettrüsten geführt (worin man auch wieder das von den Soziobiologen bevorzugte Schema erkennt). Die Schwierigkeit in einer Welt der Schwindler ist, zweierlei Kompetenzen zu entwickeln, nämlich einmal, sich vor Schwindlern schützen und Betrug aufdecken zu können, und außerdem, selbst gut schwindeln zu können. Innerhalb des Modells eines Wettrüstens muss die Fähigkeit, Schwindel aufzudecken, sich entsprechend weiterentwickeln, je mehr sich die Fähigkeit zu schwindeln weiterentwickelt. Infolgedessen sind Lügen immer schwerer als solche zu erkennen und der Lügenradar wird immer genauer und so weiter. Die Fähigkeit, unbemerkt zu lügen, würde somit auf die Spitze getrieben und sie würde die Tiere zu einem besonders seltsamen Trick befähigen: Sie könnten sich selbst belügen. Anders ausgedrückt, ist in einer Welt, in der jeder Lügen erkennt, nichts effizienter, um andere hinters Licht zu führen, als selbst an seine eigenen Fantastereien zu glauben. Und somit das Opfer eigener unbewusster Prozesse zu werden.

Wie man sieht, rekrutiert sich der Schwindel aus den unterschiedlichsten Bereichen und verbindet kognitive Elemente mit Disziplin und psychischen Zuständen, die die Wissenschaften sorgfältig getrennt hatten, woraus sich ein Teil seines Erfolgs ergibt: Er ist biologischen Ursprungs; er bringt höhere kognitive Prozesse, Überzeugungen und mentale Zustände ins Spiel, für die sich die Kognitivisten interessieren und, wohlgemerkt, auch die analytische Philosophie; er verbindet sich nunmehr mit unbewussten Prozessen; er dockt an soziologische und politische Theorien an und wird vor allem als fester Bestandteil der Domäne der Moral angesehen. Die Lüge und die Empathie, dass man die Wünsche der anderen versteht und sich um andere sorgt, das alles tritt demnach immer zusammen auf.

Wer von dieser überraschenden Allianz liest, dem drängt sich eine letzte Bemerkung auf, mit der wir diesen Teil der Erzählung abschließen wollen, der die Tiere vom rechten Weg der Ehrlichkeit abgebracht hat. In diesen Forschungsprojekten liegt ein nicht ganz humorloses Paradoxon, das man in vielen Evolutionstheorien wiederfinden kann. Die Verhaltensweisen, die bei uns am stärksten moralisch angeprangert werden, ähneln, wenn man sie erst einmal mithilfe der Theorien der Naturgeschichte und der Evolution neu interpretiert hat, im einen oder anderen Moment den größten Tugenden, oder sie sind wenigstens die Voraussetzung für ebendiese. Mit anderen Worten: Was das Tier tut und was die Moral ohne Umschweife missbilligen und verurteilen würde, ist in der Natur auf einmal der beste Weg, sich moralisch zu verhalten. Die Eifersucht der Männchen stärkt die Paarbeziehungen, die strengste und am willkürlichste Hierarchie wird ein Garant für sozialen Frieden und das Schwindeln stellt sich, ebenfalls aus diesem Blickwinkel betrachtet, als der Beweis für die höchste Achtung vor jemandem heraus, worauf wiederum kooperatives Verhalten fußt. Bleibt unter Umständen die Frage, ob die Ethologie nicht von irgendeinem Jesuiten, der sich hobbymäßig mit Kasuistik beschäftigt, erfunden wurde. Einer Hölle, von der wir wissen, womit sie gepflastert ist, können wir nun das Bild eines Paradieses gegenüberstellen, in das die schlimmsten Intentionen letztendlich, und zwar ganz sicher, führen werden.

N wie

Notwendigkeit

Kann man eine Ratte dazu bringen, ihre Kinder zu töten?

»Bei polygyn lebenden Spezies wurde immer häufiger beobachtet, dass, wenn ein Männchen von dem Harem eines Vorgängers, den es verdrängt hat, Besitz ergreift, es alle Kleinen töten kann, was die Fruchtbarkeit der Weibchen steigert und es ihm möglich macht, sie zu schwängern. Die Kleinen werden also seine Gene tragen.«[1]

Heute ist diese Behauptung nicht nur in der Wissenschaftsliteratur weit verbreitet, sondern auch in populärwissenschaftlichen Büchern und diversen Dokumentationen vom Typ »die wunderbare Tierwelt«. Sie taucht zum Ende der 1970er-Jahre auf, als sich die Wissenschaft mit problematischen Beobachtungen konfrontiert sieht. Bei manchen Tieren töten Erwachsene die Kinder ihrer Artgenossen. Eine Erklärung, derzufolge dieses problematische Verhalten der *Anpassung* dient, ließ natürlich nicht auf sich warten und ist noch heute sehr präsent. So scheint auch das, was im Zitat oben gesagt wird, eine Selbstverständlichkeit zu sein. Dabei wird munter von den Beobachtungen zu deren biologischer Erklärung gesprungen, womit aus etwas, das eigentlich nur eine Hypothese ist, eine Tatsache gemacht wird. Die Autorin nimmt in der Aneinanderreihung der Interpretationen in oben genanntem Zitat

1 Blaffer-Hrdy, Sarah: »Infanticide among Animals: a Review, Classification, and Examination of the Implications for the Reproductive Strategies of Females«, in: *Ethology and Sociobiology* 1, 1979, S. 13-40.

eine Abkürzung, und das ist nicht einfach die Folge der Wissenschaftspopularisierung, sondern zeugt davon, dass Infantizid mittlerweile eine biologische Notwendigkeit geworden ist.

Die Frage nach dem Infantizid wurde gestellt, nachdem zu jener Zeit noch relativ unerforschte Affen, die Indischen Languren, beobachtet worden waren. Fast niemand kannte diese Languren, im Gegensatz zu den Gorillas, die viel bekannter waren, obwohl es sehr viel weniger davon gibt. Die Fragen, die diese wenig erforschten Affen aufwarfen, interessierten die Öffentlichkeit allerdings sehr. Dieses Interesse ist weniger überraschend, wenn man es in den zeitlichen Kontext einordnet. Die bei den Languren beobachteten Vorfälle und die diesen einen Sinn gebende Erklärung der Wissenschaftler fallen zeitlich mit dem Moment in eins, in dem das Problem der häuslichen Gewalt als schwerwiegendes gesellschaftliches Problem auftritt, insbesondere die Fälle von Gewalt gegen Kinder.[2]

Wie so oft, wenn es um das Verhalten von Tieren geht, bereitet die Feldforschung den Weg für das, was im Labor passiert. Was die Forscher aus Ersterer berichten (und was bei den Forschern im Labor oft etwas geringschätzig als bloße Anekdoten abgetan wird), wird früher oder später in einem wissenschaftlichen Versuch *par excellence* getestet werden: dem Experiment. Das Labor ermöglicht es den Forschern, ihre Beobachtungen zu adeln. Wie durch ein Wunder werden dort aus Anekdoten wissenschaftliche Fakten (☞ *mogeln;* ☞ *clever*). Der Infantizid erlebte seinerzeit einen rasanten Aufstieg. Ab der Mitte der 1980er-Jahre veröffentlichten immer mehr Wissenschaftler Artikel über ihre Experimente. Das hatte sicherlich auch etwas damit zu tun, dass dieses Verhalten an die gesellschaftlichen Probleme unter den Menschen zu dieser Zeit erinnerte – dass unter anderem auf Ratten zurückgegriffen wurde, bestärkt meinen Eindruck. Die Ratten, die bis dato alle erdenklichen Medikamente getestet, Alkohol und Kokain konsumiert, die

2 Vgl. zum Thema Kindesmissbrauch: Hacking, Ian: *L'Âme réécrite*, Paris 2006.

Labyrinthe der Behavioristen gelöst und den Qualm von Abertausenden von Zigaretten inhaliert, in Experimenten Depressionen und Neurosen durchlebt und gelernt hatten, ein Gefühl für Zeit zu entwickeln, diese treuen Diener der Wissenschaft wurden also jetzt zu Kindermördern![3]

Das muss man ihnen lassen: Wie wir noch sehen werden, sind Ratten von solcherlei Verhalten nicht gerade angetan. Sie sind allerdings auch nicht besonders begeistert, wenn sie Zigaretten rauchen, Medikamente testen oder hungrig durch Labyrinthe laufen müssen. Wenn Ratten für diese Art von Forschung herangezogen werden, dann liegt das wie so oft daran, dass sie als Labortiere am praktischsten sind. Sie sind relativ günstig, können sehr leicht ersetzt werden und sind zweifellos von den Tieren, die für Experimente verwendet werden, am leichtesten manipulierbar. Ob sie nun wollen oder nicht. Nach ihrer Meinung hat keiner gefragt, die Ratten werden jetzt zu Kindermördern.

Dieses Verhalten kann, wie wir in der wissenschaftlichen Literatur zum Thema lernen, von der Mutter, von einem fremden Männchen oder einem fremden Weibchen an den Tag gelegt werden. Eigentlich müssten natürlich noch die Forscher und Labortechniker auf dieser Liste der Schuldigen auftauchen, die für die Euthanasie zuständig sind, wenn es zu viele Rattenkinder geworden sind, aber das würde in wissenschaftlichen Publikationen nur zu Verwirrung führen. Was die Mütter betrifft, hat man festgestellt, dass sie ihre Kinder töten können, wenn es sich um missgebildete Kinder handelt, wenn sie gestresst sind und ihre Umwelt

3 Vgl. folgende Artikel: Brown, R. E.: »Social and Hormonal Factors Influencing Infanticide and its Suppression in Adult Male Long-Evans Rats (Ratttus norvegicus)«, in: *Journal of Comparative Psychology* 100, 2, 1986, S. 155-161.
Mennella, J. A./Moltz, H.: »Infanticide in Rats: Male Strategy and Female Counter-Strategy«, in: *Physiology and Behavior* 42, 1, 1988, S. 19-28.
Mennella, J. A./Moltz, H.: »Pheromonal Emission by Pregnant Rats Protects against Infanticide by Nulliparous Conspecifics«, in: *Physiology and Behavior* 46, 4, 1989, S. 591-595.
Peters, L. C./Sist, T. C./Kristal, M. B.: »Maintenance and Decline of the Suppression of Infanticide in Mother Rats«, in: *Physiology and Behavior* 50, 2, 1991, S. 451-456.

als unwirtlich wahrnehmen oder aber wenn sie sehr hungrig sind, was dazu führt, dass sie ihre Kleinen fressen. Was wiederum die Männchen betrifft, gibt es die Hypothese, dass das Männchen mit dem Töten der Kleinen bewirkt, dass das Weibchen wieder fruchtbar wird, sodass sich das Männchen schneller fortpflanzen kann. Allerdings erklären die Forscher, dass festgestellt wurde, dass der Infantizid unterdrückt wird, wenn das Männchen während der Schwangerschaft des Weibchens zugegen war oder wenn es oft mit den kleinen Rattenkindern in Kontakt kommt, was bei ihm elterliche Gefühle weckt. Die letzte Gruppe der Tatverdächtigen sind die fremden Weibchen, die ihrerseits Infantizid begehen, um etwas zu fressen zu bekommen oder um das Nest der Mutter für sich in Beschlag zu nehmen. Wurden die Weibchen allerdings zusammen großgezogen, dann wird nicht nur selten Infantizid beobachtet, sondern dann helfen sie auch einander dabei, sich um die Kleinen zu kümmern.

Wenn man sich nun mit den Bedingungen auseinandersetzt, die zu einem solchen Verhalten führen, wird einem bewusst, dass die Bedingungen, von denen angenommen wird, dass sie Infantizid *hervorrufen* können, vor allem Bedingungen zu sein scheinen, die von den Forschern aktiv hergestellt wurden. Wer hatte die Idee, die Rättin auszuhungern? Wer hat dafür gesorgt, dass fremde Männchen zusammen mit Müttern, die gerade geworfen haben, in einem engen Käfig sitzen? Wer teilt die Ratten auf die Käfige auf, sodass am Ende fremde Weibchen direkt nebeneinander leben, und gibt ihnen dann auch noch nicht genug Material für mehr als ein Nest? Wie kommt es, dass die Umgebung stressig und unwirtlich ist? Wir können nicht leugnen, dass es sich hierbei um extreme Bedingungen handelt, die in Gefangenschaft entstanden sind, wenn nicht sogar um Bedingungen, die für ein Experiment hergestellt wurden, um Stress, Hunger, Feindschaft, Angst und so weiter zu erzeugen. Alles in allem sind das auf die Spitze getriebene pathologische Bedingungen, die ganz klar dem Ziel dienen sollen, das Verhalten der Tiere zu beeinflussen. Die Forscher wiederholen und variieren den Versuchsaufbau so lange, bis die Ratten das gewünschte Verhalten an den Tag legen. Wir haben es hier mit einer Tautologie zu tun: Infantizid ist das Verhalten, das zutage tritt, wenn all die Bedingungen, die zu Infantizid führen, gleichzeitig geschaffen werden, damit es zutage tritt! Der nächste große Schritt besteht darin, anzunehmen, dass diese Bedingungen als Erklärungen herhalten können. Bei der Lektüre der Artikel lässt sich gut erkennen, dass dieser Schritt unternommen wurde.[4] Dort, wo die Forscher die Umstände aufzählen, unter denen dem, was sie herausgefunden haben, zufolge Infantizid nicht stattfindet, können wir diese von ihnen geschriebenen Worte lesen: Dass *genau diese Bedingungen Infantizid verhindern*, nicht, dass Infantizid unter diesen Bedingungen nicht stattfindet, sondern dass diese Bedingungen ihn abwenden. Was bedeutet, dass sowohl der Infantizid als auch *Nicht-Infantizid* komplett aktiv induziert sind, weil beide Verhaltensweisen nicht auftreten, wenn die Bedingungen, die sie bewirken, nicht gegeben sind. Das lässt nur einen Schluss zu: Die Forscher haben schließlich angenommen, dass Infantizid das erwartbare, also normale Verhalten ist und dass *Nicht-Infantizid* das Verhalten ist, von dem herausgefunden werden muss, unter welchen Bedingungen es zutage tritt. Komisch, es so herum zu sehen. Die Ausnahme wird im experimentellen Rahmen zur Norm und das, was normalerweise passieren müsste, stellt auf einmal eine Ausnahme dar. Temple Grandin, die Expertin für Tiere aus der Viehzucht, würde dem sicherlich dasselbe lakonische Urteil entgegenstellen, das sie auch fällt, während es Viehzüchter nicht weiter kümmert, dass ihre Hähne ihre Hennen vergewaltigen und töten

4 Nebenbei bemerkt: Dass die Forscher von der Induktion des Verhaltens in einem Experiment darauf schließen, dass diese induzierten Bedingungen die Erklärung für das Verhalten sind, ähnelt der Vorgehensweise, die Philippe Pignare in Bezug auf neue Medikamente beschreibt. Dass ein Medikament zum Beispiel Depressionen effektiv behandeln kann, bedeutet noch lange nicht, dass der Forscher behaupten kann, er hätte die Ursache für Depressionen gefunden. Vgl. vor allem folgendes Buch: Pignarre, Philippe: *Comment la dépression est devenue une épidémie*, Paris 2001.

oder dass Lamas die Hoden ihrer Artgenossen abbeißen, nämlich: »Das ist nicht normal.« Wäre es nämlich normal, würde es in der freien Natur, wie sie sagt, keine Hähne und keine Lamas mehr geben.[5] Diese Argumentation könnten wir auch auf die Ratten ausweiten, die sich von ihrer Nachkommenschaft ernähren.

In dieser Umkehrung, was normal und was pathologisch ist, spiegelt sich das wider, was im Labor passiert ist. Die Forscher tun so, als würden sie nichts anderes tun, als aufzudecken, was bereits vor ihrer Arbeit da war, und berücksichtigen dabei nicht, dass die Bedingungen für den Infantizid direkt aus dem Versuchsaufbau erwachsen, dass der Infantizid das Resultat eines Vorgangs ist, bei dem die nötigen Bedingungen hergestellt werden, was aber in den Forschungsergebnissen nicht mehr erkennbar ist. Das wiederum autorisiert aber die Wissenschaftler dazu zu behaupten, sie dürften Generalisierungen von diesen Forschungsergebnissen auch für außerhalb des Labors ableiten: Dies sind die Bedingungen, die *im Allgemeinen* zu Infantizid führen, und dies sind die Bedingungen, die *im Allgemeinen* Infantizid verhindern. Infantizid ist somit ein spontanes, *natürliches* Verhalten geworden, vorausgesetzt natürlich, man verbirgt, dass die *Natur* in dieser Art von Versuchsaufbau künstlich hergestellt wird. Wir haben ja den Beweis: Damit die Kinder nicht getötet werden, dürfen jene Vorgänge nicht mehr da sein, die dazu geführt haben, dass sie einmal getötet wurden.

Das bedeutet selbstverständlich nicht, dass es in der freien Natur nie zu Infantizid kommt. Eben weil er in der freien Natur beobachtet wurde, wurden ja diese Forschungsprojekte erst in die Wege geleitet. Zurück zur Feldforschung. Ende der 1970er-Jahre machen die ersten Beobachtungen diesbezüglich die Forscher sprachlos und neugierig. Recht schnell entwickelt sich die Theorie, die ich bereits erwähnte: Männchen, die die Kinder eines anderen Männchens töten, dessen Harem sie an sich

5 Das Beispiel mit den vergewaltigenden Hähnen und den Hoden abbeißenden Lamas stammt aus: Grandin, Temple/Johnson, Catherine: *Animals in Translation*, Orlando 2006.

gerissen haben, bewirken damit, dass die Weibchen wieder fruchtbar werden, sodass sie sie schwängern und ihre Gene weitergeben können.

Diese Erklärung fußt auf der soziobiologischen Theorie einer intrasexuellen Konkurrenz, mit der Strategien erklärt werden, die eines der Geschlechter verfolgt, um seinen Rivalinnen oder Rivalen im Kampf um das Recht auf Fortpflanzung zu begegnen. Diese Theorie wurde in Bezug auf Löwen, Möwen, Menschenaffen, Languren und viele andere Tiere formuliert. Kennzeichnend für diese Theorie ist eine manische Besessenheit, die symptomatisch vor allem an einer auffälligen Tendenz zur Stereotypie zu erkennen ist. Alle Verhaltensweisen werden in einen Topf geworfen und die Tiere haben nichts anderes im Kopf, als ihre Gene überall zu verbreiten. Ihre Existenz ist voll und ganz auf die Notwendigkeit ausgelegt. Es ist nicht nur so, dass alles der Selektion zu dienen hat, sondern ein bestimmter Grund überwiegt, derjenige, der als Teil der *Anpassungs*-Strategien verstanden wird. Wir wollen uns gar nicht erst solchen Extravaganzen wie dem Singen, dem Sich-Lausen, dem Spielen, dem Sex oder dem Sonnenaufgang-Betrachten hingeben, Dinge, die man tut, einfach weil es so schön ist oder weil es in der Gruppe so Usus ist oder weil Ansehen, Mut und Beziehungen wichtig sind. Um hier nur ein Beispiel zu zitieren: Primatologen haben beobachtet, dass die Weibchen in einer Gruppe Schimpansen sich mit *allen* sexuell sehr aktiven Männchen der Gruppe paarten. Daraus folgerten sie, dass ... das eine Strategie ist, um Infantizid zu verhindern. Schließlich bestand ja bei jedem dieser Männchen die Möglichkeit, dass es der Vater war. Was für eine sittsame Interpretation. Die sexuellen Ausschweifungen zeugen in Wirklichkeit von der weisen Voraussicht dieser zukünftigen Mütter ... Diese Art von Hypothese zeugt von der unterschwelligen Präsenz naturwissenschaftlicher Reflexe und von machistischen oder viktorianischen Vorurteilen über weibliche Sexualität. Findet heraus, inwiefern das Verhalten einen Nutzen hat. Eine Art spießbürgerliche Moral der Evolution, die selbst unnütze Eskapaden überlebt und die Forscher bei jeder Verhaltensweise aufs Neue dazu verleitet, ihren adaptiven Nutzen zu suchen. Vermeidet es, Hypothesen aufzustellen, die nicht die Vorstellung untermauern, dass es auf lange Sicht einen Nutzen in Hinblick auf die Selektion gibt, wie zum Beispiel Hypothesen, bei denen es um Lust geht, um die Macht des sexuellen Begehrens oder schlicht um eine extrovertierte Sexualität. Eine Hypothese in Bezug auf Letztere würde vielleicht akzeptiert, wenn es um Männchen geht (obwohl man auch auch da sagen wird, dass es ihnen darum geht, ihr Erbe zu sichern), bei einem Weibchen braucht ihr aber gar nicht erst daran zu denken.

Kommen wir wieder zu den Languren. Zum ersten Mal wurde die Forschung auf das Thema Infantizid durch Beobachtungen gebracht, die ein japanischer Forscher, Yukimaru Sugiyama, in Indien gemacht hatte. Der Kindermord passierte, als die Gruppe gerade wichtige soziale Veränderungen durchlief. Diese Veränderungen waren, wohlgemerkt, auf die Initiative des Wissenschaftlers zurückzuführen. Sie waren die Folge einer *experimentellen Manipulation* der Gruppe. Sugiyama siedelte das einzige Männchen der Gruppe (ein Männchen, von dem er sagt, dass es das am höchsten gestellte, dominante Männchen in der Gruppe war, das diese als sein Harem geschützt und geleitet hatte) in eine andere Gruppe um, in der beide Geschlechter vertreten waren. Ich muss allerdings auch anmerken, dass solche Praktiken bei manchen Primatologen durchaus üblich waren, vor allem bei denen, die insbesondere von Hierarchien fasziniert waren (☞ *Hierarchien*). Infolge dieser experimentellen Manipulation wurde, wieder von Sugiyama, ein anderes Männchen in die Gruppe eingeführt, in der vorher das erste Männchen gewesen war, und dieses andere Männchen ergriff von dem Harem Besitz und tötete vier Jungtiere.

Wenig später beobachtet eine andere Forscherin, die Soziobiologin Sarah Blaffer-Hrdy, in Jodhpur ebenfalls bei Languren, wie Männchen Infantizide begingen.[6] Sie unterstützte die These, dass das Männchen

6 Blaffer-Hrdy, Sarah: »Infanticide among Animals: a Review, Classification, and Examination of the Implications for the Reproductive Strategies of Females«, in: *Ethology and Sociobiology* 1, 1, 1979.

auf diese Weise, durch Infantizid, die Fruchtbarkeit der Weibchen beeinflusst und die Verbreitung seiner Gene sichert. Zur selben Zeit arbeitete im Übrigen eine andere Forscherin, Phyllis Jay, in einer anderen Region Indiens ebenfalls mit Languren. Sie aber beobachtete keinen einzigen derartigen Vorfall. Aber sie gab einen Kommentar zu der Forschung der anderen ab, auf den ich später noch zurückkommen werde.

Ich würde gerne etwas näher auf die Art eingehen, wie Sugiyama seine Beobachtungen formuliert. Die Semantik, die er dabei verwendet, ist nicht zufällig gewählt. Darin spiegeln sich nicht nur gewisse Dinge wider, gewisse theoretische Annahmen, sondern diese Semantik lenkt auch die Wahl auf ganz bestimmte Bedeutungen. Von dem Geschehen zu sprechen, indem von dem Männchen gesagt wird, dass es »von dem Harem Besitz ergreift« und den Platz des »am höchsten gestellten, dominanten« Männchens einnimmt, das seinerseits »den Harem geschützt und geleitet hatte« (ich bleibe hier genau bei der Semantik, die Sugiyama verwendet, der seinerseits die übliche Terminologie verwendet), reiht sich bereits in eine bestimmte Tradition ein.

Es geht also nicht darum zu kritisieren, welche Worte er verwendet, sondern darum, pragmatisch an die Sache heranzugehen. In welche Tradition reiht sich diese Art von Tropen ein? Oder, um noch konkreter zu werden, könnte man, wenn man andere Tropen verwendet, dieses Narrativ neu strukturieren? Würden nicht andere Wörter dieses Narrativ weniger offensichtlich werden lassen? So bezeichnet der Begriff *Harem* normalerweise eine Gruppe, die aus einem Männchen und mehreren Weibchen besteht, mit denen das Männchen sich paart. Dass diese Semantik verwendet wird, impliziert ein ganz bestimmtes Szenario: Ein dominantes Männchen übt Kontrolle über seine Weibchen aus. Wer sagt aber, dass das Männchen die Weibchen aussucht? Dass er sie sich aneignet, dass er Besitz von ihnen ergreift? Niemand, solange nicht der Begriff *Harem* diese Bedeutung impliziert.[7]

7 Mit der Vorstellung, dass Sprache nicht unschuldig ist, und speziell dann nicht, wenn Begriffe wie Harem verwendet werden, beziehe ich mich unter anderem

Es wurde aber auch eine andere Möglichkeit vorgeschlagen, diese Form von sozialer Organisation zu beschreiben – vor allem von feministischen Forscherinnen, deren Arbeit mit der Hypothese der sexuellen Selektion von Darwin im Zusammenhang stand, nach der in der Regel die Männchen von den Weibchen ausgewählt werden. Um diese polygyne Organisation von Gruppen zu beschreiben, schlugen diese Forscherinnen folgendes Szenario vor: Wenn nur ein einziges Männchen nötig ist, um die Fortpflanzung zu sichern (und die Männchen kümmern sich ja auch sehr wenig um die Kleinen), wozu bräuchten die Weibchen dann überhaupt mehrere Männchen? Wenn doch eines genügt und dieses es ihnen außerdem ermöglicht, die anderen Männchen auf Distanz zu halten, ist es also ganz im Interesse der Weibchen, nur ein einziges Männchen auszusuchen, anstatt sich mit mehreren von ihnen zu belasten. Da haben wir also ein völlig anderes Narrativ als jenes mit dem Harem, ein Narrativ, das ebenso gut passt und außerdem mit der Perspektive Darwins übereinstimmt.

Aber diese Herangehensweise verändert nicht nur vollkommen die Perspektive, aus der erzählt wird, sondern es zwingt uns auch, die narrative Struktur selbst zu ändern. Das Narrativ, mit dem die durch den Wechsel der Männchen hervorgerufenen Folgen beschrieben werden, hat nichts mehr von der Evidenz, mit der es zuvor verbreitet wurde. Es handelt sich nicht mehr einfach um die Eroberung durch ein fremdes Männchen, das sich durchsetzt, Besitz von etwas ergreift und die Fruchtbarkeit der Weibchen durch Infantizid manipuliert.

Stattdessen können wir auch ein weiteres Narrativ in Betracht ziehen. Dieses Narrativ hat zwei Vorteile: Es macht die Problematik komplizierter und es bewirkt, dass die Problematik nicht mehr so eingleisig auf den Topos der Notwendigkeit zurückgeführt wird. Und damit ruht jetzt auch nicht mehr das gesamte Gewicht der Erklärung auf dem Infantizid.

---

auf Donna Haraway: »A Cyborg Manifesto: Science, Technology, and Socialist-Feminism in the Late Twentieth Century« [1985], in: *Simians, Cyborgs and Women: The Reinvention of Nature,* New York 1991, S. 149-181.

Dieser ist nicht länger der Beweggrund oder Auslöser, nicht länger ein Gehorchen angesichts einer unausweichlichen biologischen Notwendigkeit, sondern es könnte sich herausstellen, dass er lediglich eine von mehreren Folgen von etwas ganz anderem ist, von Dingen, die wir uns genauer anschauen sollten und die die auf *alles problemlos anwendbare* Hypothese beiseitelässt.

Diese Öffnung gegenüber einem alternativen Szenario für die Languren verdanken wir Phyllis Jay. Wie ich bereits erwähnte, erforschte Jay die Languren in einer anderen Region Indiens. Sie beobachtete dort keinen einzigen Infantizid, aber ihr Wissen über diese Tiere brachte sie dazu, sich in die wissenschaftliche Debatte einzumischen. Sie analysierte die Gegebenheiten, unter denen diese Fälle in der Natur beobachtet wurden. Sie berücksichtigte auch die Manipulationen, die im Rahmen der Experimente stattfanden, und den Kontext, in dem die Beobachtungen bei den Gruppen, die nicht manipuliert wurden, jeweils gemacht wurden. Eine minutiöse Analyse der Theorien und der Semantik, derer ihre Kollegen sich bedient hatten, sowie dessen, was mit den Languren passiert ist, lässt sie zu dem Schluss gelangen, dass es viel eher angebracht ist, Infantizid nicht als Strategie, sondern als eine Folge von etwas zu betrachten. Zum einen sollte der Infantizid Jay zufolge nicht im Kontext einer Machtergreifung verortet werden, denn das sind Begrifflichkeiten, die zu sehr das Narrativ beeinflussen. Hier wird es deutlich: Mit welchen Worten und auf welche Art und Weise man etwas sagt, ist wichtig und auf keinen Fall etwas, das zufällig passiert, wie Donna Haraway uns in Erinnerung gerufen hat (der ich einen Großteil dessen verdanke, was dem, was ich an dieser Stelle bisher geschrieben habe, zugrunde liegt[8]). Die narrativen Strukturen lenken unsere Aufmerksamkeit auf bestimmte Dinge und lassen andere in den

8 Ich folge in diesem Kapitel zu einem Teil der kritischen Analyse Donna Haraways, vgl. *Simians, Cyborgs, and Women. The Reinvention of Nature,* New York 1991 und *Primate Visions. Gender, Race, and Nature in the World of Modern Science,* New York 1990.

Hintergrund rücken. Wenn wir uns so sehr auf dieses Narrativ vom Harem und seiner Eroberung fokussieren, schenken wir dem, was infolge der Manipulationen im Experiment passiert sein kann, keine Aufmerksamkeit. Zum Beispiel, *dass das einzige Männchen aus der Gruppe gekidnappt wurde.* Vielleicht war es ein Anführer – aber was bedeutet es, der Anführer zu sein? Dass einem Respekt entgegengebracht wird, dass die anderen einen mögen? Ein friedliches Klima zu schaffen? Wenn es bei den Languren auch andere Möglichkeiten gibt, was offensichtlich der Fall ist, weil sie entweder in Gruppen mit mehreren Männchen und Weibchen oder in polygynen Gruppen leben können, und wenn die Hypothese, dass die Weibchen die Männchen aussuchen, richtig ist, und wenn diese Weibchen ganz besondere Bindungen mit diesem einen und keinem anderen Männchen eingegangen sind, dann kann man sich vorstellen, wie traumatisch diese Erfahrung für die Gruppe gewesen sein muss. »Unser Männchen wurde von Menschen entführt, die nicht aufhören, uns zu beobachten.« Jetzt ist wirklich alles möglich. Wenn wir es so betrachten, werden die Ursachen für den Infantizid sehr viel kontextabhängiger. Sie zwingen uns, die Tatsache zu berücksichtigen, dass sich eine Gesellschaft ständig wandelt, dass sie aktiv gebildet wird und dass das jederzeit mächtig schiefgehen kann, wenn verantwortungslose Menschen sich einmischen. Phyllis Jays Analyse der Gruppen, die nicht manipuliert wurden, stimmt mit dieser Analyse überein. Die Beobachtungen, die in diesen Gruppen gemacht wurden, erlauben den Rückschluss, dass die Infantizide mit allzu schnellen sozialen Veränderungen im Kontext einer zu hohen Bevölkerungsdichte zusammenfielen. Das heißt, sie fanden unter sehr stressigen Bedingungen statt, die an sich schon krankmachen. Nicht wenige der Infantizide gehen, wie sie außerdem schreibt, sogar mit dem Mord an den Weibchen einher. Die unkontrollierte Aggressivität des Männchens richtet sich also nicht nur gegen die Kleinen. Infantizid ist keine Form von evolutionärer Anpassung, sondern vielmehr das Zeichen, dass angesichts von zu starken und zu heftigen Veränderungen *keine Anpassung* stattfindet.

Phyllis Jays Erklärung setzte sich nicht durch. Die soziobiologische Theorie wurde in diesem Zusammenhang weiterhin vorgezogen. Im wissenschaftlichen Milieu schien sie zu erreichen, was sie beabsichtigte, was daran ersichtlich wird, dass wir den Eindruck haben, es mit einer Selbstverständlichkeit zu tun haben – wie ich anfangs anhand der populärwissenschaftlichen Texte gezeigt habe. Und doch: Die Kontroverse wurde nie ganz beendet. Auch nach Phyllis Jays Einwänden regt sich weiter Widerstand. Nachdem kurze Zeit Ruhe herrscht, was normalerweise das Indiz dafür ist, dass eine Kontroverse zu Ende ist, knüpft der Primatologe Robert Sussman wieder an die Diskussion an. Er nimmt ganz genau auseinander, in welchem Kontext jeder der Fälle sich ereignet hatte, von dem in der Primatologie berichtet worden war. Tödliche Angriffe auf Jungtiere sind seiner Analyse nach viel seltener, als man gedacht hatte, bekannt sind lediglich 48 Fälle. Und fast die Hälfte davon haben sich in der Region um Jodhpur ereignet. Überdies entsprechen nur acht der 48 Angriffe den Voraussagen der Anpassungs-Hypothese. Also fragt er: Ist es realistisch, derart seltene Ereignisse, die sich auch noch größtenteils auf einen bestimmten Ort zu beschränken scheinen, als Beispiele für eine adaptive Strategie anzusehen? Auffällig ist außerdem, dass deutsche Forscher, die in den 1980er-Jahren ebenfalls in dem Gebiet in Jodhpur, in dem Blaffer-Hrdy geforscht hat, Languren beobachteten, niemals gesehen haben, wie Jungtiere gewaltsam umkamen.

Anne Dagg, eine andere Wissenschaftlerin, bedient sich Ende der 1990er-Jahre für die Arbeit mit Löwen derselben Methode. Bis dahin hatten alle Forschungsprojekte mit Löwen für die Hypothese der sexuellen Konkurrenz plädiert. Anne Dagg stellt aber fest, dass in Wahrheit keiner der Fälle von Infantizid einen *typischen Fall* darstellt, von dem angenommen werden könnte, dass er die adaptionistische Hypothese untermauert. Ihre Forschung löste großen Ärger und Widerstand seitens ihrer Kollegen aus. Phyllis Jay mischte sich erneut in die Debatte ein. Sie schrieb einen Artikel, in dem sie zeigte, dass sich die Langurenkinder tatsächlich sehr für die Konflikte unter den Erwachsenen interessieren. So passierten die Unfälle oft nicht deshalb, weil die Kinder, wie man dachte, das Ziel von Angriffen aufgebrachter Erwachsener waren, sondern weil sie diesen *im Weg* waren.

Die Soziologin Amanda Rees hat den Verlauf der Diskussion nachgezeichnet[9] und merkt an: Es ist selten, dass eine Kontroverse im Bereich der Ethologie nicht irgendwann zur Auflösung kommt. Die Diskussion um den Infantizid ist also, was das angeht, ein besonderer Fall. Immer wieder wird sie neu aufgerollt. Da glaubt man gerade, sie hätte sich beruhigt und die Wissenschaft wäre zu einer Lösung gekommen, schon weigert sich wieder ein Wissenschaftler, zur soziobiologischen Theorie zu *konvertieren*, und beginnt die Debatte aufs Neue. Diese Unfähigkeit, ein Ende zu finden, ist umso verwunderlicher, da die beobachteten Fälle letzten Endes so rar sind. Und da sie mit jeder Analyse, die die Debatte neu aufrollt, sogar tendenziell noch seltener werden. Es stimmt schon, wie ich bereits andeutete, dass diese Frage auch eine politische ist, dass sie direkt mit bedeutenden Fragen der Menschheit verknüpft ist, die ihrerseits ebenfalls sehr kontrovers diskutiert werden. Schon die Interpretationen, die aus der Feldforschung selbst hervorgingen, ließen von Anfang an vermuten, dass sich die Politik in die Wissenschaft einmischt, wie Amanda Rees betont. Die Tatsache, dass Infantizid als eine Anpassungs-Strategie angesehen wurde, lässt auf eine machistische Ideologie schließen, wie man an der Art, wie die Soziobiologen die Fälle beschrieben, erkennen konnte. Müssen wir uns aber, wenn wir so politisch argumentieren, nicht auch fragen (wie es die Soziobiologen im Übrigen fordern), ob sich in der Absicht, Infantizid als einen Unfall anzusehen, nicht ein moralisches Urteil über die Natur widerspiegelt: »Eigentlich sollte so etwas nicht passieren«?

---

9 Vgl. Rees, Amanda: *The Infanticide Controversy: Primatology and the Art of Field Science*, Chicago 2009.

Ich bin mir nicht sicher, ob diese Art von Argumenten uns weiterhilft, vor allem, wenn sie so wenig konstruktiv oder kritisch sind. Sicher leisten sie einen Beitrag zu der Diskussion, aber eine derartige Dekonstruktion bewirkt, dass wir die wichtigsten Aspekte übersehen. Es handelt sich hier um zwei verschiedene Weisen, Forschung zu betreiben, zwei Methoden, die bei der Erforschung der betreffenden Tiere miteinander konkurrieren. Auf der einen Seite haben wir es mit einer Methode zu tun, die aus der Biologie und der Zoologie kommt und innerhalb einer und zwischen mehreren Spezies nach Gemeinsamkeiten und Invarianzen sucht. Die Tiere sollen dabei generalisierbaren Gesetzen und einigermaßen eindeutigen Beweggründen gehorchen, die routinemäßig interpretiert werden können. Diese Praxis lagert zugleich eine verbreitete Laborpraxis aus und führt sie fort, nämlich die, in der Natur die Wiederholbarkeit der Ereignisse herzustellen (wobei diese in Bezug auf den jeweiligen Ort alle als identisch betrachtet werden). So wie auch im Labor alle Experimente wiederholt werden können. Diese Forderung beruht auf der Überzeugung, dass alle Kontexte letztlich äquivalent zueinander sind. Für diese Methode muss die Natur dem Forschung-Betreiben unterworfen werden, so wie im Labor die Labortiere unterworfen werden (☞ *Labor*). Auf der anderen Seite konkurriert mit dieser Praxis eine andere, die ihrerseits aus der Anthropologie kommt und deren Art, zu denken und zu handeln, übernommen hat. Sie macht sich daran, konkrete Einzelfälle bei Tieren zu erforschen, sie setzt auf Flexibilität, interpretiert jedes Ereignis als individuelles Problem, dem die Tiere gegenüberstehen und dem sie zu begegnen versuchen (☞ *Reaktion*). Auch hier geht es um Politik, aber um Politikwissenschaft und um die Politik der Beziehungen zu den Nicht-Menschlichen. Während übrigens für Erstere, die Soziobiologen, jedes Milieu *a priori* gleich zu behandeln ist und die Anpassungs-Strategien und vorprogrammierten Beweggründe das Verhalten steuern, haben Letztere hingegen in Betracht gezogen, dass die Industrialisierungs- und Globalisierungsprozesse, die es ihnen ermöglichen, zu reisen und in weit entfernten Gebieten zu forschen, genau dieselben sind, mit denen sich auch ihre Tiere konfrontiert sehen (woran man sieht, dass ihre Methoden wirklich aus der Anthropologie stammen). Diese Prozesse haben einen Einfluss auf die Leben dieser Tiere und verändern sie auf entscheidende Weise. Sie zerstören ihren Lebensraum, bringen Tourismus und Urbanisierung mit sich. Es geht nicht darum zu leugnen, dass sich diese Tiere wie alle Lebewesen mit biologischen Notwendigkeiten arrangieren. Es geht darum, ihren konkreten Existenzbedingungen Rechnung zu tragen, Bedingungen nicht in einem kausalen Sinn, sondern in dem Sinne, dass sie bewirken, dass ihr Leben so ist, wie es ist. Ein Leben, das heute mehr denn je für jedes dieser Tiere ein Leben *mit uns* ist, ein Leben, zu dessen Verletzlichkeit wir beitragen. Und genau in diesem Sinne ist auch Infantizid ein politisches Problem.

O wie **originell**

Ist das, was Vögel machen, Kunst?

Kann es sein, dass Tiere Kunstwerke erschaffen können? Die Frage ist nicht weit von der entfernt, ob Tiere Künstler sind (☞ *Anmut*).

Überprüfen wir das nun, als Mutmaßung, in einem Experiment; stellen wir erneut die Frage nach der Intention, die generell jedem Werk vorangehen muss. Braucht es eine *Intention*, um ein Werk zu erschaffen, und wenn ja: Ist die Intention des Künstlers entscheidend für das, was aus ihm den Schöpfer eines Werks macht, oder nicht? Die Frage auch in Bezug auf Tiere zu stellen, hat den Vorteil, dass wir dazu gebracht werden, zu zweifeln und innezuhalten. Bruno Latour hat uns für diese Art von Zweifel sensibilisiert und er schlägt vor, erneut darüber nachzudenken, wer handelt, wenn wir davon sprechen, *zu machen, dass jemand handelt*.

Denken wir an die prachtvollen Lauben der Graulaubenvögel – es lohnt sich. Umso mehr noch, da sie davon zeugen, dass diese Vögel für ihre Werke einige unserer Artefakte in ihre Kreationen einarbeiten. Wenn man sich die fertigen Arbeiten einmal genauer anschaut (man muss nur den Namen des Vogels in irgendeine Suchmaschine eingeben), dann fällt dank der Aufnahmen, die Biologen gemacht haben, auf, dass bei der Kreation nichts dem Zufall überlassen ist. Alles ist so angeordnet, dass die Illusion von Dreidimensionalität entsteht. Diese soll den Biologen zufolge bewirken, dass der in seiner Laube tanzende Vogel größer wirkt, als er ist. Wir haben es also mit einer Show zu tun, die richtig in Szene gesetzt wird, einer richtigen, komplexen künstlerischen Kreation. Einer durchdachten Architektur, einem ästhetischen Gleichgewicht, dem Schaffen einer Illusion, die bestimmte Effekte erzielen soll, und einer Choreografie, die das Werk vollendet. Insgesamt das, was der Philosoph Étienne Souriau zweifellos als *Poetik der Bewegung* bezeichnet hätte. Man denke bei dieser so klug orchestrierten Illusion von Dreidimensionalität daran, welchen Sinn Souriau Simulakren zuschrieb. Dies sind, schreibt er, »Orte der Mutmaßung über Bedeutungen«, die so deutlich wie nichts anderes in der Natur auf eine Fähigkeit hinweisen: die *Fähigkeit, aus dem Nichts heraus in dem Wunsch nach jemand anderem das Sein zu erschaffen.*

Das Sein in dem Wunsch nach jemand anderem aus dem Nichts heraus erschaffen. Geht es dabei um ein Werk in dem Sinne, in dem wir es verstehen, und wäre der Vogel in diesem Sinne der wahre Künstler, der Urheber dieses originellen Werks (☞ *Varianten*)? Ich lasse behelfsweise die trockenen und langweiligen Diskussionen beiseite, in denen sich darum bemüht wird, das Tier wieder auf den Instinkt zu reduzieren (☞ *Forschung*), und die uns jene kausalen, deterministischen und biologischen Erklärungen für die geleistete Arbeit liefern. Nebenbei bemerkt: Die Soziobiologen haben auch versucht, diese Erklärungen auf die Menschen anzuwenden. Jegliche Handlung, jegliches Werk sei lediglich das Ergebnis eines Programmes, dem uns unsere Gene unterwerfen, mit dem Ziel, die Arterhaltung zu sichern (☞ *Notwendigkeit*). Ich überlasse es dem Leser, dies in weniger sorgfältig gewählte Worte zu übersetzen. Da diese Erklärungen einen derart bitteren Nachgeschmack haben und eine derartige Verkümmerung hervorrufen, sollten wir sie auch nicht auf die Nicht-Menschen anwenden, die in den verschiedenen Theorien schon genug malträtiert wurden![1]

1 Der Ausdruck des *theoretischen Malträtierens* geht auf Françoise Sironi und ihre Arbeit in einer Klinik mit trans Frauen und Männern zurück. Eine Analogie zwischen dem, was Menschen, und dem, was Tieren passiert, herzustellen, ist immer gefährlich. Doch Sironi beschreibt damit jene Psychologen, die »Theorien aufstellen« (über die Personen, die eine Metamorphose anstreben und

Ich könnte wiederum auch darauf zurückgreifen, wie der Kunstanthropologe Alfred Gell die Frage zwar nicht in Bezug auf Tiere, aber in Bezug auf die Herstellung von Kunst in Kulturen, die das Hergestellte nicht als Kunst ansehen, stellt.[2] Die von Gell vorgestellte Problematik ist, wenn ich sie etwas knapp zusammenfasse, die folgende: Wenn wir als Kunst betrachten, was von der institutionalisierten Kunstwelt als solche wahrgenommen und akzeptiert wird, wie sollen wir dann mit dem umgehen, was in anderen Gesellschaften hergestellt wird und das *wir* als Kunst betrachten, wenn ebendiese Gesellschaften diesen Objekten nicht diese Bedeutung beimessen? Würden wir diese Objekte nicht als Kunst betrachten, würden wir den anderen wieder, wie wir es lange getan haben, einen primitiven Status zuweisen, in dem sie ihre primitiven Bedürfnisse spontan und auf kindliche Weise ausdrücken. Es aber doch zu tun, zwingt, wie Gell erläutert, den Anthropologen, der die Herstellung von Objekten in anderen Kulturen erforscht, dazu, diesen Kulturen einen vollkommen ethnozentrischen Referenzrahmen aufzuzwängen. Tatsächlich wird, wenn wir jedes hergestellte Objekt in seinen kulturellen Rahmen einordnen, aus dem sich die jeweiligen Kriterien und Regeln des Geschmacks ergeben, das Problem nicht gelöst, wenn wir bedenken, dass manche dieser Objekte weder für diejenigen, die sie herstellen, noch für diejenigen, für die sie hergestellt werden, einen ästhetischen Wert haben. Einfacher gesagt ist zum Beispiel ein Schild für *sie* keine Kunst, aber für *uns* ist es das.

---

denen sie eigentlich helfen sollen) und die jene, die sich an sie wenden, in ihren misstrauischen und beleidigenden Theorien diskreditieren und somit zu ihrem Leid beitragen. Insofern kann die Analogie gelten, ohne jemanden zu beleidigen. Diese »entmenschlichenden« Theorien haben konkrete Folgen für die Tiere, sei es auf direkte (☞ beispielsweise: *Labor*) oder sei es auf indirekte Weise, dadurch, dass sie es legitimieren, im Umgang mit den Tieren keine Rücksicht zu nehmen (es sind ja letztendlich nur Tiere; ☞ demgegenüber *Genie*). Interessierten Lesern empfehle ich eine Lektüre über das Abenteuer jener politischen Klinik, die *zum Nachdenken anregt*: Sironi, Françoise: *Psychologie(s) des transsexuels et des transgenres*, Paris 2011.

2 Gell, Alfred: *Art and Agency: An Anthropological Theory*, Oxford 1989.

Wie kommen wir aus dieser Sackgasse heraus? Gell schlägt vor, die Problematik neu zu definieren. Die Anthropologie ist das Studium der sozialen Beziehungen. Wir sollten also beginnen, die Herstellung von Objekten innerhalb dieser Beziehungen zu erforschen. Um aber nicht wieder in eine Sackgasse zu geraten, wie ich es eben beschrieben habe, müssen wir die Objekte selbst als soziale *agents* mit bestimmten Eigenschaften, die wir sozialen *agents* zuschreiben, betrachten. Gell versucht also, die Frage nach der Intentionalität nicht mehr in dem engen Rahmen zu stellen, den unsere Wahrnehmung vorgegeben hatte, und öffnet das Konzept eines *agent* (also eines *Lebewesens mit Intentionen*) für noch andere als die Menschen.

Ein verzierter Schild hat, um die Frage nach Objekten, die für uns einen ästhetischen Wert haben, wieder aufzunehmen, im Rahmen des Kampfes, in dem er verwendet wird, diesen Wert nicht. Er bereitet Angst, er fasziniert und fesselt den Feind. Er bedeutet nichts, symbolisiert nichts, er handelt und bringt zum Handeln. Er berührt und transformiert. Er ist also ein *agent*, ein Vermittler anderer *Agencys*. Das Konzept der *Agency* (was der französische Übersetzer des Buchs *Art and Agency* als *intentionalité*, *Intentionalität* übersetzt) dient also nicht länger dazu, Lebewesen (die, die ontologisch *agent*, ein handelndes Subjekt, wären, eine Intentionalität besitzen, und die, die ontologisch Patiens wären und Letztere nicht besitzen) zu klassifizieren. Die *Agency* (oder Intentionalität) ist relational, variabel und immer kontextgebunden. Nicht nur das Werk kann faszinieren, fesseln, bezaubern, die Zielperson in eine Falle locken. Sondern die in der Materie des zu vollbringenden Werks selbst enthaltene *Agency* kontrolliert den Künstler, der von da an die Rolle des Patiens übernimmt. Wenn ich Gell mit Bruno Latours Terminologie begreife, macht das Werk, dass gehandelt wird. Der Schild macht, dass der Künstler handelt (er lässt *sich* von ihm zum Handeln bringen), er macht, dass derjenige, der ihn benutzt, handelt (er könnte ihn zum Beispiel im Kampf kühner werden lassen) und er macht, dass der befeindete Krieger handelt (er fasziniert, ängstigt, fesselt ihn). Wir sind in unserer Beziehung zu den Werken Gell zufolge den autochthonen Völkern auf den Antillen ziemlich ähnlich, die der Anthropologe Edward Burnett Tylor beschrieben hat: Sie behaupteten, die Bäume würden die Magier rufen und sie anweisen, Idole aus ihren Stämmen zu schnitzen.

Indem er auf diese Weise Intentionalität zuweist, knüpft Gell in gewisser Hinsicht, aber mit der deutlich sichtbareren Vorsicht einer Mutmaßung, an das an, was Étienne Souriau vorgeschlagen hat. Letzterem zufolge zwingt sich das Werk dem Künstler auf oder, wenn ich Gells Terminologie verwenden sollte, »ist es der *agent*«, seine Intentionen herrschen vor, und der Künstler ist der Patiens. Wenn ich jedoch an dieser Stelle die Frage stellen möchte, ob eine Form von Kunst bei Tieren möglich ist, und dieser Frage mit aller Ernsthaftigkeit nachgehen möchte, dann muss ich Gell beiseitelassen und mich Souriau widmen. Denn wenngleich Gell Intentionalität oder *Agency* neu zuschreibt, so reduziert er doch, einige lobenswerte Versuche ausgenommen, diese Neuzuschreibung auf die Beziehung zwischen Werk und Rezipient. Er schreibt: »Die Anthropologen haben schon lange festgestellt, dass soziale Beziehungen, damit sie überdauern, auf etwas *Unvollendetem* beruhen müssen. Beim Austausch als einer bindenden sozialen Kraft ist das Wesentliche die Verzögerung oder die zeitliche Differenz zwischen den Transaktionen, die, wenn die Beziehung, in der der Austausch stattfindet, überdauern soll, nie in perfekter Reziprozität resultieren sollten, sondern immer in einer Art fortwährender Imbalance.« Er fährt fort: »So ist es bei [dekorativen] Mustern; sie verzögern die Wahrnehmung oder bringen sie sogar ganz zum Erliegen, sodass das verzierte Objekt nie vollständig besessen wird, sondern der Prozess der Aneignung stets fortgeführt wird. Das führt meiner Ansicht nach zu einer biografischen Beziehung, einem nicht beendeten Austausch, zwischen dem verzierten Gegenstand [der von daher sowohl Objekt und *Werk* als Träger von Intentionen ist] und dem Rezipienten.« Kurzum: Der hypothetische Sprung, der die Intentionen zwischen dem Werk und dem Künstler aufteilt, wird nicht bis zum Ende ausgeführt, da Gell sichtlich zögert, aus uns Antillenbewohner, aus Künstlern Magier und aus einem Werk einen fordernden *agent* zu machen.

Bei Souriau wird die Frage ganz anders gestellt, als er auf seiner Konferenz *Du mode d'existence de l'œuvre à faire* von 1956 mit scheinbar ähnlichen Worten von der existenziellen Unfertigkeit von allem spricht.[3] Aber die Unfertigkeit des Werks verortet Souriau zunächst nicht zwischen Werk und Rezipient, sondern zwischen dem zu erschaffenden Werk und demjenigen, der sich für es aufopfern wird, demjenigen, der »sich für es verbürgen müssen wird«. Dem dafür Verantwortlichen. Die zu erschaffenden Werke sind reale Lebewesen, deren Existenz aber verlangt, dass sie auf eine andere Ebene gehoben werden. Sie zeichnen sich durch einen Mangel an Existenz aus, sei es nur deshalb, weil sie lediglich über eine physische Existenz verfügen. Das Werk ist, oder anders gesagt, fordert seine Vollendung in einem anderen Modus der Existenz.

Können wir Souriaus Überlegungen auf die Problematik der Tiere als Künstler anwenden? Souriau hat diese Frage in einem Buch bereits antizipiert: *Le Sens artistique des animaux* (*Der Sinn für Kunst bei Tieren*).[4] Bereits auf den ersten Seiten gibt er Hinweise, in welchem Sinne seine Antwort ausfällt: »Ist es wirklich blasphemisch zu denken, dass Kunst kosmischen Ursprungs ist und dass sich in der Natur große *errichtende* Kräfte finden, die mit ihr einhergehen?« Der Begriff *errichten* ist nicht zufällig gewählt. Souriau hat nicht von schöpferischer oder etwa konstruierender Kraft gesprochen (auch wenn er die Begriffe manchmal als bedeutungsgleich gebraucht, aber dies noch lange vor dem Konstruk-

3 Vgl. Souriau, Étienne: *Les Différents Modes d'existence*, Paris 1943, deutsche Übersetzung: *Die verschiedenen Modi der Existenz*, Lüneburg 2009.

4 Souriaus Buch ist ein kleines Meisterwerk, das immer noch sehr aktuell ist. Souriau, Étienne: *Le Sens artistique des animaux*, Paris 1965. Aus diesem Buch stammen auch die verschiedenen Tierbeispiele und die entsprechenden Zitate und das gesamte Kapitel ist stark von Étienne Souriau inspiriert.

tivismus, der Begriff *konstruieren* ist noch nicht derart mit Bedeutung aufgeladen). *Er-richten* bedeutet etwas anderes.

Das Werk *fordert*, wie ich eben zitiert habe, *seine Vollendung in einem anderen Modus der Existenz*. Diese Vollendung fordert einen Akt des Errichtens. In diesem Sinne existiert das Sein des Werks, wenn man sagen kann, dass der Schöpfer die schöpferische Tätigkeit *ausführt*, dennoch schon, bevor der Künstler es vollendet hat. Nur kann dieses Sein nicht aus sich selbst heraus entstehen. »Errichten, das bedeutet, einem Weg zu folgen. Wir bestimmen, welches Sein wird, indem wir dem Weg folgen«, schreibt er weiter. »Das Sein, das erwacht, fordert seine eigene Existenz ein. Bei alledem muss sich der *agent* dem Willen des Werks beugen, diesen Willen erahnen, sich selbst zugunsten dieses autonomen Seins verleugnen, das er seinem eigenen Existenzrecht nach zu befördern versucht.«

Zu sagen, dass Kunstwerke errichtet werden, bedeutet somit weder, die Kausalität auf etwas anderes als sich selbst zu beziehen, noch, sie zu leugnen. Es bedeutet, darauf zu pochen, dass der Künstler nicht das Werk verursacht, das Werk aber auch nicht nur aus sich selbst heraus entsteht. Der Künstler trägt die Verantwortung, die Verantwortung desjenigen, der empfängt, aufsammelt, der vorbereitet, der die Form des Werks erkundet. Mit anderen Worten: Der Künstler ist in dem Sinne verantwortlich, dass er lernen musste, sich für das Werk und dessen Vollendung oder das Scheitern des Prozesses, in dem es zu einem Werk wird, zu verbürgen.

Wenn wir nun zu unserer Frage zurückkommen, können wir uns vorstellen, von natürlichen Lebewesen als den Schöpfern von Werken zu sprechen? Zwar scheint sich Souriau, wenn er sich dieser Frage in dem Buch über den Sinn für Kunst bei Tieren widmet, teilweise hinter einer Form von Vitalismus zu verschanzen, die vor allem in den Kommentaren zu den Bildern auffällt (»Das Leben ist der Künstler, der Pfau ist das Werk«). Wenn wir aber, davon einmal abgesehen, wieder auf die Vögel zurückkommen, dann stoßen wir neben einem Foto, das einen Zebrafinken zeigt, der gerade ein Nest baut, auf diese wunderliche Deutung: »Der Ruf des Werks.« Hier handelt es sich offensichtlich nicht mehr um eine abstrakte Natur, sondern um ein Lebewesen, das etwas errichtet, sich für den fordernden Wunsch eines Werks nach Vollendung verbürgt (dafür verantwortlich ist). Unter dieser Überschrift erläutert Souriau: »Das Nest wird oft zu zweit gebaut und der Nestbau ist essenziell für die Balz. Manchmal aber beginnt ein lediges Männchen das Werk alleine.« Später kann ein Weibchen dazukommen und ihm helfen, präzisiert er anschließend, und in diesem Sinne ist das Nest ein Werk der Liebe oder, korrigiert er sich, eher der »Schöpfer der Liebe. Das Werk ist der Vermittler.«

Wenn wir in diesem Zusammenhang so, wie er es tut, auch von der Liebe sprechen, bekomme ich Lust, das weiter auszuführen. Das Werk hat tatsächlich die Macht, diejenigen, die an seiner Vollendung mitwirken, zu fesseln. Hier wird uns also eine völlig andere Instinkttheorie angeboten. Eine Instinkttheorie, die weit davon entfernt ist, das Tier zu etwas Mechanischem zu machen und auf biologische Determinismen zu reduzieren, und, hypothetisch, viel ergiebigere Analogien bietet.

Kehren wir noch einmal kurz zu diesen Nestern der Laubenvögel zurück, die ich erwähnte, und greifen wir die Frage da wieder auf, wo wir sie haben stehen lassen, ordentlich verheddert zwischen Instinkt und Intentionalität. Ich beantworte nicht die Frage, ob diese Vögel Künstler sind. Das ist nicht länger, was mich an der Problematik interessiert. Wenn ich eines von Gells Beispielen, das mit den Schilden, aufgreifen würde, dann könnte man von diesen Nestern, der Analogie folgend, sagen, dass sie Objekte sind, die fesseln, die transformieren, die von Liebe erfüllte Lebewesen hervorbringen oder die einander verlieben lassen, die faszinieren, die Auswirkungen haben. Wenn ich aber dem Weg folge, den Souriau vorschlägt, und mich nicht für die Beziehung zum Rezipienten, sondern für das interessiere, was der Akt des Errichtens an diesem Nest hervorbringt, dann kann ich zudem vorschlagen, dass der Laubenvogel von dem Werk, das es zu erschaffen gilt, gefesselt ist und dass dessen Forderung zu existieren von diesem Werk diktiert wird. »Das muss sein.«

Zwar bevorzugen wir eher die Vorstellung, dass das Werk etwas ist, das nur einige wenige erschaffen, dass es weniger verbreitet ist, denn so denken wir über Kunst, als etwas, das im Grunde daran gemessen wird, wie außergewöhnlich es ist. Der Mangel an Außergewöhnlichkeit rechtfertigt zweifelsohne das so leidige Zurückgreifen auf das Argument, dass es sich hier, wenn es alle machen, um einen Instinkt handelt. Es stimmt schon, ein Werk zu erschaffen, hängt für diese Vögel mit lebenswichtigen Fragen zusammen, das Erschaffen des Werks ist für jeden Vogel die Bedingung dafür, dass seine Gene weitergegeben werden. Kein Werk, keine Nachkommen, die ihrerseits Werke erschaffen. Doch verwechseln wir nicht die Bedingung dafür, dass Gene weitergegeben werden, mit der Existenzbedingung, verwechseln wir nicht das, was das Werk möglich macht, mit seinem Zweck. Oder aber: Vergessen wir das Konzept des Instinkts, aber behalten wir sorgfältig in Erinnerung, welches Gefühl dieser in uns auslöst, ein Gefühl, als stünden wir einer Gewalt gegenüber, der wir uns beugen müssen, so, wie wir es manchmal angesichts der Liebe tun. Welches utilitaristisches Ziel wir diesen Werken auch zuordnen können mögen, wir wissen, dass die Vögel dieses utilitaristische Ziel nicht im Sinn haben (es sind Ursachen, die immer erst *a posteriori* festgestellt werden können, eine bequeme Art zu rationalisieren, die, wenn sie auch aus Sicht der Biologie passend ist, nichts ist, wovon wir sagen könnten, dass das für sie von Relevanz ist). Der Instinkt fordert und verbirgt zur gleichen Zeit die Aufforderung der Sache, zu handeln. Da ist etwas Höheres im Spiel. Wir werden gefangen genommen, einige Künstler kennen das. Das muss jetzt gemacht werden. Punkt.

P wie

Punkte

Wie bringen wir Elefanten dazu, Spiegel zu mögen?[1]

Was könnten Maxine, Patty und Happy auf der einen und Harvey, Lily, Gerti, Goldie und Schatzi auf der anderen Seite gemeinsam haben? Wenig. Erstere sind Asiatische Elefanten in ihren Dreißigern, Letztere noch recht junge Elstern. Erstere leben im *Bronx Zoo*, Letztere in einem Labor in Deutschland. Unterschiede scheint es vorhersehbarerweise unendlich viele zu geben, aber es gibt eine überraschende Gemeinsamkeit: Man hat ihnen einen Spiegel hingestellt und manche von ihnen schienen Interesse daran zu haben, sich darin zu betrachten, Happy bei den Elefanten und Gerti, Goldie und Schatzi bei den Elstern. Harvey seinerseits hat vor dem, was er für eine Artgenossin hielt, einige Verführungsmanöver gestartet, verlor dann irgendwann den Mut, korrigierte seine Meinung darüber, welches Geschlecht der da vor ihm, der alle seine Bewegungen nachahmte, hatte, und griff ihn schließlich einfach an. Lily fackelte weniger lange und ging direkt zum Angriff über. Nach einigen gescheiterten Versuchen verloren die beiden Elstern das Interesse.

Am ersten Tag noch versuchten Gerti, Goldie und Schatzi zwar ebenfalls herauszufinden, ob die oder der *andere* ein soziales Wesen war und

1 Die Überlegungen, die in diesem Kapitel ausgeführt werden, sind eine Fortführung eines Kapitels aus einem anderen Buch: Despret, Vinciane: »Des intelligences contagieuses«, in: Birnbaum, Jean: *Qui sont les animaux?*, Paris 2010, S. 110-122.

adäquat reagierte. Beim zweiten Mal aber verschob sich das Interesse der drei Elstern deutlich. Sie haben natürlich hinterm Spiegel nachgeschaut, man kann ja nie wissen. Sie haben sich das Bild, das sie da sahen, ganz genau angeschaut, und dann haben sie den entscheidenden Beweis gefunden, um das Rätsel zu lösen. Sie haben weniger vorhersehbare Bewegungen gemacht, ihre Körper hin- und hergewiegt, sind gehüpft und haben sich mit einem Bein gekratzt. Man kann nicht sicher sein, welche Folgerungen diese drei Elstern aus der Sache gezogen haben, aber offensichtlich hatten sie verstanden, dass die oder der andere da vor ihnen nicht wirklich jemand *anderes* war. Jetzt zu behaupten, sie wüssten, dass sie es waren, ginge noch einmal einen Schritt weiter. So einen Schritt geht man im Labor nicht so einfach. Man nimmt Vögel nicht einfach beim Wort oder folgt einer Intuition, und ergäbe sie noch so viel Sinn. Ein Beweis muss her und er muss eindeutig sein. Helmut Prior, Ariane Schwarz und Onur Güntürkün, die Forscher, machten sich also daran, sich einen Test zu überlegen und mit den Elstern durchzuführen.[2]

Diesen Test kennt heutzutage fast jeder. Er beruht auf den Experimenten, die der Psychologe George Gallup Ende der 1960er-Jahre mit Schimpansen durchgeführt hat. Der Test ist simpel, auch wenn er schon viele Komplikationen verursacht hat. Nachdem der Schimpanse zunächst an den Spiegel gewöhnt wurde, narkotisiert man ihn und malt ihm dann einen grünen Punkt auf die Stirn. Als er wieder aufwacht, weiß er nicht, dass er dort diesen Punkt hat. Dann stellt man ihm den Spiegel hin. Wenn er jetzt auf seiner eigenen Stirn nach dem Punkt sucht, kann man folgern, dass er begriffen hat, dass das Spiegelbild ihn selbst zeigt. Bei den Elstern wird der Test vereinfacht. Die Forscher beschließen, die Anästhesie zu umgehen. Statt der Farbe platzieren sie einen kleinen farbigen Aufkleber auf ihrem Hals, direkt unterm Schnabel. Der Aufkleber ist gelb, rot oder schwarz und wird so angeklebt, dass man sicher sein

2 Vgl. Prior, Helmut/Schwarz, Ariane/Güntürkün, Onur: »Mirror-Induced Behavior in the Magpie (Pica pica): Evidence of Self-Recognition«, in: *PLOS Biology* 6, 8, 2008. (Online verfügbar)

kann, dass die Elstern ihn selbst dann nicht sehen, wenn sie den Kopf herunterbeugen. Einer der drei Wissenschaftler hält dem Vogel die Augen zu, während ein anderer den Aufkleber anbringt.

In jedem der Fälle ist die Unternehmung gelungen. Harvey und Lily unternehmen, wie man angesichts ihrer bisherigen Performance schon ahnen kann, nichts gegen den Aufkleber. Aber Goldie und Gerti (und auch, etwas weniger motiviert, Schatzi) versuchen, ihn loszuwerden. Zuerst mit dem Schnabel, und, als das nicht gelingt, mit einem ihrer Beine. Diese Elster haben sich selbst im Spiegel erkannt. Sie sind sich also ihrer selbst bewusst, oder, wie es Gallup ausdrückt: Sie haben eine *Theory of Mind*.

Bei den Elefanten ist es ziemlich schwierig, das alles zu organisieren. Hinzu kommt, dass ein anderer Forscher, der Experte für Primatologie Daniel Povinelli, diesen Test bereits kurz zuvor mit zwei Asiatischen Elefantinnen durchgeführt hat. Sie haben ihn nicht bestanden. Jedoch waren sie sehr wohl fähig zu verstehen, wie man diese Vorrichtung verwenden kann: Povinelli hatte in einem vorherigen Versuch Futter so versteckt, dass die Elefantin es nur im Spiegel sehen konnte. Die Elefantinnen hatten sehr genau verstanden, wie sie ihn benutzen mussten. Der Bezug zum Spiegel wurde also nicht durch visuelle Probleme verhindert. Offensichtlich scherten sie sich aber nicht um die Aufgabe. Der Primatologe Frans de Waal, sein Student Joshua Plotnik und die Delfin-Expertin Diana Reiss versuchen, die Erfolgschancen zu erhöhen.[3] Was verleitet sie dazu, ein Experiment noch einmal durchzuführen, das zum Scheitern verurteilt zu sein scheint? Zwei meiner Studenten an der Universität Brüssel, Thibault De Meyer und Charlotte Thibaut, haben sich mit dieser Frage beschäftigt und die Artikel und Protokolle zu jedem der Experimente sorgfältig analysiert.[4] Ihnen zufolge wagen Plotnik und

3 Plotnik, Joshua/de Waal, Frans/Reiss, Diana: »Self-recognition in an Asian Elephant«, in: *Proceedings of the National Academy of Sciences* 103, 2006.

4 Charlotte Thibaut, zu der Zeit Studentin im Anthropologie-Master, und Thibault De Meyer, der an der Freien Universität Brüssel Philosophie studierte,

seine Kollegen einen neuen Versuch, weil sie sich auf eine Beobachtung verlassen, die die Expertin für Afrikanische Elefanten Cynthia Moss gemacht hat. Demnach sind Elefanten empathiefähig. Sie hat zahlreiche Fälle beobachten können, die das bestätigen. Empathie kann nun aber mit der Möglichkeit in Zusammenhang gebracht werden, jemand anderem mentale Zustände und Wünsche zuzuschreiben, sie kann also ein Hinweis darauf sein, dass Elefanten eine *Theory of Mind* haben könnten (☞ *mogeln*). Nun berichten meine Studenten: Povinelli erwähnt diese Beobachtung. Aber er findet sie nicht glaubwürdig. Das ist nur eine *Anekdote*, sagt er. Wir haben es hier also offensichtlich mit zwei unterschiedlichen Herangehensweisen zu tun und es wundert mich nicht, dass dieser Unterschied auf zwei Forschungsbereiche entfällt: Povinelli ist jemand, der Experimente im Labor durchführt, und Plotnik und seine Kollegen sind Feldforscher (☞ *Forschung;* ☞ *Labor;* ☞ *clever*).

Als Nächstes fragen sich die drei Forscher, warum Povinellis Elefantinnen den Spiegeltest nicht bestanden haben. Es ist nicht ausgeschlossen, dass der Spiegel zu klein oder so weit außerhalb des Käfigs platziert worden war, dass sie mit ihren Rüsseln nicht darankamen. Sie achten also darauf, dem Elefanten einen Spiegel in seiner Größe zu geben und ihn nicht außerhalb, sondern innerhalb des Käfigs zu platzieren. Maxine, Patty und Happy bekommen einen Spiegel. In der ersten Phase schauen sie ihn sich von allen Seiten an und versuchen sogar, sich auf ihn zu stellen, was ihre Tierpfleger und die Forscher sehr beunruhigte, wussten sie doch nicht, ob die Wand, gegen die der Spiegel gelehnt war, das aushalten würde. Und: Genauso wie die drei schlauen Elstern führen auch die Elefanten auf sich selbst ausgerichtete Handlungen durch. Sie betrachten sich dabei, wie sie vor dem Spiegel fressen. Sie machen ungewöhnliche, monotone Bewegungen mit ihrem Rüssel und ihrem Körper und bewegen ihren Kopf rhythmisch hin und her.

---

haben im Kurs »Éthologies et sociétés« im Jahr 2011 unter dem Titel *Les Éléphants asiatiques se reconnaissent-ils? Jouer avec des miroirs* eine engagierte Arbeit zu diesem Thema vorgelegt.

Dann kommt der Tag, an dem sie den Punkt verpasst bekommen. Maxine schaut sich an, berührt den Punkt und berührt ihn in den kommenden Minuten immer wieder. Die zwei anderen scheinen sich darauf nicht einlassen zu wollen.

Zwei Elstern und ein Elefant haben also den Test mit Bravour bestanden, zwei Elstern und zwei Elefanten haben ihn nicht bestanden und bei einer Elster lässt es sich nicht genau sagen. Das Experiment ist also gelungen. Es mag verwunderlich erscheinen, dass ich hier von Gelingen spreche. Wenn ich es als das bezeichne, beziehe ich mich sowohl auf das Desinteresse, das Harvey, Lily, Maxine und Patty an dem Test haben, als auch auf die eindeutig positiven Resultate bei Goldie, Gerti und Maxine. Denn alle, sowohl die, die sich wiedererkennen, als auch die, die das nicht tun, sind wichtig, um von Gelingen sprechen zu können. Ich spreche von Gelingen, weil es auch Misserfolg gab. Darin, dass dieser Misserfolg möglich war, und in dem, was die Wissenschaftler damit anfangen, spiegelt sich wider, wie robust das Experiment ist und wie viel Bedeutung es hat. Hätten den Test alle Elstern und alle Elefanten bestanden, dann könnten wir nicht aufgrund dieses Tests Elstern und Elefanten zuschreiben, dass sie sich im Spiegel wiedererkennen können. Anders gesagt: Aus Sicht der Forscher sind die Ergebnisse des Experiments noch überzeugender, wenn einige der Tiere an dem Test gescheitert sind. Und ich für meinen Teil könnte sonst nicht mit solcher Überzeugung, mit der ich es gleich tun werde, behaupten, dass das Experiment wirklich interessant ist und die Forscher, ihre Elstern und ihre Elefanten intelligenter macht.

Beginnen wir zunächst mit dem Offensichtlichen, mit dem, was wir ohne jegliche Ambiguität als Gelingen bezeichnen, das heißt: Mit dem, was die Forscher über dieses Gelingen sagen.

Ich werde mich an das halten, was die Züchter der Elstern sagen. Es überrascht einen, in Bezug auf Vögel derartige Aussagen zu hören: »Wenn Elstern nach denselben Kriterien wie Primaten beurteilt werden«, schreiben sie, »dann sind sie zu Selbsterkenntnis fähig und befinden sich somit kognitiv gesehen *auf unserer Seite* des Rubikon.« Ich glaube, dass die Metapher mit dem Fluss Rubikon hier sehr wörtlich genommen werden kann: Diese Geschichte ist episch, es gibt Eroberungen und es gibt Siege. Ein großes Ereignis, eine Grenze wird überschritten und überquert. Der Würfel ist gefallen. Die Elstern, *Picae*, sind also die ersten Vögel, die die Grenze zwischen den Lebewesen, die sich selbst erkennen, und jenen, die das nicht tun, überschreiten. Anhand dieses Abenteuers wird aber noch eine andere Geschichte gesponnen: Eine Geschichte, die die Rabenvögel und die Primaten nach knapp dreihundert Millionen Jahren, die vergangen sind, seit ihre taxonomischen Gruppen getrennt wurden, wieder vereint. Die Elstern sind jetzt auf *unserer Seite* des Rubikon, kognitiv gesehen. Nachdem wir lange Zeit dachten, der Mensch wäre der einzige, der über diesen ontologischen Schatz, das Selbstbewusstsein, verfügt, waren wir nun dazu übergegangen, zu akzeptieren, dass vielleicht auch die Primaten darüber verfügen könnten. Als nächstes folgten (wie so oft in der Ethologie hatten sich die besonderen Fähigkeiten schnell auf andere Lebewesen übertragen[5]) die Delfine, die Orcas und, wohlgemerkt, die drei Elefanten, die in dieser Hinsicht einen zweijährigen Vorsprung vor den Elstern hatten. Bis dahin hatten wir geglaubt, dass nur Säugetiere über diese Fähigkeit verfügten. In der Einleitung sagen die Autoren übrigens, es gebe einen »kognitiven Rubikon für die Menschenaffen und einige andere Spezies, die ein komplexes Sozialverhalten an den Tag legen, auf der einen Seite und den Rest des Tierreichs auf der anderen Seite.« Diese Hierarchisierung hatte man übrigens biologisch nachweisen können, weil man sie mit dem Vorhandensein und der Ausprägung des Neokortex bei Säugetieren in Verbindung gebracht hatte.

Kommen wir jetzt darauf zurück, dass Harvey, Lily, Maxine und Patty den Spiegeltest nicht bestanden haben, was, wie ich zu zeigen versuche, für mich auf das Gelingen des Experiments hindeutet. Zuerst einmal ist anzumerken, dass ihr Nicht-Bestehen, wenn wir die Autoren

5 Vgl. Despret, Vinciane: *Bêtes et Hommes*, Paris 2007.

fragen, weit davon entfernt ist, die Glaubwürdigkeit der Resultate zu gefährden, sondern dass es sie, ganz im Gegenteil, untermauert. Von den 92 Schimpansen, die Povinelli in einem Forschungsprojekt vor dem mit den Elefanten dem Test unterzogen hatte, haben nur 21 sich so verhalten, dass klar bewiesen war, dass sie sich selbst im Spiegel musterten, bei neun war das weniger eindeutig erkennbar, und von den 21 Tieren, die sich im Spiegel musterten, bestand nur die Hälfte den Test mit den Punkten.

Wenn wir uns aber dieses Nicht-Bestehen, das ich als Gelingen bezeichne, noch etwas genauer ansehen, dann möchte ich eine Besonderheit dieses Experiments hervorheben, die noch zu dem, was ich als gelungen bezeichne, hinzukommt. Dieses Experiment fällt anscheinend, wie auch andere, die so ähnlich sind, durch einen Aspekt besonders auf, der an einem Indiz sofort erkennbar ist: Es ist ein Experiment, bei dem Einzigartigkeit zum Tragen kommt. Harvey, Lily, Goldie, Gerti und Schatzi, Happy, Maxine und Patty haben nichts mit den anonymen Massen zu tun, die als Beweis für die spezifischen Besonderheiten einer Spezies herhalten sollen. Was bedeutet, dass das Nicht-Bestehen von denen unter ihnen, die sich nicht im Spiegel erkennen, nicht nur darauf hinweist, dass wir uns mit Generalisierungen zurückhalten müssen. Das Experiment zeigt, dass Elstern (manche Elstern, oder noch genauer: manche von Hand aufgezogene Elstern) und manche Asiatische Elefanten (die in ihren Dreißigern sind und in einem Zoo aufgezogen wurden) unter ganz bestimmten, für Elstern und Elefanten ganz besonderen Umständen, die streng nach Protokoll hergestellt werden (das standardisiert und mit zahlreichen Anmerkungen verstehen ist, die sich am Ende des Artikels, in den Ausführungen zur Methodologie, finden), eine ganz neue Fähigkeit entwickeln können (☞ *Labor*). Aber gleichzeitig zeigen diese Elstern und diese Elefanten, die sich nicht im Spiegel erkennen, wie großartig diese Art von Experimenten ist. Wir haben es hier nämlich mit Experimenten zu tun, bei denen es darum geht, eine Fähigkeit zu entwickeln. Der Versuchsaufbau *bestimmt* nicht, welches Verhalten die Tiere sich aneignen. Er bewirkt, dass sie die Gelegenheit dazu haben.

Wenn nämlich *alle* Elstern und Elefanten den Test bestanden hätten, könnte das zwei Dinge bedeuten: Entweder ist das Verhalten biologisch determiniert oder es ist künstlich hergestellt worden. Das Experiment sagt aber in Wahrheit überhaupt nichts darüber aus, was in der Natur der Elster oder des Elefanten liegt. Es zeigt uns nicht: Elstern und Elefanten haben ein Selbstbewusstsein. Es zeigt uns lediglich, welche Umstände diese Transformation begünstigen. Die Fähigkeit entsteht nicht einzig und allein aus der Natur dieser Tiere heraus (sicherlich ist es schon wichtig, ob sie Elstern oder Elefanten statt Tauben sind, aber wenn die Fähigkeit in ihrer Natur verankert wäre, würden sich alle von ihnen im Spiegel erkennen), noch verdanken wir sie einzig dem Versuchsaufbau (dieser würde die Elstern und Elefanten in dem Fall dazu *gezwungen* haben, sich im Spiegel zu erkennen). Sie entsteht dadurch, dass unter bestimmten ökologischen Bedingungen Fähigkeiten erst entwickelt werden. Deshalb ist das Nicht-Bestehen so wichtig!

Mit anderen Worten: Wenn alle den Test bestanden und die Forscher auch alle erforderlichen Maßnahmen getroffen hätten, könnte man immer noch den Verdacht haben, dass die Ergebnisse nur künstlich hergestellt worden sind. Von einem möglicherweise künstlich hergestellten Ergebnis würde ich sprechen, wenn es sich um einen *Erfolg* statt um das *Gelingen* des Experiments handelt. Ja, die Hypothese wurde bestätigt, das Experiment ist ein Erfolg. Aber es ist nur deshalb ein Erfolg, weil das Tier die Hypothese bestätigt, nachdem ihm bestimmte Zwänge auferlegt wurden. Um eine einfache Definition für solche künstlich hergestellten Ergebnisse zu geben, können wir sagen, dass das Tier zwar auf den Forscher antwortet, dabei aber eine ganz andere Frage beantwortet, als der Forscher an es gestellt hat. Auch achten die Forscher, um auf unsere Elstern zurückzukommen, genau darauf, dass gar nicht erst die Möglichkeit besteht, dass die Tiere ihre Hypothese nur bestätigen, weil sie sich etwas unterwerfen. Bei Tauben wurde bereits sehr ähnliches

Verhalten erreicht, wie es der Spiegeltest mit den Punkten hervorruft. Jedoch wird, wie Prior und seine Kollegen schreiben, deutlich, wenn man den Versuchsablauf analysiert, dass die Tauben eine unwahrscheinlich große Anzahl an Versuchen durchlaufen haben, die sie konditioniert und so ein Verhalten hervorgerufen haben, das den Eindruck erweckte, sie würden sich im Spiegel erkennen. Die Tauben haben getan, was wir von ihnen wollten, aber aus völlig anderen Gründen als angenommen, nicht aufgrund einer bestimmten Fähigkeit. Ihre Antwort ist eine Antwort auf eine andere Frage. Es ist anzumerken, dass bei derartigen Themen und einer derartigen Vorgehensweise die Versuche oft unendlich oft wiederholt werden. Die Wissenschaftler mussten also mit ihren Elstern eine gewagte Vorsichtsmaßnahme treffen: Diese durften nur an ein paar Versuchen teilnehmen. Ihr Verhalten muss, wie die Forscher selbst sagen, *spontan* sein und nicht das Ergebnis *blinden* Lernens, was es unmöglich macht, die Hypothese zu bestätigen, dass wir es hier mit einer höheren kognitiven Fähigkeit zu tun haben könnten.

Dass Harvey, Lily, Maxine und Patty den Spiegeltest nicht bestehen, zeigt also, wie ergiebig dieser Test ist. Die am Experiment beteiligten Elstern und Elefanten konnten sich dem Angebot, das ihnen gemacht worden war, widersetzen. Dadurch, dass es den Versuchsobjekten gestattet ist, störrisch zu sein,[6] wird der Versuchsaufbau für Überraschungen geöffnet und dabei einem Risiko ausgesetzt. Bei den Tauben gab es kaum Risiken. Sie sind mit das allerbeste Beispiel für die Effizienz von Konditionierung. Sie alle zeigen angesichts des Spiegels die erwartete Reaktion, wenn man sie ihnen erst einmal beigebracht hat. Aber der Preis ist hoch, der Forscher kann nicht mehr behaupten, dass das so entstandene Verhalten autonom wäre. Es ist voll und ganz vom Versuchsaufbau bestimmt.

Dass Harvey, Lily, Maxine und Patty den Spiegeltest nicht bestehen, ist also ein Zeichen dafür, dass das Experiment hervorragend gelungen

6 Den Begriff Störrigkeit [récalcitrance bzw. recalcitrant, Anm. d. Übers.] habe ich von Bruno Latour übernommen. Vgl. Latours Vowort zum Buch: Stengers, Isabelle: *Power and Invention*, Minneapolis 1998.

ist. In der Autonomie des entstandenen Verhaltens (das, was die Wissenschaftler als *Spontaneität* bezeichnen) spiegelt sich die Tatsache, dass der Versuchsaufbau eine notwendige, aber nicht hinreichende Bedingung dafür ist, dass es entsteht. Natürlich würden es ohne Spiegel, ohne Arbeit, ohne Zähmung, ohne Punkte, ohne Tests und ohne Beobachtungen keine Elstern oder Elefanten geben, die sich selbst erkennen. Werden aber die Elstern oder Elefanten durch den Versuchsaufbau zu etwas gezwungen, dann kann das nicht als Beweis dafür gelten, dass sie sich von konditionierten Tieren unterscheiden. Wie sie sich von Letzteren unterscheiden, wird also durch einen Begriff ausgedrückt, der zwar schlecht definiert ist, aber viele mögliche Homonyme hat, wodurch sich eine Menge an Anwendungsmöglichkeiten und Mutmaßungen ergeben: Vonseiten der Tiere besteht *Interesse*. Wir wissen nicht, was an diesem Test das Interesse jener Elstern und jener Elefanten, die sich im Spiegel erkannt haben, geweckt haben könnte, und wir könnten jetzt zahlreiche Hypothesen dazu aufstellen. Aber die Frage ist genauso spannend, wenn wir sie andersherum stellen: Warum wurde das Interesse derjenigen Tiere, die sich nicht im Spiegel erkannten, nicht geweckt? Wenn die Forscher die Frage so stellen, dann fragen sie nach einer zur gleichen Zeit epistemologisch und ethisch (im etymologisch gesehen weiten Sinne des Begriffes *ethos*) geleiteten Aufmerksamkeit, nach *Gewohnheiten* und *richtigem Verhalten*. So halten sie es für möglich, dass das Nicht-Bestehen der Elefanten mit ihren Gewohnheiten begründet werden könnte. Ein Punkt auf der Stirn ist ihnen egal, weil Elefanten in Bezug auf Sauberkeit andere Gewohnheiten haben als Vögel oder Schimpansen. Ihre Körperpflege-Routine besteht nicht darin, Schmutz zu entfernen, sondern darin, sich mit Schlamm und Staub zu bewerfen, um sich zu waschen – ohne dabei besonders auf Details zu achten. Wenn da irgendwo ein kleiner Punkt ist … Dass Thibault De Meyer und Charlotte Thibaut die jeweilige Umsetzung des Versuchsaufbaus analysiert und verglichen haben, hat außerdem einen wichtigen Unterschied zwischen dem, wie sich dieser bei Povinelli auf der einen und bei den Teams von De Waal und de Prior auf der anderen

Seite dargestellt hat, zum Vorschein gebracht. Bei Letzteren konnten die Tiere den Spiegel berühren. Meinen zwei Studenten zufolge konnten sie so eine emotionale Beziehung dazu aufbauen. Ich bin mir nicht sicher, ob ich es auch so ausdrücken würde, aber es wird eine andere Terminologie nahegelegt, eine Terminologie, die aus dem Begriffsfeld des *Affekts* kommt: Sie konnten sich *be-rühren* lassen. Weil die Wissenschaftler auf ihre Gewohnheiten achteten, konnten diese Tiere mit dem Gegenstand *spielen*, was bedeutet, dass sie damit auf fantasievolle, forsche, affektive, emotionale und konkrete Weise sehr unterschiedliche Gewohnheiten entwickeln konnten. Und genau dadurch, dass sie immer mehr solcher Gewohnheiten entwickelten, konnten irgendwann ihre Gewohnheiten auf die unsrigen treffen. Denn wir sollten nicht vergessen, dass Spiegel etwas sind, das aus unseren Gewohnheiten hervorgegangen ist. Wir können nicht mit Sicherheit sagen, ob jene Elstern und Elefanten sich, als sie sich im Spiegel wiedererkannten, selbst darin gefunden haben. Aber sie sind dabei auf jeden Fall uns begegnet.

Q wie queer
Haben Pinguine ein Coming-out?

Queer: seltsam, merkwürdig, nicht ganz richtig, verdächtig. Gebrauch: Das Wort queer wurde zunächst im frühen 20. Jahrhundert mit der Bedeutung homosexuell gebraucht. [...] In den vergangenen Jahren hat die Community das Wort aber bewusst anstelle der Wörter gay und homosexuell verwendet, in dem Versuch, dem Wort, indem sie es in einem positiven Sinn verwendet, das Negative zu nehmen.

New Oxford American Dictionary

Im *Edinburgh Zoo* lebte zwischen 1915 und 1930 eine Gruppe Pinguine. Eine Gruppe von Zoologen beobachtete sie all diese Jahre über mit großer Geduld und Sorgfalt und gab direkt am Anfang jedem der Pinguine einen Namen. Vor der Namensgebung aber wurde jeder von ihnen einer sexuellen Kategorie zugeordnet. Je nachdem, welche Paare sich gebildet hatten, wurden die einen Andrew, Charles und Eric genannt, ... und die anderen Bertha, Ann, Caroline und so weiter.

Als aber immer mehr Jahre ins Land gingen und die Forscher immer mehr Beobachtungen gemacht hatten, schienen immer beunruhigendere Dinge Unordnung in diese schöne Welt zu bringen. Zuerst einmal waren die Pinguine, wie man sich eingestehen musste, anhand von einer etwas kurz gedachten Unterstellung in Kategorien eingeteilt worden: Einige von den Paaren bestanden nicht aus einem Pinguin und einer »Pinguinin«, sondern aus zwei Pinguinen. Ein Identitätswechsel (durch die menschlichen Beobachter, nicht durch die Vögel) von nahezu shakespearischer Komplexität. Ausgerechnet da beschlossen die Pinguine auch noch, der Sache ihren eigenen Stempel aufzudrücken und das Ganze noch komplizierter zu machen. Sie wechselten die Partner. Nach sieben Jahren, in denen die Forscher die Tiere in Frieden beobachtet hatten, mussten sie also feststellen, dass *alle* Zuweisungen bis auf eine Ausnahme falsch waren! Man machte sich also daran, in großem Stil die Namen zu ändern. Andrew wurde in Ann umbenannt, aus Bertha wurde Bertrand, Caroline wurde Charles, Eric verwandelte sich in Erica. Und Dora blieb Dora. Eric und Dora, die friedlich den Alltag miteinander teilten, hießen von jetzt an Erica und Dora. Bertha und Caroline hingegen, von denen man schon seit Längerem wusste, dass sie homosexuell waren, trugen von jetzt an die Namen Bertrand und Charles.

Unserem Bild von der Natur konnten diese Beobachtungen allerdings nichts anhaben. Homosexualität blieb ein im Tierreich nur selten vorkommendes Phänomen, und diese Pinguine mussten mit Sicherheit einige dieser pathologischen Fälle sein, wie man sie hie und da in der Viehzucht und in Zoos beobachtet und von denen man sich sicher sein kann, dass sie darauf zurückzuführen sind, dass die Tiere in Gefangenschaft leben. Was hervorragend zu den psychopathologischen Theorien passt, die Homosexualität bei Menschen mit einer geistigen Krankheit vergleichen. Homosexualität war natürlich gegen die Natur, wie man ja an der Natur sehen konnte. Aber es schien, als hätte die Natur in den 1980er-Jahren ihre Meinung geändert. Überall fand sich in diesen Jahren homosexuelles Verhalten. Zweifelsohne müssen wir die ausgesprochen fatalen Folgen der *queeren* Revolution und der amerikanischen Homosexuellen-Bewegungen in genau diesen Jahren bedenken, die arme, unschuldige Kreaturen mit ihren Ideen infiziert haben mussten.

Wir sollten die Frage jedoch anders stellen: Warum wurde bis dahin keine Homosexualität in der Natur gesehen? Der Essayist Bruce

Bagemihl zieht in einem Buch mit dem Titel *Natural Exuberance*[1], das er nach intensiver Forschungsarbeit zu der Frage schrieb, welche Tiere kürzlich ihr Coming-out hatten, mehrere Hypothesen in Betracht. Am Anfang erkannte man ihm zufolge die Homosexualität nicht, weil man nicht mit ihr rechnete. Es gab keine einzige Theorie, mit der man den Fakten begegnen konnte. Homosexuelles Verhalten wirkte wie ein Paradoxon der Evolution, weil diese homosexuellen Tiere ja ihr genetisches Erbe nicht weitergeben. Das zeugt in der Tat von einem sehr engen Verständnis von der Sexualität einerseits und von der Homosexualität andererseits. Und zwar, was die Sexualität angeht, deshalb, weil Tiere demnach nur dann Pärchen bilden, wenn es dabei um Fortpflanzung geht. Der strengste aller Götter sollte es also geschafft haben, dass die Tiere so tugendhaft sind wie kein einziger seiner gläubigen Menschen. Tiere tun etwas demnach nur, wenn es ihnen etwas für ihr Überleben oder ihre Fortpflanzung bringt (☞ *Notwendigkeit;* ☞ *originell*). Es zeugt außerdem von einem engen Verständnis von der Homosexualität, weil sich homosexuelle Tiere demnach ausschließlich für Partner desselben Geschlechts interessieren, und zwar mit geradezu orthodoxer Strenge.

Zudem war für diejenigen, die Beziehungen mit einem Partner desselben Geschlechts beobachteten, eine funktionalistische Erklärung als Rechtfertigung ideal, und diese hatte außerdem den Vorteil, dieser Art von Verhalten das Sexuelle zu nehmen. Als ich Studentin war, brachte man uns im Ethologie-Kurs bei, dass es nichts Sexuelles ist, wenn ein Affe einem anderen seine Genitalien zeigt und sich »besteigen« lässt (wie man es auch bei Kühen sagt). Das sei einfach eine Art, seine Dominanz oder Unterwürfigkeit zu zeigen, je nachdem, welche Position er innehat.

Im Übrigen gibt es noch einen weiteren Grund, der nicht unerheblich gewesen sein muss. Tatsächlich beobachteten die Forscher deswegen sehr selten homosexuelles Verhalten in der Natur, weil es nur sehr selten

1 Vgl. Bagemihl, Bruce: Biological Exuberance. Animal Homosexuality and Natural Diversity, London 1999. Aus diesem Buch habe ich auch das Beispiel mit den Pinguinen aus dem *Edinburgh Zoo*.

zu sehen ist. Es ist nicht so, dass es selten wäre, aber man sieht es nicht. Genauso, wie man nur sehr selten heterosexuelle Verhaltensweisen beobachtet, weil Tiere, die ja in diesem Moment sehr verwundbar sind, *es* normalerweise im Verborgenen tun. Sie vermeiden, dabei gesehen zu werden, umso mehr, da der Mensch als potenzielles Raubtier wahrgenommen wird. Da offensichtlich jedes Jahr Junge geboren werden, hat niemand jemals angezweifelt, dass Tiere sexuelle Wesen sind, auch wenn man dies nur in sehr seltenen Fällen beobachtete. Selten bedeutet aber nicht »überhaupt nicht«, auch nicht in Bezug auf homosexuelles Verhalten. Wie kommt es, dass das in den Forschungsberichten so lange Zeit nicht erwähnt wurde? Die Primatologin Linda Wolfe hat ihre Kollegen Ende der 1980er-Jahre zu diesem Thema befragt. Mehrere von ihnen gaben, unter der Voraussetzung, anonym zu bleiben, an, dass sie homosexuelles Verhalten sowohl bei den Männchen als auch bei den Weibchen beobachtet hatten, dass sie aber Angst vor homophoben Reaktionen und davor hatten, am Ende selbst als Homosexuelle beschimpft zu werden.

Wenn wir uns diese Gründe ansehen, müssten wir berechtigterweise annehmen, dass die *queere* Revolution etwas verändert hat. Sie hat die Vorstellung möglich gemacht, dass es durchaus Verhalten geben kann, das nicht strikt heterosexuell ist, und sie hat die Forscher dazu ermutigt, danach zu suchen und davon zu sprechen. Mittlerweile sind von den Delfinen über die Makaken bis zur Hühnergans, vom Mexikanischen Häher, den Möwen und den Insekten bis zu den Pavianen und natürlich den berühmten Bonobos Hunderte von Tierarten Teil dieser Revolution.

Gleichzeitig haben die Tiere in ihrer Sexualität von etwas profitiert, das ich ihre »kulturelle Revolution« nennen will. Nachdem sie bisher davon ausgeschlossen wurden, können Tiere heute für sich beanspruchen, an einer kulturellen Ordnung teilzuhaben. Sie haben handwerkliche Traditionen (zum Beispiel bei Werkzeugen und Waffen), Lieder, die gerade in Mode sind (wie zum Beispiel bei Walen), Jagdpraktiken, Essgewohnheiten, pharmazeutische und dialektale Praktiken, die Gruppen eigen sind, die nun als »Kulturkreise« bezeichnet werden, Praktiken, die erworben und weitergegeben werden, die verloren gehen, einen Aufschwung erleben und bei denen es immer wieder neue Erfindungen gibt. Sexualität wird von nun an auch in den Kanon der kulturellen Errungenschaften aufgenommen, die homosexuelle Variante von Sexualität inbegriffen. Sexuelle Akte werden, beispielsweise bei den Weibchen der Rotgesichtsmakaken, auf unterschiedliche Weise vollzogen: In manchen Rudeln scheinen gewisse Praktiken beliebter zu sein und sie werden weiterentwickelt und immer wieder verdrängen neue Praktiken die alten. Einige *Traditionen* beziehungsweise Modelle sexueller Aktivität können erfunden und dann über ein Netzwerk sozialer Interaktion hinaus weitergegeben werden, und sich so innerhalb von Gruppen und Populationen, geografischen Räumen und Generationen verbreiten. Bagemihl zufolge konnten sexuelle Innovationen in einem nicht auf Reproduktion ausgerichteten Kontext zur Entwicklung anderer für die kulturelle Evolution wichtiger Ereignisse beitragen, vor allem zur Entwicklung von Kommunikation und Sprache sowie dazu, dass Tabus und gesellschaftliche Rituale geschaffen wurden. So konnte man bei den Bonobos fünfundzwanzig verschiedene Zeichen einer Zeichensprache erkennen, mit denen die Tiere dem anderen bedeuteten, dass es sich gerne nähern kann, welche Position sie gerne hätten, und so weiter. Diese Zeichen können ikonisch und ihre Bedeutung sofort erkennbar sein, aber manche Zeichen sind verschlüsselter, und damit der Partner sie versteht, muss er sie bereits kennen. Die Geste, mit der der Partner gebeten wird, zurückzukommen, besteht zum Beispiel, in einer Gruppe, aus Drehbewegungen der Hand nach innen. Wegen der Intransparenz und Stilisierung dieser Bewegung liegt es nahe, dass es sich um abstrakte Symbole handelt. Dass die Handbewegungen in einer bestimmten Weise angeordnet sind, die ebenfalls wichtig ist, führt zu der Hypothese, dass Tiere eine Syntax verwenden. Die Organisation ihrer Beziehungen wiederum scheint durch komplexe Codes gekennzeichnet zu sein. Bagemihl zufolge sind die Regeln, was zu unterlassen ist, bei manchen Tierarten unterschiedlich, je nachdem, ob es sich um hetero- oder homosexuelle

Beziehungen handelt. Was bei der einen Art von Partner nicht erlaubt zu sein scheint, kann, wenn es um andere Beziehungen geht, sehr wohl erlaubt sein.

Sich mit der Vielfalt dieser Praktiken auseinanderzusetzen, wie Bagemihl es tut, ist eindeutig eine politische Angelegenheit, und das in vielerlei Hinsicht.

Einerseits macht diese Vielfalt aus der Sexualität, die ursprünglich in den Bereich der Natur gehörte, etwas, das nunmehr im kulturellen Bereich zu verorten ist. Das ist ein wichtiger Zug, der einen vor die Wahl stellt. Es geht nicht nur darum, dass die Homosexualität nicht mehr den Psychopathologien zugeordnet werden oder keine Frage der Justiz mehr sein soll (in einigen Staaten der Vereinigten Staaten wurde sie weiterhin gerichtlich verfolgt, wie wir sehen werden). Bagemihl lehnt es aber ab, nach der Hand zu greifen, die man ihm reicht, und sucht sich keine Verbündeten, die strategisch dazu beitragen könnten, die Homosexualität zu entpathologisieren und zu entkriminalisieren. Mit der ausgestreckten Hand kommt ein simples Angebot: Wenn Homosexualität etwas Natürliches ist, dann ist sie weder pathologisch, noch sollte sie bestraft werden. Das Argument, sie sei nichts Natürliches, wurde übrigens während eines Prozesses von einem Richter in Georgia im Fall Bowers gegen Hardwick verwendet. Bowers war inflagranti bei homosexuellen Handlungen erwischt und daraufhin verurteilt worden, und eines der Argumente, mit denen die Anklage begründet worden war, lautete, dass der betreffende Akt etwas Unnatürliches sei. Homosexualität zu etwas Natürlichem zu machen, könnte einiges neu arrangieren. Für Bagemihl geht aber, auch wenn Homosexualität etwas Natürliches sein sollte, die Gleichung »Was natürlich ist, ist auch richtig« nicht auf. Die Natur sagt uns nicht, dass das, was ist, auch so sein *muss*. Sie kann unsere Fantasie beflügeln, aber uns nicht zum Handeln zwingen. Die Ironie des Ganzen ist übrigens bemerkenswert. Obwohl sich Bagemihl dieser Unterstützung verweigert, wird sein Buch im Jahr 2003 während eines Prozesses des Staates Texas gegen zwei Homosexuelle, Lawrence und seinen Partner, zur Sprache gebracht. Die beiden waren nach einer Beschwerde wegen nächtlicher Ruhestörung von der Polizei zusammen im Bett erwischt worden. Sie wurden auf der Grundlage des Urteils im Fall Bowers gegen Georgia wegen Homosexualität angeklagt. Die texanischen Richter allerdings folgen nicht dem Urteil aus dem vorangegangenen Prozess und widersprechen dem Argument, dass Homosexualität nicht natürlich sei, unter anderem anhand von Bagemihls Buch.[2] Am Ende des Prozesses wurde das Gesetz zur Verfolgung der Sodomie für verfassungswidrig erklärt.[3]

Der Autor von *Natural Exuberance* hatte andere, weniger theoretische Gründe, Homosexualität nicht als etwas Naturgegebenes bezeichnen zu wollen. Bagemihl selbst ist nicht nur homosexuell. Er ist *queer*. Um ihn zu zitieren: Ihn interessiert »eine Welt, die unverbesserlich vielfältig ist. In der es erlaubt ist, verschieden zu sein, die das Unnormale und das Ungewöhnliche honoriert, ohne etwas Vertrautes oder Kontrollierbares daraus zu machen.« Besser kann man nicht definieren, was *queer* zu sein bedeutet. Es ist eine politische Absicht. Und diese politische Absicht betrifft nicht nur Menschen. Sie betrifft die ganze Welt, die uns umgibt. Sie betrifft unsere Art, mit dieser Welt zu interagieren, und somit auch die Art, wie wir sie begreifen, wie wir Wissen praktizieren. Bagemihl wägt die Risiken ab, die es mit sich bringt, anzu-

2 Die Bezugnahme auf Bagemihls Buch wird allerdings nicht erwähnt. Sie wird jedoch von anderen Quellen bestätigt. Die *American Psychological Association* (APA) hat auf Bitte des Gerichts im Verfahren eine Rolle eingenommen, die im amerikanischen Recht *amicus curiae* (»Freund des Gerichts«) genannt wird, wobei eine Expertengruppe eine Art allgemeine Stellungnahme zu einem gegebenen Problem abgibt. In dieser Stellungnahme findet sich auch die Referenz auf Bagemihls Buch, als Quelle, mit der die Unnatürlichkeit der Homosexualität in Zweifel gezogen werden kann. Ich selbst hatte zwar keinen Zugriff auf die Aussage dieses *amici curiae*, aber einer der schlimmsten Homophoben, Luiz Solimeo, bezieht sich auf diese Aussage, weshalb ich mir ziemlich sicher bin, dass sie existiert. Vgl. tfp.org.

3 Die Argumente, die im Anschluss an den Fall Lawrence zur Legalisierung der Homosexualität geführt haben, lassen sich im Internet finden: bulk.resource.org.

nehmen, dass Homosexualität etwas Natürliches ist. Damit macht man daraus einen Forschungsgegenstand für die Biologen, die dann versuchen, das Paradoxon aufzulösen, und er weiß, wer bereits an vorderster Front unterwegs ist: die Soziobiologen. Letztere haben sich tatsächlich schon mit an Bulimie erinnerndem Appetit auf das neue Problem gestürzt. Noch ein Fall, der die Theorie veranschaulichen und erweitern wird. Wir werden uns immer mehr in allen Bereichen auskennen. Die Homosexualität liefert eine Lösung für die Verwandtschaftstheorie, wobei man im Übrigen strikt von der Vorstellung einer orthodoxen Homosexualität ausgeht. Es ist klar, dass die Homosexuellen ihre Gene nicht an ihre Nachkommen weitergeben, also hätten sie eigentlich irgendwann verschwinden müssen, da es ja keine Nachkommen gab, die diese Gene trugen (es versteht sich von selbst, dass Homosexualität in den Genen liegt). Aber die Homosexuellen haben all ihre Zeit und ihre Aufmerksamkeit, da sie ja selbst keine Familie haben, um die sie sich kümmern müssen, ihren Neffen geschenkt, die zu einem Teil identisches Erbmaterial tragen. Die Gene werden also durch die Nachfahren dieser Neffen weitergetragen. Diese Art von Biologie ist eine politische, aber nicht in dem Sinne, wie man es ihr normalerweise ankreidet (die Theorien könnten problemlos auf misogyne, rassistische, eugenische oder kapitalistische Theorien übertragen werden), sondern in dem Sinne – seien wir ehrlich – dass diese Theorien diejenigen, die zu berücksichtigen sie vorgeben, herabsetzen, beleidigen und nicht ernst nehmen. Die soziobiologische Theorie ist mit anderen Worten (ich verwende die Worte, die mir die Psychologin Françoise Sironi zuflüstert) eine malträtierende Theorie. Jegliches Verhalten wird auf die pure Genetik reduziert. Die Lebewesen werden zu blinden Idioten, die von Gesetzen geleitet werden, von denen sie selbst nichts mitbekommen – und die sich als erstaunlich simpel herausstellen. Kein Erfindungsreichtum mehr, keine Diversität, keine Fantasie. Und wenn diese Eigenschaften doch überleben, dann, damit wir unsere Gene weitergeben können. Man kann nicht *queer* und gleichzeitig Soziobiologe sein.

Aber können wir wirklich sagen, dass Tiere im selben Sinne *wirklich* homosexuell sind, wie wir es sind? Bagemihls Antwort lautet: Können wir denn sagen, dass wir es sind? Beschreiben wir mit ein und demselben Begriff dieselben Realitäten, von der Liebe des alten Griechenlands zu schönen Jünglingen bis hin zu den diversesten Lebensmodellen von heute? Und kann man überhaupt sagen, ob die Spannbreite aller Typen, nach denen man die Beziehungen zum selben Geschlecht bei Tieren einordnet, überhaupt *wirklich* etwas mit Homosexualität zu tun hat (☞ *Varianten*)?

Genau darin besteht meiner Meinung nach die Kohärenz in Bruce Bagemihls Plan. Die Biologie soll für die Diversität und den Formenreichtum der Natur und der Lebewesen Verantwortung übernehmen. Sie muss dem, was sie von ihr fordern, gewachsen sein. Dass er das so sieht, findet sich in dem wieder, was er über die Aufgabe der Wissenschaftler sagt: Sie sollen immer mehr Fakten sammeln, damit sie die Möglichkeit haben, immer mehr Interpretationen zu eröffnen. Damit sind wir wieder weit davon entfernt, uns in allen Bereichen auszukennen. Die Diversität der Dinge bietet einen fruchtbaren Boden für diverse Interpretationen. Was er im Übrigen »den Fakten Gerechtigkeit zollen« nennt.

Die Natur wird in ein politisches Projekt eingebunden. Ein *queeres* Projekt. Sie bringt uns nichts darüber bei, was wir sind oder was wir tun sollen. Aber sie kann unsere Fantasie beflügeln und unseren Appetit auf die unterschiedlichsten Gepflogenheiten und Lebens- und Existenzformen anregen. Immer weiter kombiniert sie Kategorien neu miteinander und erschafft, von der Multidimensionalität jeder dieser Kategorien ausgehend, neue Formen von Identität. Was es bedeutet, männlich oder weiblich zu sein, variiert zum Beispiel bei vielen Tieren in Form von einfallsreichen Modi, die einer Vielfalt von Möglichkeiten, das Geschlecht auszuleben, entsprechen. Es gibt bei verschiedenen Vogelarten zwei charakteristische Verhaltensweisen – manchmal finden sich sogar beide bei den Angehörigen derselben Art: Entweder verbringen zwei Weibchen ihr gesamtes Leben als Paar, bauen jedes

Jahr zusammen ein Nest und brüten darin die Eier aus, die eines der Weibchen befruchtet hat, indem es sich mit einem Männchen gepaart hat. Sie machen einander immer wieder den Hof, aber sie scheinen sich nie begatten zu wollen. Oder ein Männchen bleibt sein ganzes Leben lang mit demselben Weibchen zusammen, mit dem es regelmäßig Geschlechtsverkehr hat und Junge großzieht, aber es paart sich ein einziges Mal mit einem Männchen (und tut es danach nie wieder). Wie soll man das einordnen? Sind das homosexuelle Beziehungen? Bisexuelle? Sind diese Vögel durchgehend männlich oder weiblich? Eignen sich diese Kategorien überhaupt noch, um das zu beschreiben, was sie da tun und was sie sind?

Ich erkenne hier ein Projekt wieder, das sich auch in den Texten von Françoise Sironi findet, die mit transsexuellen und transgender Personen gearbeitet hat. Das *queere* Projekt, welches sie unterstützt, mischt Fragen nach sexueller Identität und Gender auf, aber sein politisches Ziel dockt zunächst an eine Praxis an, die zum Nachdenken zwingt und Denken zur Folge hat. Aber diese zwei Herangehensweisen, Theorie und Praxis, sollen Gewohnheiten verändern und wie wir zu Normen, zu uns selbst und zu anderen stehen. Zudem soll es Möglichkeiten eröffnen. Wenn es nämlich der Wunsch dieser Ärztin ist, gemeinsam mit denen, die sich an sie wenden, zu lernen, wie sie ihnen helfen kann, gegen das *theoretische Malträtieren*, das ihre Kollegen ihnen gegenüber praktizieren, zu kämpfen, »Gender von diesen normativen Fesseln zu befreien« und »seine überraschende, schöpferische Energie« zu fördern, dann zählt sie auch darauf, dass sie (die ja die Experten für Metamorphosen sind) ihr dabei helfen, uns zu helfen, andere »zeitgemäße Identitäts-Konstruktionen« zu denken und vorzustellen.[4] »Die Themen Transidentität und Transgender haben aktuell eine Funktion in der modernen Welt [...]. Ihre Funktion besteht darin, den Menschen zu ermöglichen, zu werden, verschiedene Ausdrucksformen der Vielfalt in

4 Vgl. Sironi, Françoise: *Psychologie(s) des transsexuels et des transgenres*, Paris 2011.

sich selbst und in der Welt zu zeigen.« Ansprüche wieder aufzugeben, sich neuen Arrangements unterschiedlichen Begehrens zu öffnen, den Appetit auf Metamorphosen zu wecken und die unterschiedlichsten Verbindungen einzugehen.

R wie

Reaktion

Sind Ziegen mit den Statistiken einverstanden?

»In der Forschung ist es meistens so«, schreiben Daniel Estep und Suzanne Hetts 1992, »dass der Wissenschaftler möchte, dass sich das Tier ihm gegenüber so verhält, als wäre er, in sozialer Hinsicht, ein unbedeutender Teil der Umgebung. Somit beschränkt sich die Kommunikation zwischen den beiden auf ein Minimum. Viele Feldforscher und auch einige Forschende im Labor nehmen große Anstrengungen in Kauf, entweder indem sie sich vor ihren Forschungsobjekten verstecken oder indem sie Instrumente nutzen, mit denen sie die Tiere aus der Distanz beobachten können (Ferngläser, telemetrische Geräte). Andere investieren sehr viel Zeit und Energie, um das Tier an die Anwesenheit des Forschers zu gewöhnen. Wie viel Erfolg diese Versuche, die *Reaktionsbereitschaft* des Tiers zu reduzieren, haben, ist schwer zu sagen und wird auch selten explizit kommuniziert. Forscher beschreiben nur selten, wie ihre Forschungsobjekte auf sie reagieren.«[1]

Die beiden Autoren haben recht, es gibt wirklich nicht viele Gegenbeispiele. Es finden sich einige wenige bei den Primatologen (☞ *clever*) oder aber bei Konrad Lorenz, der ja die intime Beziehung, die er zu seinen Tieren hergestellt hatte, nutzte, um sie zu studieren. Dass dies

---

1 Estep, Daniel/Hetts, Suzanne: »Interactions, Relationships, and Bonds: The Conceptual Basis for Scientist-Animal Relations«, in: Balfour, Diane/Davis, Hank (Hgg.): *The Inevitable Bond: Examining Scientist Animal Interaction*, Cambridge 1992.

für viele von ihnen keinen unbeschwerlichen Weg darstellt, zeigt, wie schwierig die Angelegenheit ist. In dieser Hinsicht sind die Dinge aber dabei, sich allmählich zu ändern, und die Kritik, die wir zwischen den Zeilen lesen können, zeugt von dieser neuen Einstellung den beobachteten Tieren gegenüber. Wenngleich ich dieser Kritik nur zustimmen kann, so verdient doch etwas an der Art, wie sie formuliert wird, noch einmal überdacht zu werden. Der Text, aus dem dieser Ausschnitt stammt, ist Teil eines größeren Forschungsprojekts, an dem mehrere Wissenschaftler mitgearbeitet haben und dessen Ziel es war, über die Verbindungen, die zwischen dem Tier und seinem Beobachter entstehen, nachzudenken und sie zu erklären. Ein sehr spannendes Projekt. Dieser Ausschnitt zeigt aber die Grenzen auf, die derartige Versuche immer noch haben. Die Autoren sprechen von *Reaktion* und *Reaktionsbereitschaft*. Die Philosophin Donna Haraway hat mich gelehrt, auf die Begrifflichkeiten zu achten. Nicht nur, weil sich darin die Gewohnheiten spiegeln, sondern vor allem, weil sie die Erzählungen auf nicht ganz unschuldige Weise beeinflussen (☞ *Varianten;* ☞ *Notwendigkeit*).

Den Begriff *Reaktion* zu verwenden, wie es unter Ethologen üblich ist, zieht einige Konsequenzen nach sich. Im Rahmen eines Forschungsprojekts, bei dem es um Beziehungen geht, bleibt dieser Begriff deutlich hinter dem zurück, was er eigentlich erkunden soll. Zum einen führen die Autoren, wenn sie die Art, wie das Tier der Anwesenheit des Beobachters Rechnung trägt, auf eine *Reaktion* beschränken, die Vorstellung von einem passiven Tier weiter fort, das komplett von Beweggründen gelenkt wird, die es selbst nicht wahrnehmen und steuern kann. Zum anderen (und das geht damit einher) ignorieren wir, wenn die Tiere an den Beobachter zu gewöhnen als eine Methode angesehen wird, durch die ihre *Reaktionsbereitschaft* abnehmen soll, vollkommen die Tatsache, dass die Tiere eine aktive (sogar sehr aktive) Rolle in dieser Begegnung spielen. Diese Reduktion ihrer Reaktionsbereitschaft ist in Wirklichkeit nur die am deutlichsten sichtbare Folge von etwas ganz anderem. Sie erklärt gar nichts, sie selbst muss erklärt werden. Wir müssen also abermals für jede Tiergruppe eine Reihe von Hypothesen in Betracht ziehen, und zwar nicht nur entsprechend des jeweiligen Kontexts, sondern auch die Art berücksichtigend, wie die jeweilige Gruppe organisiert ist, wie sie mit dem Eindringling umgeht, mit den Möglichkeiten, die dieser ihnen eröffnen kann, und so weiter. Kurz gesagt befindet sich jeder Ethologe in einer ähnlichen Lage wie ein Anthropologe, wenn er sich die in der Feldforschung unvermeidliche Frage stellt (oder versucht sie zu beantworten): Wie begreifen diejenigen, die ich hier analysiere, das, was ich vorhabe? Welche Intentionen schreiben sie mir zu? Wie interpretieren sie, was ich herauszufinden versuche? Wie beurteilen sie, was ich ihnen an Unannehmlichkeiten oder Vorteilen mitbringe, und wem rechnen sie diese zu? Wenn die Primatologen (oder seltener die Ethologen) diese Art von Fragen stellen, drängt sich schon bald noch eine andere Sache auf. So führte eine banale Beobachtung dazu, dass die Primatologin Thelma Rowell vorschlug, neu zu überdenken, was man unter dem Begriff *Habituierung* verstand.[2] Man könne bei manchen Gruppen von Affen, die von der Anwesenheit eines Beobachters, der auf Habituierung hingearbeitet hat, profitiert haben, einen demografischen Wandel beobachten, wenn man sie mit Gruppen vergleicht, die nur ab und an einmal gezählt (oder aus der Distanz beobachtet) wurden. Der Begriff *profitieren* ist nicht zufällig gewählt, denn der demografische Wandel brachte den Affen eher Gutes. Als sie auf die Bedingungen achtete, unter denen der Prozess der Habituierung vonstatten geht, wurde Rowell bewusst, dass die ständige Anwesenheit des Wissenschaftlers Raubtiere fernhält, die nun woanders jagen gehen müssen. Das führt sie zu der Hypothese, dass nicht wenige Tiere den Beobachter gerne näherkommen lassen, wenn sie begreifen, dass seine Anwesenheit sie schützt. Eigentlich gewöhnen sie

2 Thelma Rowells Vorschläge zum Thema Habituierung entnehme ich einem Interview, das sie mir gegeben hat, als Didier Demorcy und ich das Video *Non Sheepish Sheep* für die von Bruno Latour und Peter Weibel organisierte Ausstellung *Making Things Public. Atmospheres of Democracy* im Frühjahr 2005 im *Zentrum für Kunst und Medientheorie* in Karlsruhe drehten.

sich also nicht an ihn, sondern sie arrangieren sich mit dem Beobachter oder machen ihn sich sogar zunutze. Diese Erklärung lässt sich allerdings nicht generalisieren. Manche Affen haben keine besonderen Probleme mit Raubtieren, andere haben nur mit Menschen wirklich Probleme und wieder andere, weniger gesellige Affen wie die Orang-Utans müssen lernen, sich mit dem Eindringling zu arrangieren, der ihre Artgenossen und auch die Weibchen in die Flucht schlägt. Wir sprechen hier mitnichten über Reaktionsbereitschaft. Und wir haben es hier mit einer ganz anderen Geschichte und einer ganz anderen Art, Geschichte zu schreiben, zu tun. Bis jetzt beinhaltet diese Geschichte, dass Lebewesen eine Begegnung erleben, die sie auf die eine oder andere Weise interpretieren, was Probleme aufwerfen oder zu einem Austausch führen kann, und dass sie Erstere auf subtile Weise aushandeln. Es ist offensichtlich, dass das im Gegensatz zu den Anforderungen steht, denen sich viele Forscher unterwerfen, wenn sie *Forschung betreiben* (☞ *Labor*).

Auf Reaktionsbereitschaft zu verzichten, und es damit wirklich ernst zu meinen, also die Konsequenzen zu ziehen, zu denen diese Entscheidung einen verpflichtet, ist für einen Forscher nicht einfach. Es ist eine schwierige Entscheidung. Es bedeutet oft, dass die Forscher dabei zusehen müssen, wie ihre Arbeiten nicht ernst genommen und ihre Artikel abgelehnt werden. Auf Reaktionen zu verzichten beinhaltet auch, dass man in Betracht zieht, dass die Tiere einem Vorschlag, der ihnen gemacht wird, aktiv Rechnung tragen und darauf antworten, wobei sie den Forscher auf die eine oder andere Art einbeziehen. Während nämlich *antworten* voraussetzt, dass sie eine Wahl haben, impliziert *reagieren* hingegen, dass die Art, wie das Problem sich darstellt, bestimmt, was darauf folgt und welchen Sinn das, was folgt, hat. Was für den Forscher, der sich darauf einlässt, die Antworten seiner Tiere zu hören, bedeutet, dass sich die Kontrolle über die Situation anders verteilt. Wenn ich Isabelle Stengers Interpretation dieses Unterschieds übernehme, würde ich sagen, dass der Wissenschaftler durch die Antwort dazu *verpflichtet* ist, selbst zu antworten und Verantwortung zu übernehmen.

Der Forscher Michel Meuret hat sich diesbezüglich entschieden. Er ließ sich führen, weil die Tiere, die er beobachtete, ihm antworteten, was letztendlich jegliche Möglichkeit ausschloss, Stichproben zu machen, mit allen möglichen Konsequenzen, die das haben kann, etwa, dass seine Arbeit möglicherweise nicht veröffentlicht werden würde. Diese Situation ist umso interessanter, da sie sich recht unerwartet entwickelte. Zwar handelt es sich auch hier um einen Prozess zur Habituierung, aber dieser vollzieht sich in einem experimentellen Rahmen. Die betreffenden Tiere sind keine Affen, sondern Ziegen. Noch mehr überrascht einen, dass Meuret nicht das soziale Verhalten, sondern die Fressvorlieben der Tiere untersuchte, ein Thema, das Forscher meistens eher nicht dazu verleitet, dem Sozialverhalten der Tiere besondere Aufmerksamkeit zu schenken.

Das Ziel seines Forschungsprojekts ist es, genau zu erheben, was Ziegen unter ungewöhnlichen Bedingungen in welchen Mengen und wie fressen – in diesem Fall auf Flächen, die vorher vom Gestrüpp befreit worden waren.[3] Sicherlich erinnern diese Umstände eher an eine Untersuchung, wie sie die Feldforscher unter den Ethologen durchführen würden, aber die *ungewöhnlichen Bedingungen*, das heißt: Nahrung, die Tiere aus der Viehzucht nicht gewohnt sind, rechtfertigen, es als Experiment zu bezeichnen. Den Ziegen wird ein *Versuch* angeboten und nun soll erhoben werden, wie sie darauf antworten. Das Experiment beginnt mit einer ersten Phase, in der sich die beobachteten Tiere und ihre Beobachter *aneinander gewöhnen*. Wenn sie sich aneinander gewöhnt zu haben scheinen, versuchen die Forscher, mit der Unterstützung eines Ziegenhirten, die Tiere zu bestimmen, denen sie anschließend folgen würden und von denen sie annehmen konnten, dass die permanente

3 Vgl. Agreil, Cyril / Meuret, Michel: »An Improved Method for Quantifying Intake Rate and Ingestive Behavior of Ruminants in Diverse and Variable Habitats Using Direct Obervation«, in: *Small Ruminant Research* 54, 2004, S. 99-113. Meuret selbst war außerdem so freundlich, mir auf mein Angebot hin im Juni 2009 einen zweitägigen Besuch abzustatten. Dieser Text ist das Ergebnis unserer Diskussionen.

Anwesenheit von ihnen als Beobachter sie nicht zu sehr irritieren würde. Sobald diese Phase beendet ist, beginnt die Forschungsarbeit. Jeder Forscher aus dem Team folgt von da an jeden Tag einem der so ausgewählten Tiere und beobachtet den ganzen Tag über, was es frisst. Jedes Detail wird sorgfältig notiert, jede Pflanzenart aufgelistet und jede Kieferbewegung der Ziege festgehalten. Sie kommen sich sehr nahe. Alle Aufmerksamkeit ruht auf dem Tier.

Die wissenschaftliche Vorgehensweise erfordert, dass diese Tiere zufällig gewählt werden, damit die Auswahl möglichst repräsentativ ist. Welche Tiere ausgewählt werden, kann aber eben nicht Zufall sein, und daher auch die zweite Phase. Das könnte fatale Folgen haben. Die ständige Anwesenheit eines Beobachters könnte zum Beispiel bewirken, dass sich der soziale Status eines Individuums ändert. Ein Tier, das gerne Anführer wäre, könnte sich durch das Interesse, das der Forscher ihm entgegenbringt, ermutigt fühlen. Dass sich ein Mensch so sehr für sie interessiert, führt bei manchen Ziegen dazu, dass sie die anderen ausstechen, ihnen ihr Futter wegnehmen oder sogar Streit anfangen wollen. Bei anderen wiederum führt das ihnen von einem Menschen entgegengebrachte Interesse dazu, dass ihre Artgenossen sich ihnen gegenüber aggressiv verhalten. So, als würde dieses Interesse bedeuten, dass diese Ziege einen neuen Platz in der Hierarchie einnehmen wollen würde. Das Risiko besteht nicht nur darin, Unordnung in die Gruppe zu bringen, sondern unter anderem auch darin, nicht mehr genau zu wissen, was man eigentlich beobachtet: Beobachtet man, was eine Ziege unter ungewöhnlichen Bedingungen frisst, oder aber, im Gegenteil, was eine Ziege frisst, die den anderen ihre Überlegenheit zeigen will, weil sie plötzlich denkt, dass sich ihr Status geändert hat?

Höchstens 15 oder 20 Prozent der Ziegen einer Herde können beobachtet werden. Das ist wirklich alles andere als repräsentativ. Was bedeutet, dass die beobachteten Tiere zum einen nicht repräsentativ für die Herde sind und zum anderen noch weniger repräsentativ für Ziegen allgemein. Sie können uns aber trotzdem etwas beibringen, was mit

Ziegen zu tun hat. Nämlich, welche Qualität das hat, was sich ihnen auf ungewohntem Terrain bietet – ob es ihnen zusagt oder nicht. Man kann also davon ausgehen, dass sie zwar nicht repräsentativ, aber sehr wohl *Repräsentantinnen* sind, und zwar für Forscher und für Menschen, die von Ziegen wollen, dass sie sich um die Pflege von Gebieten kümmern, in denen das Gestrüpp am Boden entfernt wurde, was in Gebieten mit hoher Waldbrandgefahr verpflichtend ist. Und wenn die Wissenschaftler eine gute Wahl getroffen haben, sind diese Ziegen *zuverlässige Repräsentantinnen*. Diese Terminologie drängt sich zwar durch den Versuch nicht explizit auf, macht einem aber bewusst, welche Praktiken und welche Beziehungen dabei entstehen. So implizit sie auch sein mag, so bewirkt sie doch, dass Generalisierungen vorsichtiger vollzogen werden und die Forscher aufmerksamer auf die Folgen ihrer Auswahl, ihrer Arbeit und der Art, wie die Ziegen darauf antworten, achten. Wenn eine Ziege, während sie beobachtet wird, zu viel Interesse, Angst oder Unbehagen aufgrund der konstanten Anwesenheit des Beobachters und der Nähe zu ihm an den Tag legt, dann muss man es unterlassen, sie weiter zu beobachten, wie Meuret außerdem erklärt. Als Repräsentantin ist die Ziege diejenige, die für die Zuverlässigkeit des Versuchsaufbaus und der Ergebnisse bürgt. Die Voraussetzung dafür ist weder Gleichgültigkeit noch Reaktionsbereitschaft ihrerseits auf das Beobachten, sondern dass sie ihre *Zustimmung* beweist (*probare*). Die Voraussetzung dafür wiederum ist, dass die Forscher sich vorstellen können, dass die Tiere auf ihre Vorschläge antworten, diese beurteilen und ihrerseits eine Antwort auf ihr Urteil erhalten. Zum Beispiel: »Wenn du ein Tier beobachten willst, ist es ein gutes Zeichen, wenn es dich anstupst, weil du ihm bei dem, was es tun will, im Weg bist. Das bedeutet, dass es fähig ist, dir zu zeigen, dass du es störst.«

Manche Forschungsprojekte und Experimente tragen dieser Idee, dass es viel interessanter ist, sich an einen zuverlässigen Repräsentanten zu wenden als an ein repräsentatives Individuum, das sich wenig für das Vorhaben interessiert, mittlerweile Rechnung. Es sind aber nur sehr wenige. Ein Beispiel sind gelungene Experimente mit sprechenden Tieren (☞ *Labor*). Tiere, die nicht sprechen wollen, kollaborieren nicht. Die Forscher tun also gut daran, nur mit denen zu arbeiten, die sich interessiert zeigen, und sie aktiv anzusprechen, damit sie Interesse entwickeln. Es gibt aber mittlerweile auch andere Initiativen dieser Art. Erst kürzlich fand ich heraus, dass Primatologen des *Yerkes National Primate Research Center* in den USA ein Experiment mit in Gefangenschaft gehaltenen Schimpansen durchgeführt haben.[4] Das Ziel dieses Experiments war es, herauszufinden, welchen Einfluss die Persönlichkeit darauf hat, ob andere imitieren, wie der betreffende Affe Werkzeuge benutzt. Wenn zwei Schimpansen mit sehr unterschiedlichen Persönlichkeiten (ein Jungtier und ein älteres, dominanteres Tier) beide ihren Artgenossen zeigen, wie man ein Werkzeug bedient und so an Süßigkeiten kommt, welcher dieser beiden Schimpansen wird dann wohl von den zuschauenden Affen imitiert werden? Man hat den beiden Affen leicht unterschiedliche Weisen, das Werkzeug zu bedienen, beigebracht, sodass später festgestellt werden kann, welche die Zuschauer bevorzugen. Nebenbei ist kurz anzumerken, dass das Ziel dieses Forschungsvorhaben ist, zu verstehen, nach welchen Mechanismen sich eine neue Gewohnheit in einer Kultur verbreitet. Normalerweise sind es die jüngeren Tiere, die diese erfinden, aber die dominanten Älteren genießen oft größeres Ansehen. Es scheint, als ob (zumindest, wenn es um Werkzeuge in Experimenten geht) das Ansehen darüber entscheidet, wer den Sieg davon trägt, was das Rätsel in keinster Weise löst. Wir wissen noch immer nicht, wie eine neue Erfindung weitergegeben wird. Aber ich will auf etwas anderes hinaus, was auch im Artikel selbst nicht erwähnt wird, sehr wohl aber, wie es oft der Fall ist, in den Anmerkungen zur Methodik. Da schreiben die Forscher: »Die Schimpansen wissen, wie sie heißen, und können *darum gebeten* werden, an Studien teilzunehmen. Wenn sie im Außengehege sind, werden sie

4 Vgl. Horner, Victoria/Proctor, Davy/Bonnie, Kristin: »Prestige Affects Cultural Learning in Chimpanzees«, plosone.org, Mai 2010.

zum Beispiel hereingerufen, oder wir platzieren den Versuchsaufbau am Zaun des Geheges und überlassen ihnen die Wahl, ob sie etwas damit tun wollen.«

Das ist nur ein kleiner Schritt. Aber vielleicht ermöglicht er wiederum andere Schritte. Dass die Schimpansen unter der Bedingung rekrutiert werden, dass sie Interesse zeigen, bedeutet zwar noch nicht, dass diese Art von Fragen sie interessiert. Es erscheint mir eher etwas fragwürdig, dass die Forscher sich nach wie vor vor allem für den Aspekt der Dominanz interessieren (☞ *Hierarchien*). Dieser kleine Schritt aber lässt mich, wenn er von jemandem wie Michel Meuret gemacht wird, vermuten, dass eine bestimmte Vorstellung von Objektivität allmählich jene Vorstellung ersetzt, derzufolge Wissen ein Akt der Macht ist, welcher umso einflussreicher ist, da er vorgibt, niemandes Perspektive einzunehmen. Wie die Philosophin Donna Haraway vorschlägt, ist die Objektivität dabei nicht mehr das Nicht-einbezogen-Sein, sondern eine Frage der »gegenseitigen *und* normalerweise ungleichen Strukturierung«.[5] Diese neue Art, Objektivität zu begreifen, erfordert es, wie sie schreibt, »das, worum es bei der Forschung geht, als einen Akteur oder *agent* zu beschreiben, und nicht als eine Leinwand, ein Motiv oder eine Ressource [...]. Diese Anmerkung ist von paradigmatischer Klarheit bei der kritischen Auseinandersetzung mit den Sozial- und Humanwissenschaften, wo die Handlungsfähigkeit der untersuchten Bevölkerung das Vorhaben, eine soziale Theorie aufzustellen, von Grund auf verändert. Zu akzeptieren, dass die untersuchten Forschungs-›Objekte‹ handlungsfähig sind, ist die einzige Möglichkeit, jegliche Art von groben Fehlern und falschen Schlussfolgerungen in diesen Bereichen zu vermeiden. Das gilt genauso auch für andere Vorhaben in den Wissenschaften [...]. Ihre Akteure sind so unterschiedlich wie wunderbar. Und die Beschreibungen einer *Wirklichkeit* sind nicht

5 Vgl. Haraway, Donna: *Simians, Cyborgs, and Women. The Reinvention of Nature*, New York 1991.

mehr Teil einer *Entdecker*-Logik, sondern einer ernst zu nehmenden sozialen Beziehung, genannt *Dialog*. Weder *wird* die Welt erklärt, noch verschwindet sie ganz und gar zugunsten einer Autorität, die sie für uns dekodiert.« Ich lasse ihr die letzten Worte: »Wenn wir dem Handeln der Welt in der Wissenschaft Platz einzuräumen, lassen wir auch Raum für unbequeme Möglichkeiten, vor allem für die Vorstellung, dass die Welt einen ganz eigenen Sinn für Humor hat ...«

S wie

separieren

Kann man ein Tier kaputt machen?[1]

»Als ich wild lebende Paviane in Kenia erforschte«, schreibt die Primatologin Barbara Smuts, »stieß ich auf einen noch ganz kleinen Pavian, der sich auf der Forschungsstation in der Ecke eines Käfigs zusammenkauerte. Einer meiner Kollegen hatte ihn, nachdem seine Mutter in der Falle eines Wilderers erstickt war, aufgelesen. Obwohl er es trocken und warm hatte und ihm mit einem Tropf Milch zugeführt wurde, hatte er nach wenigen Stunden ganz glasige Augen. Sein Körper kühlte ab und er schien kaum noch am Leben zu sein. Wir schlossen daraus, dass es bereits zu spät war. Weil ich ihn nicht alleine sterben lassen wollte, legte ich seinen kleinen Körper zu mir ins Bett. Wenige Stunden später wurde ich von einem kleinen Pavian aufgeweckt, der mit leuchtenden Augen auf meinem Bauch herumhüpfte. Mein Kollege sprach von einem Wunder. Nein, hätte Harry Harlow gesagt, er brauchte lediglich etwas Nähe.«[2]

Ich kann es Barbara Smuts nicht übel nehmen, dass sie Harry Harlow erwähnt. Tatsächlich ist dies unvermeidlich, weil diese Bezugnahme Teil einer Rezension eines Buchs ist, nämlich seiner von der Journalistin Deborah Blum im Jahr 2003 geschriebenen Biografie.[3] Wenn man sie

---

1 Ein Teil der Analysen aus diesem Kapitel findet sich auch in einem meiner Artikel: »Ce qui touche les primates«, in: *Terrain* 49, 2007, S. 89-106. Mehr noch geht es in diesem Artikel aber um ein anderes Thema: die Kritik der Theorien zur sozialen Bedeutung des Einander-Lausens.

2 Smuts, Barbara: »Love at Goon Park: The Science of Love«, *New York Times*, 2. Februar 2003.

3 Blum, Deborah: *Love at Goon Park. Harry Harlow and the Science of Affection*, Chichester 2003.

meiner Meinung nach dennoch kritisieren sollte, dann, weil es auch heute noch fast unmöglich ist, von Bindung zu sprechen, ohne seinen Namen zu nennen, nicht einmal bei Menschen. Als ob wir es ihm verdanken würden, dass wir wissen, dass ein Kleines psychisch oder physisch irgendwann am Ende ist, wenn es über längere Zeit keine wirkliche Nähe erfährt. Das wussten wir bereits! Wenn wir ihm unser Wissen zugutehalten, dann heißen wir damit implizit gut, wie er dieses *Wissen* erlangen wollte. Mit dem Beweis als Methode, was in diesem Zusammenhang bedeutet: mit destruktiven Methoden. Es wäre nunmehr an der Zeit, von ihm als historisches Ereignis zu sprechen: »Das ist uns passiert« und darüber müssen wir nachdenken. Harry Harlow zu erwähnen und dabei, wie es Smuts' Kollege tat, zu behaupten, *er hätte dieses und jenes gesagt*, ist keine seriöse Art zu denken, sondern es zeigt, dass wir überhaupt nichts gelernt haben und unser Wissen nur vortäuschen. Harlow hätte nämlich nicht *gesagt*. Er hätte gemacht. Wenn Harlow dabei gewesen wäre, wäre die Geschichte ganz anders verlaufen. Der Psychologe hätte garantiert eine Gelegenheit erkannt, die These, von der er behauptete, sie belegt zu haben, noch mit weiteren Experimenten an einer weiteren Spezies zu prüfen. Er hätte wieder eine Puppe aus Draht und eine aus einem Frottee-Stoff basteln und – einmal mehr, nur einmal noch – mit diesem Versuch, den er dem kleinen Pavianwaisen aufgezwungen hätte, beweisen können, wie wichtig Bindung ist. Letzten Endes hatte Smuts' Kollege recht, von einem Wunder zu sprechen. Denn es war tatsächlich ein Wunder. Nicht so sehr allerdings, weil eine kleine Pavianwaise unvorhergesehenerweise ins Leben zurückgekehrt ist, sondern weil es einer Wissenschaftlerin gelungen war, nicht zu vergessen, dass man die, an die man Fragen stellt, niemals so gut kennenlernen wird, wie wenn man sich darauf einlässt, *mit* ihnen zu lernen und nicht *über* sie oder sogar *gegen* sie. Smuts hat, indem sie auf ihr Mitgefühl gehört, indem sie sich selbst den Risiken der Bindung ausgesetzt hat, in nur einer Nacht gelernt, was bei Harlow erst Jahre der Qual als Wissen hervorzubringen erlaubten. Sie hat gelernt, was sie bereits wusste, was wir aber mit jedem Mal, wenn uns etwas berührt, aufs Neue lernen: dass wir die anderen (vor allem in den Fällen, in denen es um Bindung geht) nur derart gut verstehen, wenn wir uns von dem, was für sie wichtig ist, in genau diesen Bindungen durchdringen lassen.

»Wir haben die letzten vier Jahre in tiefer Depression verbracht – glücklicherweise waren die anderen depressiv und nicht wir selbst – und wir betrachten diese Forschungsperiode als eine der erfolgreichsten und vielversprechendsten, die wir je durchlaufen haben.«[4] Mit diesen Worten hat Harlow vor einigen Jahren seine Forschungsergebnisse vorgestellt. Jedoch interessierte er sich, wie er anschließend sagte, weniger für das Thema Depression, sondern eher für die Liebe. »Überraschenderweise haben wir Depressionen bei Affen nicht im Zuge der Erforschung von Trauer ausgelöst, sondern als wir die Liebe erforscht haben.« Wie gelangt man von Depressionen zu Liebe und von Liebe zu Depressionen? Harlows Forschungsprojekte sind heute berühmt. Indem er die Folgen von fehlenden Beziehungen auf die Entwicklung kleiner Makaken erforschte, wollte der Psychologe beweisen und messen, wie lebenswichtig sie sind.

Es lohnt, sich genauer anzuschauen, was in einem Labor von Psychologen *die Liebe erforschen* genannt werden konnte. In der Biografie, die Deborah Blum Harlow gewidmet hat, ist, obwohl auch Unbehagen und Zwiespalt herauszuhören sind (in ihrem vorherigen Buch machte sie keinen Hehl aus ihren Sympathien für die Tierschutzbewegung und Aktivisten), deutlich zu erkennen, was ich als das Gift dieses Erbes bezeichnen möchte: Sie macht aus Harlow den revolutionären Helden, der die psychologische Welt dazu gezwungen hat, Gefühle als voll und ganz legitimen Forschungsgegenstand anzuerkennen. Und sie erzählt seine Karriere nach, indem sie nach den Indizien dafür sucht, dass ihn

4 Harlow, Harry/Suomi, Stephen: »Induced Depression in Monkey«, in: *Behavioral Biology* 12, 1974, S. 273-296.

die Liebe von Beginn an in seiner Arbeit und seinem Leben als Forscher geleitet hat.

Die Ratten sind die ersten Opfer dieses seltsamen Forschungsprojekts. Für sein Promotionsprojekt im Fach Psychologie führt Harlow die Arbeiten seines Doktorvaters Calvin Stone fort. Dieser hatte seine wissenschaftliche Karriere den Fressvorlieben von Ratten gewidmet. Harlow macht sich daran zu erforschen, wie sich junge, noch nicht entwöhnte Ratten entscheiden: Trinken sie lieber Kuhmilch oder andere Flüssigkeiten? Trinken sie, wenn es keine Muttermilch gibt, auch Orangensaft? Oder Chinin? Salziges Wasser? Um diese Art von Forschung durchzuführen, muss man natürlich die Babyratten von ihrer Mutter trennen. Und da fängt die Geschichte an. Harlow fällt auf, dass die kleinen Ratten zu trinken aufhören, wenn die Luft entweder zu kalt oder zu warm ist. Nur eine Temperatur, die der des Körpers der Mutter entspricht, scheint dazu geeignet zu sein, sie zum Trinken zu bringen. Wie gut sie die Nahrung annehmen, wird also dadurch begünstigt, dass sie zwischen dem Körper der Mutter und dem Nest stecken. Von dieser Erkenntnis ist es nicht mehr weit bis zu der, dass die Kleinen es vielleicht bevorzugen, bei ihrer Mutter zu sein.

Zwar ist es nicht mehr weit, aber für einen Wissenschaftler ist das nicht so einfach. Harlow baut einen Käfig, in dem ein Gitter die Mütter von ihren Kindern separiert. Diese rennen verzweifelt in dem Teil des Käfigs hin und her, in dem sie isoliert worden sind. Drüben versuchen die Mütter, das Gitter durchzunagen. Es muss getestet werden, wie stark dieser Impuls wirklich ist. Aus dem Test wird ein Gottesurteil. Hungert man die Mütter aus, entfernt dann das Trenngitter und bietet ihnen Futter an, wie werden sie dann wählen? Sie lassen das Futter links liegen und stürzen sich auf ihre Kleinen. Was ist der Grund für dieses seltsame Verhalten? Könnte es sich um einen Reflex handeln? Oder um einen Instinkt? Harlow unterwirft die Ratten diesen neuen Hypothesen. Er entfernt bei den Müttern die Eierstöcke. Nimmt ihnen das Augenlicht. Er entfernt ihre Riechkolben. Blind, ohne Hormone und ohne

Geruchssinn rennen die Mütter immer noch zu ihren Babys. Vielleicht könnte es sich tatsächlich um Liebe handeln – als ob Liebe nichts mit Gerüchen, Bildern und Hormonen zu tun hätte. Für Harlow handelt es sich auf jeden Fall um einen Impuls von überraschender Stärke: das Bedürfnis nach Nähe.

Das ist der Anfang der Geschichte, und so beginnt das Ganze auch einige Jahre später, Anfang der 1950er-Jahre, am Institut für Psychologie an der Universität in Madison in Wisconsin. Dieses Mal sind es keine Ratten, sondern kleine Rhesusaffen, die großen Laborhelden, die für unsere Blutgruppen namensgebend waren. Affen sind keine Ratten, das wissen wir. Das ist uns noch bewusster, wenn es darum geht, für ein Forschungsprojekt eine Gruppe zusammenzustellen. Sie müssen aus Indien hergeholt werden. Sie sind teuer und kommen oft in einem äußerst erbärmlichen Zustand hier an. Die Kranken stecken die anderen an und es nimmt kein Ende. Harlow beschließt, selbst seine eigene Gruppe zusammenzustellen, und um das Ansteckungsrisiko zu senken, isoliert er die Neugeborenen von Geburt an. Die kleinen Äffchen, die auf diese Weise großgezogen worden sind, erfreuen sich bester Gesundheit – bis auf eine Sache: Sie sitzen die ganze Zeit passiv herum und wiegen den Oberkörper unablässig daumennuckelnd hin und her, die traurigen Augen an die Decke gerichtet. Und wenn man sie zu einem Artgenossen setzt, drehen sie ihm den Rücken zu oder stoßen sogar erschrockene Schreie aus. Eine einzige Sache scheint ihre Aufmerksamkeit zu fesseln. Die Stofffetzen, die die Käfigböden bedecken. Immer wieder pressen sie diese Stofffetzen gegen ihren Körper, wickeln sich darin ein. Die Äffchen hatten das existenzielle Bedürfnis, etwas Weiches zu berühren.

Dieses existenzielle Bedürfnis gilt es also zu erforschen, zu sezieren und zu messen. Harry Harlow machte sich also fortan daran, Mutterattrappen aus Stoff zu bauen. Zudem stellt er seinen Waisen eine Drahtpuppe hin, die ihnen Milch gibt. Die Äffchen beachten diese nicht weiter und klettern nur so lange zu ihr, wie es nötig ist, um zu trinken, an die Stoffpuppe klammern sie sich aber stundenlang. Das Bedürfnis nach Berührung ist also ein Grundbedürfnis. Es muss nicht durch die Befriedigung eines Bedürfnisses gestützt werden, von dem wir dachten, es wäre noch grundlegender, nämlich das, sich zu ernähren.

Die weiche Puppe hat nicht nur einen Körper, sondern auch einen Kopf mit Augen, einer Nase, einem Mund. Könnte letztlich Liebe in diesem Gesicht Gestalt angenommen haben? Nein, es geht immer noch darum, das Bedürfnis nach Berührung zu erforschen. Das Gesicht ist nicht dazu da, die Attrappe realistischer zu machen, es ist dazu da, eine andere Erklärung zu verhindern. Denn dieses Gesicht hat nichts Anziehendes an sich, ganz im Gegenteil. Es soll sogar gar nicht anziehend wirken. Die Augen sind zwei rote Fahrradlampen, der Mund ein grünes Stück Plastik, die Nase ist schwarz angemalt. Hätte das Gesicht in irgendeiner Weise anziehend auf die kleinen Affen gewirkt, hätte man immer erwidern können, dass nicht das Bedürfnis nach Berührung sie dazu bringt, sich stundenlang an die Puppe zu klammern, sondern die anziehenden Stimuli der Gesichtszüge. Harlow beweist übrigens auch noch die Effektivität und die beruhigende Wirkung dieser Attrappe. Wie tut er das? Er nimmt sie ihnen weg. Panik macht sich breit. Und schon kann ein anderes Experiment beginnen. Da kann noch so vieles mehr weggenommen oder gegeben werden, um die Folgen davon zu evaluieren.

Wegnehmen, separieren, verstümmeln, entfernen, entziehen. Alles, was ich gerade geschildert habe, wird unendlich oft wiederholt. Das Experiment des Separierens hört nicht damit auf, dass man Lebewesen voneinander trennt, es besteht auch darin, zu zerstören, zu zerstückeln, und vor allem darin, Dinge wegzunehmen. Als wäre das das Einzige, was wir tun könnten. Ich werde euch nicht darum bitten, das Vorangegangene noch einmal zu lesen, um es euch zu vergegenwärtigen, aber jetzt wird deutlich, was in dieser Geschichte wirklich den roten Faden bildet: eine Routine, die sich verselbstständigt und irgendwann absurd wird. Die Mütter werden von ihren Kindern getrennt, dann werden die

Mütter, in ihrem eigenen Körper, von sich selbst getrennt, ihnen werden die Eierstöcke entfernt, die Augen, der Riechkolben (was Lorenz als Kaputtmachen bezeichnet hat), zuerst wird aus hygienischen Gründen getrennt, dann um des Separierens selbst willen.

Wir könnten auf das verweisen, was der Psychoanalytiker George Devereux über die Ursprünge der Ethnopsychiatrie in *Angst und Methode in den Verhaltenswissenschaften*[5] gesagt hat. Er zeigt, dass die Gleichgültigkeit der Wissenschaftler zuerst von ihrer Unfähigkeit rührt, zwischen einem Stück Fleisch und einem lebenden Wesen zu unterscheiden, zwischen etwas, das nicht weiß, was mit ihm passiert, und einem Wesen, das es weiß, zwischen *etwas* und *jemandem*. Er schrieb: Die Verhaltensforschung braucht, damit sie glaubwürdig ist, nicht eine Ratte, der man den Kortex entfernt hat, sondern einen Wissenschaftler, dem man seinen zurückgegeben hat. Absicht oder nicht, die beiden Beispiele, auf die er sich bezieht, sind nicht zufällig gewählt: Fleisch, also etwas, das zwangsläufig von einem Tier kommt, und eine Ratte, an der ein Kaspar-Hauser-Versuch durchgeführt wird – die zwei in der heutigen Zeit am weitesten verbreiteten Weisen, Tieren Gewalt zuzufügen. Der erste Vergleich ist aber nicht so simpel, wie es scheint. Wenn es nämlich um die Frage geht, was den Wissenschaftler zum Zögern bringen könnte, dann könnte dazu zählen, daran zu denken, dass das Stück Fleisch, das er mit Säure verätzen wird, von einem Tier kommt, das getötet werden musste, und dass noch mehr davon getötet werden müssen, um weitere Fleischstücke zu erhalten, die auf die Säure reagieren können. Was die Ratte, der der Kortex entfernt wurde, und den Wissenschaftler, dem man ihn zurückgeben müsste, angeht, beschreibt Devereux eindeutig, welcher Prozess hier im Gange ist: Die Methode hat das Denken ersetzt. Dass Devereux genau dieses Beispiel wählt, ist ebenfalls kein Zufall. Deprivations- oder Isolationsexperimente (ich verwende hier beide Be-

5 Devereux, George: *Angst und Methode in den Verhaltenswissenschaften*, München 1973 (aus dem Englischen von Caroline Neubaur und Karin Kesten: *From Anxiety to Method in the Behavioral Sciences*, Mouton 1967).

griffe synonym, weil dabei derselbe Prozess vollzogen wird) sind perfekte Beispiel für das, was er hervorhebt. Die Methode nimmt dabei geradezu groteske Züge an: Sie wird zu einer Stereotypie, die dieselbe Handlung auf jeglichem Niveau anwendet, eine Routine, die keine Zweifel zulässt.

Um nur ein Beispiel zu nennen: Wir dachten von den durch Labyrinthe laufenden Ratten, dass sie nicht von den Lernfähigkeiten Gebrauch machten (Assoziations- und Erinnerungsvermögen), die erforscht werden sollten. Sie fanden den Weg nach ihren eigenen, gewohnten Methoden (☞ *Labor*). Sie benutzen ihren Körper, ihr Feingefühl, ihre Haut, ihre Muskeln, ihre Schnurrhaare, ihren Geruchssinn und wer weiß, was noch alles. Also nehmen wir ihnen das alles weg, in einer derart systematischen Weise, dass diese selbst ebenfalls an Stereotypie grenzt. John Watson, der Vater des Behaviorismus, hat der Ratte die Augen, den Geruchskolben und die Schnurrhaare, die bei diesem Tier entscheidend für den Tastsinn sind, entfernt, bevor er sie auf Erkundungstour in das Labyrinth schickte. Und weil die Ratte weder durch das Labyrinth laufen, noch nach dem Futter suchen wollte, hungerte er sie aus – ein weiteres Deprivationsexperiment. »Jetzt fing sie an, den Weg zu lernen und wurde schließlich der Roboter, den zu sehen wir gewohnt waren.« Aber wer ist hier der Roboter?[6]

Diese Art von Routine ist nicht nur im Labor anzutreffen. Auch die Feldforschung war nicht immun dagegen und ist es immer noch nicht. Der japanische Primatologe Sugiyama hat Languren-Rudel in Indien beobachtet und das einzige Männchen einer Gruppe in eine andere Gruppe, die aus Männchen und Weibchen bestand, umgesiedelt, ein Männchen, von dem er sagt, es sei das dominante Männchen gewesen, das den Harem beschützte und anleitete. Die Folgen waren katastrophal. Und eine davon war die Entdeckung, dass Infantizid bei Affen möglich

---

6 Watson, John: »Kinaesthetic and Organic Sensations: Their Role in the Reaction in the White Rat in the Maze«, in: *Psychological Review: Psychological Monographs* 8, 1907, S. 2-3. Der englische Historiker Jonathan Burt zitiert daraus in seinem wunderbaren kleinen Buch *Rat* (London 2006).

ist (☞ *Notwendigkeit*). Wir müssen dazu sagen, dass diese Art von Praktiken bei manchen Primatologen Usus war, insbesondere bei denen, die sich vorrangig für Hierarchien interessierten. Ich denke dabei auch an die Experimente, in denen Hans Kummer die Weibchen einer Pavianart, die polygyn organisiert war, in das Rudel einer anderen umsiedelte, die aus mehreren Männchen und mehreren Weibchen bestand. Wie würden sie sich anpassen?

Es gab Experimente (vor allem der Primatologe Ray Carpenter führte solche durch), bei denen systematisch die dominanten Männchen aus Rudeln geholt wurden, um die Folgen ihres Verschwindens zu beobachten. Die soziale Gruppe löst sich auf, es kommt immer öfter zu Konflikten und gewalttätigen Auseinandersetzungen und die Gruppe verliert einen Teil ihres Territoriums an andere. Es ist aber bemerkenswert, dass bei keinem dieser Experimente zu irgendeinem Zeitpunkt die Hypothese, dass der durch die Manipulation selbst verursachte Stress der Grund für diese Folgen sein könnte, eine Option zu sein scheint.

Dass der dominante und nicht ein anderer Affe umgesiedelt wird, hat auch seine Gründe. Zwar passt das natürlich zu der Faszination, die das hierarchische Modell bei dieser Art von Forschung ausübt (☞ *Hierarchien*). Aber gleichzeitig spiegelt sich darin der Philosophin Donna Haraway zufolge auch ein physiologischer Funktionalismus des *Political Body* wider.[7] Die soziale Gruppe funktioniert bei den Affen wie ein Organismus (und der Organismus funktioniert wie eine politische Institution). Entfernt den Kopf und ihr macht zunichte, was Gesetz und Ordnung sicherte.

Aber warum führten die Forscher diese Art von Experimenten an ihren Tieren durch? Die Antwort ist simpel: um zu schauen, was dann passiert, so, als wären sie schlecht erzogene Teenager. Oder, weniger schlicht ausgedrückt: Weil die Auswirkungen es ihnen ermöglichen,

7 Haraway, Donna: *Primate Visions. Gender, Race, and Nature in the World of Modern Science*, New York 1990.

auf die Ursachen zu schließen. Nur können wir niemals wissen, was die *Gründe* sind, außer, wir leugnen die Auswirkungen, die die Intervention unsererseits hat. Wenn Harlow, Carpenter, Sugiyama, Watson und noch viele andere auch nur die Möglichkeit in Betracht gezogen hätten, dass bei dem, was als für die Verwirrung, Verzweiflung und Desorientierung bei ihren Tieren *ursächlich* betrachtet wird, auch die Auswirkungen der bösen Absichten, die den gesamten Versuchsaufbau durchziehen, berücksichtigt werden müssen, hätten sie keine einzige Erkenntnis aus ihrer Forschung ziehen können. Ihre Theorien sind letztendlich auf nur eines zurückzuführen: auf systematisch und blind ausgeübte Verantwortungslosigkeit.

T wie

Team

Warum sagt man, dass Kühe nicht arbeiten?

Arbeiten Tiere? Die Soziologin und Expertin für Viehzucht Jocelyne Porcher hat diese Frage zum Gegenstand ihrer Forschung gemacht. Als erstes hat sie die Viehzüchter gefragt: Würde es in ihren Augen Sinn ergeben, davon auszugehen, dass ihre Tiere mit ihnen zusammenarbeiten, dass sie ein Team sind?

Das ist keine leichte These. Weder für uns noch für den Großteil jener Viehzüchter.

Sie gaben auch alle direkt die gleiche Antwort: Nein, arbeiten, das tun die Menschen, nicht die Tiere. Sicher, man kann das von Begleithunden, von Lastpferden und -rindern und von einigen, ausgewählten Tieren sagen, die in bestimmten Berufen zum Einsatz kommen: Polizei- und Rettungshunde, Minenratten, Brieftauben und manche andere Tiere. Was Tiere aus der Viehzucht angeht, sei die These aber wenig stichhaltig. Dennoch hat Jocelyne Porcher während all der Befragungen, die sie für ihre Forschung unternommen hat, immer wieder Geschichten und Anekdoten zu hören bekommen, die sie zu dem Schluss haben kommen lassen, dass Tiere aktiv an der Arbeit ihrer Viehzüchter mitwirken, dass sie Dinge erledigen und aus freien Stücken die Initiative ergreifen. Deshalb hält sie es für möglich, dass ihre Arbeit nicht sichtbar wird und es nicht leicht ist, sie zu denken. Man spricht darüber, ohne darüber sprechen zu können. Man sieht sie, ohne sie zu sehen.

Wenn eine These nicht einfach ist, dann bedeutet das oft, dass die Antwort auf die Frage, die aus dieser These hervorgeht, etwas verändern wird. Und genau das treibt die Soziologin an: Wenn man diese These zulässt, dann wird das etwas verändern. Diese Frage stellt sie nämlich im Rahmen ihrer Arbeit als Soziologin nicht, »um etwas zu wissen«, sondern sie ist ein pragmatisches Mittel, eine Frage, deren Antwort Folgen hat (☞ *Varianten*). Nur wenige Soziologen und Anthropologen haben sich vorstellen können, dass Tiere arbeiten, stellt Porcher fest. Der Anthropologe Richard Tapper scheint einer der wenigen zu sein. Er betrachtet die Entwicklung der Beziehungen zwischen Menschen und Tieren als vergleichbar zu der Entwicklung, die die Beziehungen der Menschen untereinander in der Produktion durchlaufen haben. In Gesellschaften, in denen die Menschen für ihr Essen auf die Jagd gehen, ist die Beziehung zwischen Menschen und Tieren demnach die einer Gemeinschaft, weil die Tiere derselben Welt angehören wie die Menschen. Die Domestizierung der ersten Tiere hätten dann einer Form der Versklavung geglichen. Die Tierhaltung auf Naturweiden erinnert wiederum noch an eine feudale Art von Vertragsgemeinschaft. Mit der Industrialisierung spiegelte die Beziehung dann kapitalistische Produktionsweisen und Verhältnisse wider.

Auch wenn diese Hypothese gut passen würde, lehnt Jocelyne Porcher sie ab. Zwar ermöglicht sie, die Tiere als Arbeiter zu denken, aber sie beschränkt die Beziehungen gleichzeitig auf ein einziges Schema, nämlich das der Ausbeutung. Damit, schreibt sie, sei es »unmöglich, in eine andere Richtung zu denken«.

Diese Hypothese des Anthropologen Tapper bringt nämlich die Frage nach unserem Erbe ins Spiel. Erben, das ist keine passive Tätigkeit, sondern eine Aufgabe, ein praktischer Akt. Ein Erbe entsteht und verändert sich immer rückwirkend. Es gibt uns die Fähigkeit oder nicht, etwas anderes zu tun als einfach voranzuschreiten. Es fordert von uns, dass wir auf das, was wir erben, reagieren und Verantwortung dafür übernehmen. Wenn man ein Erbe annimmt, dann heißt das auch, dass man sich auf diese Handlung des Erbens einlässt. Der englische Begriff *remember* (sich erinnern) kann uns die damit verbundene Arbeit vor Augen führen, bei der es nicht nur um Erinnerung geht, sondern darum, sich zu erinnern und etwas wieder zusammenzusetzen (*re-member*). Geschichte zu schreiben heißt, zu rekonstruieren, Geschichten zu erzählen, und zwar so, dass der Vergangenheit eine andere Gegenwart und eine andere Zukunft ermöglicht wird.

Was kann ein Narrativ verändern, das es ermöglicht, die Beziehungen, die die Viehzüchter und ihre Tiere verbunden haben, zu denken? Es würde vor allem unsere Beziehung zu Tieren und zu Viehzüchtern verändern. »Über die Arbeit nachzudenken«, schreibt Porcher, »zwingt uns dazu, die Tiere nicht nur als Opfer, die nichts verstehen und die man zu ihrer Freiheit zwingen muss, zu betrachten.« Es ist klar, worauf sie anspielt. Sie richtet sich an jene Befreiungskämpfer, die behaupten, sie würden »die Tierwelt befreien wollen«, was Porcher zufolge im Sinne von »die Welt von den Tieren befreien« zu verstehen ist. Ihre Kritik zeugt von einer bestimmten Herangehensweise, die in Porchers Arbeit zum Tragen kommt. Sie denkt Menschen und Tiere, die Viehzüchter und ihre Tiere, immer zusammen. Wenn man die Tiere nicht mehr als Opfer betrachtet, dann impliziert das, dass ihre Beziehung zueinander auch eine andere als eine auf Ausbeutung beruhende Beziehung sein könnte. Es bedeutet zugleich, an eine Beziehung zu denken, in die die Tiere sich einbringen, weil sie eben sehr wohl verstehen, was passiert, in der sie etwas geben, sich austauschen, etwas empfangen, und in der die Viehzüchter, weil es sich nicht um Ausbeutung handelt, ebenfalls etwas geben, empfangen, sich austauschen und gemeinsam mit ihren Tieren Wachstum ermöglichen und selbst wachsen können.

Deshalb ist die Frage, ob Tiere »arbeiten und aktiv an der Arbeit ihres Viehzüchters teilhaben«, aus praktischer Sicht so wichtig. Mangels geschichtlicher Bezüge müssen wir diese Frage an die Gegenwart stellen. Diese Frage den Viehzüchtern zu stellen ist also keine Frage des Wissen-Wollens (»Was denken die Viehzüchter darüber?«), sondern Jocelyne lädt die Züchter damit ein, an einem praktischen Experiment teilzunehmen. Wenn sie sie bittet, darüber nachzudenken – und sie bittet sie aktiv darum –, dann tut sie das nicht, um Informationen oder Meinungen zu sammeln, sondern um mit ihnen gemeinsam Thesen zu erarbeiten, Zweifel hervorzurufen, Erfahrungen zu sammeln, und zwar im experimentellsten Sinn dieses Wortes. Was passiert, wenn wir es auf diese Weise denken? Und wenn wir versuchen, uns vorzustellen, dass die Tiere arbeiten, was würde *arbeiten* dann bedeuten? Wie kann man etwas, was man nicht sehen und nicht wirklich denken kann, sichtbar und sagbar machen?

Ich hatte gesagt, dass Tiere als Arbeiter zu betrachten, keine einfache These ist. Wie Jocelyne feststellen muss, ist sie umso schwieriger, da der einzige Ort, an dem sie aufgestellt werden kann, genau der Ort ist, wo einzig die Ausbeutung vorhanden ist. Mit anderen Worten: Die Arbeit der Tiere ist nicht sichtbar, *außer an den Orten, wo Menschen und Tiere sehr schlecht behandelt werden*.

Tatsächlich sind die Orte, wo die Frage nach der Arbeit, die Tiere leisten, auftaucht, wo sie angebracht zu sein scheint, die schlimmsten Orte in der Viehzucht, jene Orte, wo Viehzucht Produktion bedeutet, Orte der industriellen Tierhaltung. Jocelyne Porcher erklärt dieses offensichtliche Paradoxon so: Die industrielle Tierhaltung ist der Ort, wo die Tiere so sehr von ihrer eigenen Welt entfernt und ausgeschlossen sind, dass »ihr Verhalten stark den Eindruck macht, als ob sie arbeiten würden«. Menschen und Tiere sind Teil eines Systems, in dem es um Wettbewerb und darum geht, »um jeden Preis zu produzieren«, was zur Folge hat, dass es leichter fällt, das Tier als Arbeiter wahrzunehmen. Es muss *seine Arbeit machen* und es wird bestraft, wenn man befindet, dass es die Arbeit behindert (zum Beispiel, wenn eine Sau ihre Ferkel zerquetscht). In diesen Anlagen, vor allem in der Intensivtierhaltung mit Schweinen, fangen die Arbeiter Jocelyne Porcher zufolge an, ihre Arbeit als eine Art Personalmanagement zu betrachten. Das wird selten so benannt, aber in den Äußerungen taucht immer wieder auf, was der Begriff impliziert. Man muss die produktiven Sauen zwischen den unproduktiven finden, man muss die Fähigkeiten der Tiere prüfen, um die erwartete Produktionsmenge sicherzustellen. Sich als eine Art »Leiter des Personalwesens« darzustellen, zeugt, wie sie schreibt, »davon, dass sich unternehmerisches Denken verbreitet und in den verschiedenen Bereichen der Tierproduktion immer mehr Raum einnimmt« (☞ *Kilogramm*). Das Tier nimmt also den Platz einer Art von unsichtbarem, äußerst anpassungsfähigem Subproletariat ein, das unterjocht und rücksichtslos vernichtet werden kann. Die typische Tendenz der Industrialisierung, soweit es geht ohne die Arbeitskraft von lebenden Individuen auszukommen, da sie teurer und fehleranfälliger ist, findet sich im Einsatz von Reinigungsrobotern wieder, die die Menschen ersetzen, und in der Verwendung von Roboter-»Ebern«, die die richtigen Eber ersetzen, um herauszufinden, welche Sauen brünstig sind.

In Betrieben, in denen die Tiere gut behandelt werden, scheint die Möglichkeit, dass die Tiere arbeiten, hingegen nur schwer denkbar. Zwar haben einige der Viehzüchter Porcher, wenn sie in ihrer Befragung mehrmals nachgefragt hat, schließlich gesagt, dass man vielleicht, »wenn man es aus diesem Blickwinkel betrachtet«, denken könnte, dass die Tiere arbeiten. Doch bis dahin ist es ein weiter Weg, man muss ganz genau auf Homonyme achten und den Anekdoten verschiedenste Interpretationen zuschreiben. Es ist ein Experiment. Darin zeigt sich zugleich, dass die Arbeitsproblematik in Bezug auf Tiere alles andere als offensichtlich ist. Jocelyne Porcher hat also entschieden, dass sie sich genau dieser Frage nach dem Offensichtlichen widmen wird, der Möglichkeit, die Arbeit sichtbar zu machen. Also hat sie ihren Versuchsaufbau geändert. Sie hat die Kühe gefragt.

Wie die Ethologie uns gelehrt hat, können manche Fragen nur beantwortet werden, wenn man konkrete Bedingungen dafür schafft, die es nicht nur ermöglichen, dass diese Fragen gestellt werden, sondern die auch diejenigen, die sie stellen, für die Antwort sensibilisieren und dazu befähigen, sie zu bemerken, wenn es möglich wird, sie zu erkennen. Gemeinsam mit einer ihrer Studentinnen hat Jocelyne eine Gruppe Kühe in einem Stall über lange Zeit hinweg beobachtet und gefilmt. Sie hat jeden Fall notiert, in dem die Kühe selbst tätig werden, Regeln befolgen, mit dem Viehzüchter kooperieren oder dessen Handlungen antizipieren mussten, um ihm zu ermöglichen, seine Arbeit zu machen. Sie hat auch darauf geachtet, wo die Kühe List anwenden, um ein friedliches Klima aufrechtzuerhalten, welche Höflichkeiten sie austauschen, wie sie ihre Beziehungen pflegen und wann sie einer Artgenossin den Vortritt lassen.

Und dann ist ihr klar geworden, warum die Arbeit nicht sichtbar war: Die Arbeit wird *im Gegenteil* nur dann sichtbar, wenn die Kühe sich widersetzen, wenn sie sich weigern zu kooperieren, weil genau dieser Widerstand zeigt, dass dann, wenn alles gut klappt, dies daran liegt, dass die Kühe sich aktiv einbringen. Wenn nämlich alles gut läuft, sieht man die Arbeit nicht. Wenn die Kühe friedlich zu den Melkmaschinen gehen, wenn sie nicht drängeln, wenn sie nicht aus der Reihe tanzen, wenn sie von der Melkmaschine weggehen, sobald die Melkerin fertig ist, wenn sie den Stall verlassen, damit der Viehzüchter ihn reinigen kann, wenn sie also tun, was nötig ist, um die Ordnung einzuhalten, wenn sie tun, was nötig ist, damit alles reibungslos läuft, dann wird nicht deutlich, dass sie dabei den Willen zeigen, das zu tun, was von ihnen erwartet wird. Alles wirkt so, als ob etwas funktionieren würde, ein *maschineller* (und das ist wörtlich gemeint) Gehorsam, alles läuft mechanisch ab. Erst, wenn es zu Konflikten kommt, die die Ordnung stören, wenn die Kühe sich zum Beispiel an der Melkmaschine vordrängeln oder wenn sie den Stall nicht verlassen, damit er gereinigt werden kann, oder wenn sie woanders hinlaufen, als sie sollen, wenn sie nicht mitmachen oder einfach trödeln, kurz, wenn sie sich widersetzen, fangen wir an zu begreifen oder, besser gesagt, die Situationen, in denen alles funktioniert, anders zu interpretieren. In diesen Situationen funktioniert alles, weil sie alles dafür getan haben, dass es funktioniert. Wenn alles konfliktlos vonstattengeht, ist das also nichts Natürliches, nichts Selbstverständliches und Mechanisches, sondern dann ist dafür erforderlich, dass die Kühe sich beruhigen, miteinander Kompromisse schließen, einander korrigieren und gut miteinander umgehen.

Die Forschung des Soziologen Jérôme Michalon liefert einen ähnlichen Befund, wenn auch mit bedeutsamen Unterschieden. Er hat sich Tiere, Hunde und Pferde, angesehen, die als Therapietiere Menschen helfen. Diese Tiere wirken passiv, so, als ob sie *mit sich machen lassen*, aber wenn sie Probleme machen, wenn sie *reagieren*, dann wird einem bewusst, dass die Zusammenarbeit auf der außergewöhnlichen Fähigkeit beruht, sich zu enthalten, darauf, dass sie sich aktiv zurückhalten, auf einer Entschlossenheit, sich zu *beherrschen*, die wir nicht bemerken, weil all diese Dinge so wirken, als würden sie *von selbst* kommen.

Bei Jocelynes Beobachtungen beruht bislang alles, was so wirkt, als würde es von selbst passieren, auf einer Zusammenarbeit mit dem Viehzüchter, einer *unsichtbaren Arbeit*. Nur, indem sie den verschiedenen Arten, wie die Kühe sich dem Viehzüchter widersetzen, die Regeln umgehen oder überschreiten, trödeln oder das Gegenteil von dem, was von ihnen erwartet wird, tun, Aufmerksamkeit schenkten, konnten die zwei Forscherinnen deutlich erkennen, dass die Kühe sehr wohl verstehen, was sie machen sollen, und dass sie sich aktiv in die Arbeit einbringen. Anders gesagt werden ihr Wille und ihr Wohlwollen erst durch ihren *Widerwillen* sichtbar. Erst durch ihre Aufsässigkeit wird ihre Mitarbeit sichtbar, durch vorgebliche Fehler und vorgetäuschte Missverständnisse wird deutlich, wie viel Intelligenz in ihrem Handeln steckt – eine kollektive Intelligenz. Die Arbeit ist nicht sichtbar, wenn alles gut funktioniert, oder, um es anders zu sagen: Wenn alles gut funktioniert, ist das, was nötig ist, damit alles gut funktioniert, nicht sichtbar. Die Kühe betuppen uns, sie tun so, als würden sie uns nicht verstehen, verweigern sich einem Rhythmus, der ihnen aufgezwungen wird, testen die Grenzen aus, aus Gründen, die nur sie kennen, womit sie aber das Gegenteil sichtbar machen, dass sie bewusst an der Arbeit teilhaben. An dieser Stelle fällt mir eine Bemerkung von Vicki Hearne, der Hunde- und Pferdedresseurin und späteren Philosophin, wieder ein, die die Frage stellte, warum Hunde den Stock immer einige Meter von da, wo man es erwartet, entfernt hinlegen. Sie sagt, das sei eine Methode, um dem Menschen zu zeigen, inwieweit sie seine Autorität nur begrenzt anzuerkennen bereit sind. Eine fast schon mathematische Methode, die daran erinnert, dass »nicht alles selbstverständlich ist«.

Was ändert sich für die Kühe, nun, da dieses Sich-aktiv-Einbringen beim gemeinsamen Arbeiten sichtbar wird? Sich vorzustellen, dass Viehzüchter und Tiere dieselben Arbeitsbedingungen teilen (und Donna Haraway folgend könnte man diese These auf Labortiere ausweiten), ändert die Art, wie wir diese Frage normalerweise angehen und abschließen. Es zwingt uns, uns vorzustellen, dass Tiere und Menschen in der Erfahrung, die sie gemeinsam machen und im Rahmen derer sie gemeinsam ihre Identitäten herstellen, miteinander verbunden sind. Es zwingt uns, über die Art, wie sie aufeinander eingehen, nachzudenken, darüber, wie sie in der Beziehung Verantwortung tragen (Verantwortung soll hier nicht heißen, dass sie für die Ursachen verantwortlich gemacht werden, sondern dass sie in den Auswirkungen aufeinander eingehen und dass ihr Verhalten diesbezüglich ein Teil der Auswirkungen ist). Wenn die Tiere nicht kooperieren, ist die Arbeit unmöglich. Wir haben es also nicht mit Tieren zu tun, die *reagieren*. Sie reagieren nur dann, wenn man nur ein mechanisches Funktionieren sieht. Durch diese Veränderung darin, wie die Frage angegangen wird, ist das Tier nicht länger im eigentlichen Wortsinn ein Opfer, weil ja ein Opfer zu sein Passivität impliziert, mit allen daraus resultierenden Konsequenzen: vor allem der Tatsache, dass ein Opfer kaum Neugier hervorruft. Ganz offensichtlich haben Jocelyne Porchers Kühe deutlich mehr Neugier hervorgerufen, als sie es als Opfer getan hätten. Sie sind lebendiger, präsenter, sie bieten mehr Fragen an. Sie wecken unser Interesse und bekommen die Möglichkeit, das Interesse ihres Viehzüchters zu wecken. Eine Kuh, die absichtlich nicht gehorcht, geht eine völlig andere Beziehung ein als eine Kuh, die aus der Routine ausbricht, weil sie dumm ist und nichts verstanden hat. Eine Kuh, die ihre Arbeit erledigt, bringt sich völlig anders ein als eine Kuh, die als Opfer von ihrem Viehzüchter unterjocht wird.

Wenn Porchers Forschungsergebnisse es erlauben zu behaupten, dass Kühe sich an der Arbeit beteiligen, können wir dann ebenso sagen, dass sie arbeiten? Können wir, fragt Porcher, behaupten, dass sie »ein subjektives Interesse an dieser Arbeit haben«? Steigert die Arbeit ihre Sensibilität, ihre Intelligenz und ihre Fähigkeit, am Leben teilzuhaben? Diese Frage erfordert, zwischen den Momenten, in denen einzig der Zwang die Arbeit sichtbar macht, und jenen, in denen die Tiere »etwas von sich hineinstecken« und die Arbeit somit unsichtbar machen, zu differenzieren. Um diesen Unterschied herzustellen und deutlich zu machen, was die Momente in der Viehzucht ausmacht, in denen Tiere und Menschen zusammenarbeiten, greift Porcher auf die Theorien von Christophe Dejours zurück und erweitert sie auf originelle Weise.

Wenn die Arbeit, wie Dejours vorschlägt, den Menschen Freude bereiten und ein wichtiger Faktor für die Herausbildung unserer Identität sein kann, dann deshalb, weil sie entscheidend dafür ist, wie viel Anerkennung jemand genießt. Dejours analysiert diese Anerkennung anhand von zwei Arten der gegenseitigen Beurteilung: die Beurteilung des *Nutzens* der Arbeit (vor allem durch diejenigen, die von der Arbeit profitieren, also die Klienten und die Nutzer) und die Beurteilung der *Schönheit* der Arbeit (womit wir sie als »gut gemacht« einstufen, ein Urteil, das vor allem die Anerkennung der Kollegen und Berufsgenossen einbezieht). Diese zwei Arten, Arbeit zu beurteilen, müssen wir Porcher zufolge um eine dritte erweitern, nämlich um die Frage, ob die Arbeit verbindet. Die Arbeiter nehmen es so wahr, dass sich diese Art von Beurteilung durch die Tiere ergibt, dass sie von den Tieren selbst in die Arbeit eingebracht wird. Es geht dabei nicht um die vollbrachte Arbeit oder um die Produktionsergebnisse, sondern um die Arbeitsmethoden. Die Frage, ob die Arbeit verbindet, betrifft das Herz der Beziehung zu dem Viehzüchter, es ist eine wechselseitige Frage, anhand derer der Viehzüchter und seine Tiere einander erkennen können. Und genau an dieser Stelle kann der Kontrast zwischen der demütigenden und Identitäten zerstörenden Arbeit in Betrieben, in denen alle leiden, und der

Arbeit an den Orten, wo Menschen und Tiere etwas miteinander teilen und miteinander Erfüllung finden, deutlich werden. Die Frage nach der Verbindung, bzw. die Frage, wie die Bedingungen des gemeinsamen Lebens aussehen, macht den Unterschied aus zwischen einer Arbeit, die voneinander entfernt, und einer solchen, die etwas erschafft, und das sogar in solchen Kontexten, in denen Viehzüchter und Tiere mitnichten miteinander auf Augenhöhe sind.

Jetzt müssen wir nur noch Geschichte schreiben, die Geschichte neu erfinden, damit sie dieser Gegenwart einen Sinn gibt und damit eine lebenswertere Zukunft möglich wird. Nicht im Sinne eines längst vergangenen goldenen Zeitalters, sondern im Sinne einer Geschichte, die Lust macht auf das Mögliche, die unsere Fantasie anregt, damit wir offen werden für das Unvorhersehbare und Überraschende, eine Geschichte, bei der wir uns wünschen können, dass sie weitergeht. Jocelyne Porcher will genau darauf hinaus, wenn sie ganz am Ende ihres Buchs von der Zeit erzählt, als sie selbst noch Ziegen gezüchtet hat: »Die Arbeit war der Ort, an dem wir unverhofft aufeinandertrafen, wo es möglich wurde, dass wir miteinander kommunizieren, obwohl wir zu verschiedenen Spezies gehörten, die einander angeblich seit Urzeiten nichts zu sagen und nichts miteinander zu tun hatten.« Damit ist bereits alles und noch gar nichts gesagt.

U wie Umwelt

Wissen Tiere, wie andere die Welt wahrnehmen?

Der amerikanische Philosoph William James bezog sich auf ein Zitat von Hegel, als er schrieb, dass es »das Ziel des Wissens ist, die objektive Welt ihrer Seltsamkeit zu berauben, damit wir uns darin mehr zuhause fühlen«.[1] Um in die *Umwelt*[2]*-Theorie* einzuleiten, könnte man zwei Begriffe aus diesem Satz in ihr Gegenteil verkehren. Das Ziel der Umwelttheorie wäre es, der objektiven Welt ihre *Vertrautheit* zu nehmen, damit wir uns darin etwas *weniger* zuhause fühlen. Ich werde auf diese Äußerung noch zurückkommen, um sie ein weiteres Mal zu korrigieren. Aber erst einmal lasse ich sie, zumindest provisorisch, so stehen, weil sie immerhin einen pragmatischen Zugang zur Umwelttheorie bietet. Sie bietet eine Antwort auf den praktischen Einwand Donna Haraways, wir müssten lernen, den Tieren als Fremden zu begegnen, um all die idiotischen Annahmen zu verlernen, die wir uns über sie zusammengereimt haben.

Die Umwelttheorie geht auf Jakob von Uexküll zurück, einen estnischen Naturforscher, der im Jahr 1864 geboren wurde.[3] Der Begriff *Umwelt* (gemeint ist das *Milieu* oder die Umgebung) ist in seinen Arbeiten

---

1 Vgl. James, William: *The Pluralistic Universe*, Lincoln 1996.

2 In Anlehnung an Jakob von Uexküll verwendet die Autorin auch im französischen Originaltext das deutsche Wort *Umwelt*. [Anm. d. Übers.]

3 Vgl. von Uexküll, Jakob: *Streifzüge durch die Umwelten von Tieren und Menschen. Bedeutungslehre*. Hamburg 1958.

im technischen Sinne zu verstehen. Er bezeichnet damit die *konkrete* oder die *erlebte* Umgebung eines Tiers.

Die Idee dahinter erscheint zunächst simpel: Das Tier verfügt über bestimmte Sinne, die sich von unseren unterscheiden. Also kann es nicht dieselbe Welt wahrnehmen wie wir. Bienen nehmen Farben anders wahr als wir. Wir nehmen die Gerüche, die Schmetterlinge anziehen, nicht wahr. Ebenso wenig bemerken wir, anders als die Zecke, die im Gras oder auf einem Ast sitzend auf uns wartet, den Geruch von Buttersäure, den Säugetiere ausströmen. Besonders interessant wird die Theorie aber durch die Art und Weise, wie die Wahrnehmung definiert wird: Als eine Aktivität, die die Welt mit wahrnehmbaren Objekten füllt. Für von Uexküll beinhaltet Wahrnehmung, dass Bedeutungen zugeschrieben werden. Wahrgenommen wird nur, was Bedeutung hat, so wie nur Bedeutung bekommt, was wahrgenommen werden kann und für den Organismus wichtig ist. In keiner dieser Welten der Tiere gibt es auch nur ein neutrales Objekt, das keinen Einfluss auf ihr Leben hat. Alles, was für ein Lebewesen existiert, ist ein bedeutungstragendes Zeichen, das es erregt, oder eine Erregung, die etwas bedeutet. Jedes wahrgenommene Objekt (hier bediene ich mich der Worte, die Deleuze für diese Theorie verwendete[4]) *übt die Macht aus, betroffen zu sein*. Dass von Uexküll die *konkrete Umgebung* und die *erlebte Umgebung* als gleichbedeutend definiert, ergibt durchaus Sinn. Beide Begriffe referieren auf eine Form des *Nehmens*, wobei nicht festgelegt ist, in welche Richtung dies passiert. Zum einen *nimmt* die Umgebung das Tier ein, sie *ergreift* es, und zum anderen existiert die Umgebung nur dadurch, dass sie *genommen* wird und dass das Tier dieser Umgebung die Macht verleiht, es zu ergreifen.

Warum interessiert sich Tschok, Konrad Lorenz' Dohle, auf einmal nicht mehr für den Grashüpfer, dem sie wenige Sekunden vorher noch hinterhergesprungen ist? Weil er sich nicht mehr bewegt. Das führt dazu, dass er in der perzeptiven Welt der Dohle keine Bedeutung mehr

4 Vgl. Deleuze, Gilles/Parnet, Claire: *Dialogues*, Paris 1996.

hat und nicht mehr existiert. Er existiert – und ergreift – nur, wenn er hüpft. Ein Grashüpfer, der nicht hüpft, hat nicht mehr die Bedeutung eines *Grashüpfers*. Das ist, wie von Uexküll erklärt, im Übrigen auch der Grund, warum sich so viele Insekten angesichts eines Fressfeindes auf der Stelle totstellen. Man könnte in dem Sinne sagen, dass so, wie das Netz einer Spinne *für die Fliegen* da ist, wie es ein *Fliegenbearbeiter* ist, sich auch der Grashüpfer auf die Dohle eingestellt hat, er hat einige charakteristische Eigenschaften seines Fressfeindes in seine Gesamtkonstitution aufgenommen. Für von Uexküll macht jegliche Wahrnehmung einen *Bedeutungsgeber* aus dem Tier, also ein *Subjekt*. Weil alles, was in der Welt passiert und wahrgenommen wird, ein Ereignis ist, das *Bedeutung* hat, und nur deshalb wahrgenommen wird, weil es Bedeutung hat. Lapidar gesagt impliziert jegliche Wahrnehmung von Bedeutung ein *Subjekt*, so wie jedes Subjekt als etwas definiert wird, das Bedeutung gibt.

Die Umwelttheorie ist für mich aus zweierlei Gründen interessant: Tiere erscheinen dadurch, denke ich, weniger dumm, und Wissenschaftler erscheinen dadurch, möglicherweise, interessanter. An Donna Haraways Gedanken anknüpfend, hatte ich erwartet, dass diese Theorie dazu einlädt, die Tiere als Fremde zu betrachten, als *jemand*, dessen unverständliches Verhalten einen nicht nur dazu bringt, nicht länger zu urteilen, sondern auch dazu, Taktgefühl und Neugierde an den Tag zu legen. In welcher Welt lebt wohl *dieser Fremde*, dass er solche Verhaltensweisen zeigt? Was bewegt ihn? Wie gehe ich richtig mit der Situation um?

Ich muss zugeben: Ich wurde enttäuscht. Sicherlich hat das auch etwas damit zu tun, dass die Umwelttheorie vor allem bei recht simpel gestrickten Tieren Anwendung findet, bei denen, die nur durch eine begrenzte Anzahl von Affekten definiert werden, zweifelsohne jene, die uns auf die vertrauteste Art fremd sind. Dass es sich nach dieser Theorie für die Forscher anbietet, nach den Signalen zu suchen, die die Affekte auslösen, hat dazu geführt, dass sie sich auf das Verhalten konzentrieren, das auf Instinkte zurückzuführen und also am vorhersehbarsten ist. Letztendlich war die Umwelttheorie bezüglich dessen, was ich mir von ihr erhofft hatte, bis auf wenige Ausnahmen (deren Autoren mir verzeihen mögen, dass ich sie nicht erwähne) eher kontraproduktiv. Zweifelsohne habe ich mir zu viel erhofft. Ich habe den Eindruck, dass die Tiere dabei doch wieder auf die gleichen Routinen beschränkt sind.

Im Rahmen von Experimenten stieß die Höflichkeit den fremden Sitten gegenüber schnell an ihre Grenzen. Das liegt in diesem Fall sicherlich nicht an der Theorie, sondern eher an den experimentellen Routinen, die diese offensichtlich nicht zu durchbrechen vermochte.

Als Beweis verweise ich auf den paradoxalen Charakter eines neueren Forschungsprojekts, in dem Affen mit dem sicherlich sehr interessanten Ziel, sich anzusehen, wie sie ihre Umwelt wahrnehmen und von ihr berührt werden, an den verschiedenen Stellen in ihrem Gehege kognitiven Tests unterzogen wurden. Dabei fiel, wie die Autoren sagen, auf, dass diese in Gefangenschaft gehaltenen Affen (in diesem Fall Kapuzineraffen) den zur Verfügung stehenden Raum sehr schnell unterteilen, indem sie zwischen dem sozialen Raum und den Orten, an denen geschlafen und gegessen wird, unterscheiden. Die Hypothese der Forscher ist nun, dass jeder dieser Orte bestimmte kognitive Aufgaben ermöglichen oder aber unmöglich machen könnte. Eine interessante Idee, die impliziert, dass vorschnelle Generalisierungen neu infrage gestellt werden. Sie zwingt uns, genauer hinzusehen. Wir können überhaupt nur annehmen, wir würden aus den Forschungsergebnissen etwas über die Fähigkeiten der Tiere lernen, wenn sie sorgfältig eingeordnet werden, und zwar anhand dessen, wie das Tier das, was ihm gegeben ist, erlebt. Wenn bereits in Bezug auf ein und dasselbe Gehege Generalisierungen nicht einfach so möglich sind, kann man sich bereits denken, wie die Forscher irgendwann ernsthafte Zweifel hegten, wenn es darum ging, von einem Versuchsaufbau zum nächsten überzugehen oder, schlimmer noch, innerhalb einer Gruppe von Tieren Generalisierungen vorzunehmen (um gar nicht erst daran zu denken, von den Tieren auf die Menschen zu schließen). Zurück zu den Experimenten. Die Hypothese hinter dem

Forschungsprojekt erwies sich als stichhaltig – zumindest aus Sicht der Forscher. Wenn die Kapuzineraffen eine Aufgabe lösen sollten, bei der es darum ging, Werkzeuge zu benutzen (etwa mit langen Stöcken Sirup zu erreichen, der sich am Ende von Rohren befand, die in einer Box eingeschlossen waren), stellen sich Kapuzineraffen viel besser an, wenn sie sich an einem Ort befinden, an dem sie normalerweise Dinge tun, bei denen es um bestimmte Handgriffe geht, und sie stellen sich weniger gut an, wenn sie an einem Ort sind, an dem sie sonst ihre Umgebung beobachten und miteinander interagieren. Mir scheint das recht vorhersehbar (endlich mal von Zweifeln keine Spur) und im Übrigen könnten sich durchaus noch andere Erklärungen finden, als dass der Versuchsaufbau mit bestimmten Werkzeugen je nach Kontext besser begriffen wird. Zum Beispiel könnte angenommen werden, dass die Affen im sozialen Raum eher abgelenkt sind. Die Ergebnisse laden letztendlich nicht dazu ein, bei den Generalisierungen näher hinzuschauen, denn die Frage nach der *Wahrnehmung des Kontexts*, die zweifelsohne zu allgemein gehalten ist, macht aus den Kapuzineraffen Statisten in einem Szenario, das sie wenig betrifft. Wenn wir es hier mit der von ihnen erlebten Welt zu tun haben, dann fürchte ich, dass sie sich darin nicht so gut wiederfinden, wie es die Forscher gerne hätten.

Davon zeugt noch umso mehr, wie das Forschungsprojekt aufgebaut ist. Es beginnt in einer ersten Phase mit einer für diese Art von Forschung typischen Prozedur, die erstaunlicherweise überhaupt nicht infrage gestellt wird: Indem man sie einem Test mit einer einzigen Milchflasche unterzieht, bestimmt man, wo die Affen in der Hierarchie stehen, mit der Begründung, dass diese Variable bei späteren Ereignissen eine Rolle spielen könnte. Es geht darum, herauszufinden, wer der *Dominante* und wer dem anderen *untergeordnet* ist, denn das könnte sich auf die Ergebnisse auswirken (☞ *Hierarchien*). Die Affen trotten also zu der Flasche, treten also miteinander in Wettstreit, so, wie die Forscher es wollen, und zügig kristallisiert sich als Resultat dieses Wettstreits die Hierarchie der Dominanzverhältnisse heraus. Eine seltsame Mischung aus erlebter Welt,

Variablen und Hierarchie ist das. Vor allem aber gibt es einen blinden Fleck bei dieser Sache: Wie erleben die Affen das, dem sie mit diesem Hierarchie-Test unterworfen werden? Inwiefern ist dieser Test für sie relevant und wie finden wir das heraus, da sie ja dazu gezwungen wurden? Wenn es nämlich in der Tat eine Frage gibt, die die Umwelttheorie zutage befördert, und zwar eine relevante Frage, dann die, was den Tieren wichtig ist. Hier wird sie offensichtlich nicht gestellt.

Aber die Theorie könnte wieder bessere Zeiten erleben, wenn ich Jocelyne Porchers Überlegung folge, die schreibt, dass es »eine Besonderheit der Tierhaltung ist, dass das Ziel dabei ist, zwei verschiedene Welten auf möglichst intelligente Art zusammenzubringen«. Damit sie hält, was sie verspricht, muss man die Umwelttheorie natürlich erst einmal aus ihrem gewohnten Umfeld reißen. Zweifelsohne hängt die Frage, ob die Theorie halten kann, was sie verspricht, auch davon ab, ob, wie sie neu verortet und klugerweise von den Wissenschaftlern entfernt wird, die den Losungen der Forschung und den Imperativen des Instinkts unterworfen sind. Porchers Überlegung legt nämlich nahe, die Fälle, in denen Tiere domestiziert oder in der Landwirtschaft gezüchtet werden, als Orte zwischen den Stühlen zu erforschen, an denen neue Umwelten entstehen und einander überlappen. Es sind Orte, an denen deutlich wird, wie durchlässig diese Welten und wie flexibel diejenigen, die sie bevölkern, sind. Zwei Welten auf möglichst intelligente Art zusammenzubringen, setzt nicht nur voraus, nachzudenken und sich auf das, was es erfordert, dass diese Welten nebeneinander existieren, einzulassen, sondern auch, sich für das zu interessieren, was daraus hervorgeht und welche Metamorphosen das nach sich zieht.

Zudem hatte Deleuze in dieser Hinsicht recht, darauf zu bestehen, dass die Tiere weder in unserer noch in einer anderen Welt sind, sondern *mit einer verbundenen Welt*. Indem die Umwelten von Lebewesen, die mit Welten verbunden sind, Formen der Koexistenz hervorbringen, nebeneinander existieren, finden wir uns in einer mobilen variablen Welt wieder, deren Grenzen durchlässig sind und sich verschieben. Angesichts dieser Möglichkeiten könnte Domestizierung als die Transformation dessen, was für ein Lebewesen eine eigene Welt war, durch einen anderen definiert werden oder, um es möglichst genau zu sagen, die Transformation eines Lebewesens-mit-seiner-Welt durch ein anderes Lebewesen-mit-seiner-Welt. Kühe sind nicht nur nicht mehr wild, sondern jetzt gehört zu ihnen auch eine Welt mit Ställen, Heu, Händen, die melken, Sonntagen, menschlichen Gerüchen, Streicheleinheiten, Worten und Schreien, Zäunen, Wegen und Pfaden. Zu ihnen gehört eine Welt, die die Liste mit dem, was sie bewegt und ausmacht, verändert hat. Darin, dass es überhaupt eine Anführerin gibt (diejenige von ihnen, auf die der Viehzüchter zählt, damit die Herde ihm bei einem Ortswechsel folgt), könnte sich der offensichtlichste Aspekt dieser Koexistenz der beiden Welten widerspiegeln: Die Leitkuh steht im Zentrum eines Netzes aus Vertrauen, das sich zwischen ihren Artgenossinnen und dem Viehzüchter entspinnt. Sie ist die Verankerung. Die Kühe einer Herde mit einer Leitkuh vertrauen auf das Vertrauen, das die Leitkuh dem Viehzüchter entgegenbringt. Folgt sie ihm, folgen sie auch. Auf dieselbe Weise kann man jede der Welten der domestizierten Tiere untersuchen. Hunde haben gelernt, dem Blick von Lebewesen-mit-einer-Welt, in der der Blick wichtig ist und Affekte hervorruft, zu folgen. Sie haben gelernt, mit Lebewesen-mit-einer-Welt, die ständig sprechen, zu bellen. Und genauso könnte man es auch auf dieselbe Art für Katzen rekonstruieren, die »ihre eigenen Wege gehen«, wie Kipling sagte, für Schweine, die so sensibel auf Bedürfnisse achten, wie Porcher sagt,[5] oder aber für Pferde, die sich als Lebewesen-mit-einer-Welt, in der der Körper gewichtig und wichtig ist, mit Lebewesen-mit-einer-Welt zusammengetan haben, die mit ihnen gemeinsam einen Körper bilden. Diese Lebewesen als *mit einer Welt verbunden* zu denken und anzunehmen, dass sie sich gegenseitig in dem Abenteuer Domestizierung transformieren, bringt uns zurück

5 Vgl. Porcher, Jocelyne: *Vivre avec les animaux. Une utopie pour le XIXe siècle*, Paris 2011.

zu William James. Wenn nämlich jedes Lebewesen immer auch eine Welt hat, die mit ihm verbunden ist, dann konstituiert sich die Umwelt in der Welt der Viehzüchter und die Umwelt ihrer Tiere als eine Vereinigung von miteinander verbundenen Welten, eine Komposition von Lebewesen-mit-mit-ihnen-verbundenen-Welten, sie sich miteinander verbinden. Das ist es, was James als *Pluriversum* bezeichnete. Welten, deren Koexistenz mal als Komposition, mal als schlichte Kopräsenz entsteht, erfahren, erfunden und durchgespielt wird.

Was bedeutet, dass man James' Behauptung nur umkehren kann, wie ich es vorgeschlagen habe, wenn jeder der Begriffe auf unterschiedliche, fein voneinander unterschiedene Weise verstanden wird, so verstanden, dass wir ihn tatsächlich neu entdecken. *Das Ziel der Umwelttheorie ist, der objektiven Welt ihre Vertrautheit zu nehmen, damit wir uns darin etwas weniger zuhause fühlen.* Das *sich etwas weniger zuhause Fühlen* hat einen neuen Sinn erhalten, bei dem deutlich wird, dass es darum geht, ein *Wir* und ein *Zuhause* herzustellen, ein *domus* für Lebewesen, die etwas errichten. Und wenn ich wirklich ernst nehme, dass die Lebewesen weder in der einen noch in einer anderen Welt, sondern *mit* einer Welt sind, dann bedeutet das, dass die Bezeichnung *objektive Welt* ebenfalls präzisiert oder besser: neu definiert werden muss. Denn diese *objektive Welt* könnte uns in unseren gewohnten Denkmustern dazu verleiten, dass es *an sich* eine objektive Welt gibt, die so schon zuvor existiert hat und, obwohl es anders scheint, im Grunde einheitlich ist. Doch die Welt ist nicht in diesem Sinne objektiv, sie ist vielfältig. Sie ist auch nicht subjektiv (die derzeitige Theorie könnte dazu verleiten, das zu denken), denn schon die Vorstellung einer solchen Vielfalt an subjektiven Sichtweisen würde voraussetzen, dass diesen vorgelagert eine Welt existiert, auf die sie sich beziehen und die eine stabile Grundlage für diese bilden würde. Worum es also bei dieser vielfältigen Welt geht, ist nicht die Tatsache, dass eine Art lernt, wie die andere die Welt sieht (wie es der *Subjektivismus* wollen würde), sondern dass sie lernt zu entdecken, welche Welt durch den anderen ausgedrückt wird, von welcher Welt der andere der Blickwinkel ist. Ich muss also angesichts dieser Präzisierungen noch einmal auf das zurückkommen, was James sagte: Kennenlernen bedeutet, diese Welten, die die objektive Welt formen, ihrer Seltsamkeit zu berauben, indem wir lernen, richtig darin zu leben und ein *Zuhause* daraus zu errichten.[6]

Und wenn es sich um eine objektive Welt handelt, dann deshalb, weil diese Welt einen kontinuierlichen Prozess der Objektivierung durchläuft. Jegliche Art, sie zu erleben, ist konkret, weil sie erlebt wird. Alles Konkrete wird erlebt, weil es sich konkretisiert hat. Die objektive Welt befindet sich in einem konstanten Prozess zahlreicher Objektivierungen, von denen einige relativ gefestigt sind, weil sie regelmäßig erneuert werden (so wie die Welt der Zecke, deren Verhalten vorhersehbar ist) und mit anderen wird ständig experimentiert, sie transformieren die Affekte und die Arten, wie etwas einen Affekt hervorruft, so wie es bei jenen Umwelten der Fall ist, die zum Teil miteinander verbunden sind und deren Koexistenz die Lebewesen, in denen das zum Ausdruck kommt, eine Metamorphose durchlaufen lässt. Das ist es, was Porcher als Erfolg bezeichnete, wenn nämlich die Welten gut, *auf intelligente Weise*, miteinander verbunden werden und wenn Viehzüchter und Tiere glücklich sind – gemeinsam. Wieder andere Welten werden bald verschwinden und mit ihnen wird ein *Stück Realität* der ontologischen Vergessenheit zum Opfer fallen. So schrieb Éric Chevillard in einem Roman, der von den Folgen des Verschwinden der Orang-Utans für diese Welt erzählt: »Die Perspektive des Orang-Utans, der für die Erfindung der Welt durchaus von Bedeutung war und der dafür gesorgt hat, dass sich unsere Welt mit ihren saftigen Früchten, ihren Termiten und ihren Elefanten weiterdreht, seine einzigartige Perspektive, der wir verdanken, dass wir

6 Zu der Vorstellung, dass die Objektivität der Welt nicht durch übereinstimmende Perspektiven entsteht, sondern von der Vielfalt der Welten, denen die Lebewesen Ausdruck verleihen (aber die sie nicht interpretieren), abhängt, hat mich die Lektüre der Texte Eduardo Viveiros de Castros angeregt, in denen er den Perspektivismus der indigenen Völker Amerikas beschreibt.

den Gesang so vieler Singvögel hören und die ersten Regentropfen vor einem Gewitter auf den Blättern bemerken, diese Perspektive, wird euch nun bewusst, ist nicht mehr [...]. Die Welt ist auf einmal kleiner geworden [...]. Ein Stück Realität zerfällt, ein vollständiges, präzises Bild von den Phänomenen, das unserer Philosophie von nun an fehlen wird.«[7]

7 Chevillard, Éric: *Sans l'orang-outan*, Paris 2007.

V wie Varianten

Sind Schimpansen auf die gleiche Weise tot wie wir?

Ein jedes Wort hat mancherlei Gewohnheiten und Kräfte; die man alle jederzeit einsetzen, anwenden müsste.

Francis Ponge[1]

Ein Artikel des *National Geographic* zirkulierte zusammen mit einem Foto im November 2009 im Netz und löste einiges an Diskussionen aus. Darin wurde berichtet, dass Schimpansen in einer Auffangstation in Kamerun[2] ein sehr ungewöhnliches Verhalten an den Tag gelegt hatten, als ihre Pfleger ihnen den leblosen Körper eines alten, gerade verstorbenen Weibchens zeigten, das besonders geliebt worden war. Eine ganze Weile über verstummten sie und regten sich nicht, was bei derart lauten Lebewesen äußerst verwunderlich und unwahrscheinlich ist. Diese Reaktion wurde als Ausdruck von Traurigkeit angesichts des Todes interpretiert. Wissen Schimpansen etwa, was Trauer ist?[3] Die

1 Ponge, Francis: *Pratiques d'écriture ou l'inachèvement perpétuel,* Paris 1984, S. 40. Deutsche Übersetzung: *Schreibpraktiken oder die stetige Unfertigkeit,* München 1988, S. 36.

2 Vgl. cognitionandculture.net.

3 Ich erinnere mich daran, wie eine Diskussion mit Élisabeth de Fontenay entstanden ist, weil ich das Wort Verstorbener verwendet habe. Sie riet mir dazu, lieber das Wort *Toter* zu verwenden. Sie seien schließlich tot. Ich weiß, dass Élisabeth de Fontenay mehr als genau darauf achtet, welche Worte sie verwendet, und dass die Frage, wie übersetzt wird, essenziell für ihre Arbeit ist (vgl. de Fontenay, Élisa-

Debatte wurde natürlich immer hitziger geführt. Immer mehr Varianten dieser Geschichte wurden erzählt. »Das ist keine Trauer, nur Menschen kennen dieses Gefühl, das voraussetzt, dass wir uns *des Todes bewusst sind.*« Der Leichnam mag Rührung oder Angst hervorrufen, aber nichts rechtfertige die Behauptung, dass sich in dieser Angst ein Bewusstsein dafür widerspiegelt, dass die Schimpansin für immer gegangen ist. Auf der anderen Seite haben manche auf jene Elefanten verwiesen, die am leblosen Körper eines toten Artgenossen wachen, Blumen oder Gräser niederlegen und sich wie bei einem Ritual verhalten. Andere, die an dieser Debatte teilnahmen, äußerten eine Form der Kritik, wie sie bei dieser Art von Fragen relativ häufig vorkommt (☞ *Anmut*): Die Schimpansen haben das nicht *von alleine* gelernt, weil ja die Verantwortlichen in der Auffangstation ihnen den Leichnam gezeigt haben, damit, wie sie selbst erklärt haben, die Schimpansen »sein Verschwinden begreifen«. Dieses Verhalten sei also nicht *wirklich* eine Form von Trauer, sondern eine Reaktion auf das, was sie animiert hat.

Dagegen konnte man (wie ich es gemacht habe, als ich mich in diese Debatte einmischte) erwidern, dass *animieren* eine Terminologie ist,

---

beth/Pasquier, Marie-Claire: *Traduire le parler des bêtes*, Paris 2008). Es geht ihr nicht darum, den Tieren abzusprechen, dass sie unsere Erfahrungen auch machen (wie daran erkennbar wird, wie viel Aufmerksamkeit sie der Frage widmet, was sich alles rund um das *Schweigen der Tiere* – was übrigens auch der Titel eines ihrer Bücher ist – abspielen kann). In ihrem Buch über das Übersetzen hat sie auf einer Seite mit Bezug auf einen Text von Marguerite Duras etwas Tolles über den Kummer des Gorillas Koko geschrieben, der (in der Zeichensprache, die ihm beigebracht worden war) sagt, er wäre manchmal traurig *ohne zu wissen, warum*. Ich kann nur spekulieren, warum Élisabeth de Fontenay Vorbehalte hat, so wie ich den Begriff *Verstorbener* zu verwenden, und warum sie es besser finden, von *Toten* zu sprechen. Unsere Diskussion wurde an dieser Stelle unterbrochen und wir konnten das Thema nicht ausdiskutieren. Ich glaube, ihre Argumente beschränken sich nicht auf die Tatsache, dass es um Tiere geht. Sie übersetzt vielmehr diese Beziehung zu den Toten, die uns unsere laizistische Tradition vorschreibt, dass wir einen *bewussten* Umgang mit den Toten pflegen. Mich interessiert nicht der Tod, sondern vielmehr die möglichen Beziehungen zu denen, die nicht mehr unter uns sind. Auf dass dieser Text die Diskussion zwischen uns beiden wieder ins Rollen bringe ...

bei der wir genauer hinsehen sollten. Tatsächlich ist es möglich, dass die Initiative der Menschen Trauer nach sich zog und nicht hervorgerufen hat. Die Schimpansen können zu ihrem Kummer *gebracht worden sein*, so wie unser eigener Kummer angesichts des Todes, wenn wir lernen müssen, was dieser bedeutet, von jenen hervorgerufen wird, die in diesem Augenblick bei uns sind, weshalb wir letztlich nicht vergessen sollten, wie sehr diese Form der Beeinflussung dem *Sich-Kümmern* ähnelt. Und wenn wir den Vorschlag der Theorie der Emotion von William James weiterdenken, wäre es durchaus auch möglich, dass der Kummer angesichts des Todes als mögliche Voraussetzung für sein Vorhandensein die Tatsache haben könnte, dass er mit dem Trösten, mit *dem Sich-Kümmern* einhergeht. Die Pfleger der Auffangstation sind also zwar für den Kummer der Schimpansen in dem Sinne *verantwortlich*, dass sie die Verantwortung dafür übernommen haben, die Art und Weise, wie die Schimpansen davon berührt sind, auf eine Ebene zu heben, auf der sie selbst darauf *antworten* konnten. Die Verantwortlichkeit ist nicht eine Ursache, sondern ein Weg, Antworten zu ermöglichen.

Die Frage, ob es sich um *echte* Trauer handelt, ist gar nicht so interessant, zudem weiß man bei dieser Art von Fragen gar nicht so recht, wie man aus der Sache wieder herauskommt. Für die Erben von William James' Pragmatismus wiederum erweist sich die Angelegenheit als geeignet, eine andere, noch wichtigere Frage zu stellen: Welche Konsequenzen hat es für uns, das Verhalten als echte Trauer anzusehen?

Die beiden Fragen »Ist das wirklich …?« oder aber »Welche Konsequenzen hat das für uns?« entsprechen zwei Arten der Übersetzung: Der *Hinübersetzung* von der Mutter- in die Fremdsprache und der *Herübersetzung* von der Fremd- in die Muttersprache.[4] Die Frage, ob

4 Die Unterscheidung, die ich zwischen der Hin- und der Herübersetzung aufmache, ist nicht die zwischen der Hinübersetzung *an sich* und der Herübersetzung *an sich*. Es ist eine Unterscheidung zwischen zwei verschiedenen Arten, wie die *gemeinsame* Erfahrung überprüft werden kann. Für einen durchschnittlichen Schüler ist die Hinübersetzung der mühsame Versuch, ganz genau dasselbe zu

es wirklich *wahre Trauer* ist und ob *es genau dasselbe bedeutet*, ist die Angelegenheit der Hinübersetzung[5]: Eine Übersetzung, die in erster Linie darauf abzielt, dem Originaltext treu zu bleiben und mit ihm übereinzustimmen. Ist es wirklich *echte* Trauer, also genau das, was wir darunter verstehen? Die Hinübersetzung zieht, so, wie ich sie definiere (als die Sache der *Alleswisser*), Synonyme den Homonymen vor. Die beiden Begriffe *Menschentrauer* und *Schimpansentrauer* müssen genau dasselbe bezeichnen und untereinander austauschbar sein. Man kann problemlos von der einen in die andere Welt wechseln, solange man sich dabei geradeaus bewegt, ohne vom Weg abzukommen. Die Übersetzung, zu der die Frage »Welche Konsequenzen hat das für uns?« führt, wiederum ist der anderen Art von Übersetzung zuzuordnen, der *Herübersetzung*[6]. Die Antwort auf diese Frage selbst ist nicht eine Herübersetzung, sondern ihre Trägerin oder eher sogar ihre Schöpferin.

---

sagen. Dieser Übergang vollzieht sich, ohne dass er dabei auf die Freiheiten und sein Feingefühl zurückgreifen kann, aus denen er in seiner eigenen Sprache schöpft. Barbara Cassin (die mich darauf hinwies, wie schwierig das ist) hat gezeigt, dass man das, was sie Herübersetzungen nennt, auch dann machen kann, wenn man daran arbeitet, aus der eigenen in die Sprache des anderen zu übersetzen, wenn man also eine *Hinübersetzung* macht. Auf jeden Fall zeigt es, wenn jemand, wenn er eine Hinübersetzung macht, in der Sprache des anderen Homonyme wählen und mit diesen arbeiten kann, dass er dabei etwas tut, was ich *Herübersetzung* nenne. Laurence Bouquiaux, die mir als die gute Freundin, die sie ist, beim Korrekturlesen geholfen hat, hat mich ebenfalls darauf hingewiesen. Sie erinnerte mich an Leibniz' Worte, von dem der schöne Vorschlag stammt, dass eine Möglichkeit, mit Kontroversen umzugehen, die sein könnte, die Problematik in die Sprache oder die Begriffe des anderen zu übersetzen. Er war selbst so gut darin, sagte mir Bouquiaux, dass seine Lutherischen Glaubensgenossen ihn nach einem Tag, an dem er eine Doktrin vorgestellt hatte, für einen Kryptokatholiken hielten.

5 Eigentlich geht es hier um eine bestimmte Art, eine *Hinübersetzung* zu erstellen, unter vielen möglichen Varianten, dies zu tun. Es wäre allerdings kompliziert zu lesen, würde ich das jedes Mal durch Anführungszeichen deutlich machen.

6 Die Frage nach der Herübersetzung treibt mich seit vielen Jahren um. Wenn die Diskussion zu diesem Thema mit diesen neuen Texten und neuen Beweisen bereichert wird, dann nur dank der gemeinsamen Arbeit, die dem vorausgegangen ist (ich danke Didier Demorcy, Marco Mattéos Diaz und Isabelle Stengers).

Die Herübersetzung als eine Übersetzung von einer anderen in die eigene Sprache setzt wie jede Übersetzung Entscheidungen voraus. Anders als bei der Hinübersetzung beruhen diese Entscheidungen aber auf dem Prinzip der Vielfalt möglicher Bedeutungen, die sich anhand der Möglichkeiten auftun, die sich durch *Homonymien* ergeben. Ein und derselbe Begriff kann zahlreiche Bedeutungen tragen und in völlig unterschiedliche Richtungen weisen. Wenn ich aufgreife, dass die Philosophin Barbara Cassin von der französischen Sprache annimmt, von der griechischen Sprache in einer Übersetzung geformt worden zu sein, dann kann nicht nur jeder Begriff und jede syntaktische Konstruktion der Ausgangssprache mehrere Bedeutungen erhalten, sondern sie werden überdies in der Zielsprache mit Begriffen und syntaktischen Konstruktionen übersetzt, die ihrerseits mehrere Bedeutungen haben können.[7] Die Herübersetzung erhält diese unterschiedlichen Bedeutungen und Richtungen auf eine kontrollierte Art und Weise (so wie wir sagen, dass zu gehen eine kontrollierte Art des Fallens ist).

An die Stelle der Hinübersetzung anhand der Frage, ob die *Menschentrauer* ganz genau dasselbe ist wie die *Schimpansentrauer*, tritt nun also mit der Herübersetzung eine andere Vorgehensweise. Welche unterschiedlichen Bedeutungen, welche möglichen Homonyme können der Trauer bei Menschen Rechnung tragen? Und die Frage kann ebenfalls in Bezug auf die Schimpansen gestellt werden: Welche Bedeutungen könnte es bei ihnen geben? Es handelt sich also nicht um die Übersetzung eines Begriffs mit einem anderen, sondern um eine doppelte Bewegung von Vergleichsstrukturen innerhalb eines jeweiligen ganzen Universums

7 Cassin, Barbara: »Relativité de la traduction en relativisme«, Vortrag im Rahmen der Konferenz *La Pluralité interprétative* am *Collège de France* am 12. und 13. Juni 2008. Die Überlegungen der Philosophin finden sich außerdem im von ihr herausgegebenen Nachschlagewerk *Vocabulaire européen des philosophies: Dictionnaire des intraduisibles*, Paris 2004 (engl. Übersetzung: *Dictionary of Untranslatables, A philosophical Lexicon*, Princeton 2014). Mit Isabelle Stengers hat sie außerdem für unser Buch *Les Faiseues d'histoires. Que font les femmes à la pensée?* (Paris 2001) von ihren Erfahrungen berichtet.

von möglichen Bedeutungen unter dem Einfluss des jeweils anderen. Der Anthropologe Eduardo Viveiros de Castro verwendet in diesem Zusammenhang den Begriff *Mehrdeutigkeit*.[8] Übersetzen bedeutet ihm zufolge, davon auszugehen, dass immer Mehrdeutigkeit vorhanden ist. Es bedeutet, mit Unterschieden zu kommunizieren, mit Unterschieden in der eigenen Sprache (ein und derselbe Begriff kann sich auf eine Vielzahl von Dingen beziehen), Unterschieden in der Sprache des Anderen und Unterschieden in dem Übersetzungsvorgang selbst, denn die beiden *Mehrdeutigkeiten* sind nicht deckungsgleich. Das bringt Viveiros de Castro dazu zu sagen, dass »der Vergleich der Übersetzung dienlich ist«, und nicht umgekehrt. Man übersetzt nicht, um zu vergleichen, man vergleicht einzig mit dem Ziel, dass die Übersetzung gelingt. Und man vergleicht Unterschiede, Mehrdeutigkeiten, Homonyme. Die Mehrdeutigkeit ist das Ausbreiten von Herübersetzungen.

Die Hinübersetzung zeugt von dem Anspruch, dass es eine einzige Bedeutung gibt, die ganz von selbst die Macht hat, sich durchzusetzen. Die Herübersetzung hingegen beinhaltet, Unterschiedsverhältnisse miteinander zu verknüpfen.

Bei meiner Vorrecherche für das Buch *Penser comme un rat* (*Wie eine Ratte denken*) empfahlen mir einige der Wissenschaftler, denen ich die Forschungsergebnisse zeigte, die ich dem Buch zugrunde legen wollte, zu definieren, was *denken* bedeutet, bevor ich den Begriff in Bezug auf das Tier verwende. Dieser Hinweis sollte mich (zumindest glaube ich, dass sie das damit bezwecken wollten) davon überzeugen, entweder in Bezug auf Ratten einen anderen Begriff zu verwenden oder die Bedeutungen, die ich diesem Begriff gab, so einzugrenzen, dass beide Referenten, die

8 Alle Zitate von Viveiros de Castro in diesem Kapitel stammen aus zwei Artikeln: Viveiros de Castro, Eduardo: »Perspectival Anthropology and the Method of Controlled Equivocation«, in: *Tipiti: Journal of the Society for the Anthropology of Lowland South America* 1, 2, 2004, S. 3-22. und Viveiros de Castro, Eduardo: »Zeno and the Art of Anthropology«, in: *Common Knowledge* 17, 1, 2011, S. 128-145.

Art, wie eine Ratte denkt, und die Art, wie ein Mensch denkt, vollkommen deckungsgleich sind. Beide Lösungen gehen auf die Hinübersetzung zurück. Ich habe mich geweigert.

Ich wusste, dass der problematische Begriff »wie« den Kern dieses Problems ausmachte, weil er voraussetzt, dass eine Gleichheit hergestellt worden ist und man sich auf Bedeutungen festgelegt hat. Ich habe übrigens beim Schreiben darüber nachgedacht, den Begriff zu streichen und dem Buch den Titel *Mit einer Ratte denken* zu geben. Letztendlich habe ich es nicht getan und rückblickend denke ich, dass ich damit recht hatte, es nicht zu tun. Und zwar genau aus dem Grund, dass der Begriff *wie* Unbehagen hervorruft. Der Begriff *mit* hätte eine Lösung dargestellt, weil er uns ohne jegliche Schwierigkeiten von einer Koexistenz ausgehen lässt. Aber die Schwierigkeiten zwingen uns dazu, *aufzupassen*. *Mit ... zu denken* bringt sicherlich ethische und epistemologische Verpflichtungen mit sich, und mir sind diese Verpflichtungen wichtig. Aber die Formulierung birgt die Gefahr, die Schwierigkeit nicht sichtbar zu machen, die sich dadurch ergibt, dass die Bedeutungen bestenfalls lediglich teilweise deckungsgleich sind, selbst nachdem die möglichen Homonyme erarbeitet worden sind, was dazu verpflichtet, zahlreiche Homonyme zu suchen, um sie dann teilweise einander zuzuordnen. Was voraussetzt, dass der Übersetzungsvorgang selbst, die getroffenen Entscheidungen, die Bedeutungsverschiebungen, die nötig sind, damit Vergleiche gezogen werden können, und die Basteleien, die nötig sind, um Übergänge zu ermöglichen, die stets unsauber sind, sichtbar gemacht werden. Der Begriff *wie* hatte also nichts mit einer vorhandenen Gleichwertigkeit zu tun, deren konkrete Manifestationen es zu suchen galt. Aber er sollte Gabelungen in unseren eigenen Bedeutungen auftun und partielle und nicht-objektive Verbindungen schaffen. Womit wir letzten Endes wieder bei *Denken mit einer Ratte* sind, wobei diese Redewendung nicht bedeutet, dass empirisch wie oder mit Ratten gedacht wird, sondern die Arbeit bezeichnet, zu der die Ratten uns zwingen, wenn wir darüber nachdenken sollen, *wie man wie ... denkt*.

Die Hinübersetzung folgt einer Linie, Begriff für Begriff. Die Herübersetzung zeichnet eine Baumstruktur. »Ist es wirklich dieselbe *echte* Trauer?«, das ist die Frage der Hinübersetzung. »Welche Konsequenzen hat das für uns?« ist nicht ganz eine Herübersetzung, sondern die Frage führt zu dieser: Auf welche unterschiedlichen Bedeutungen kann ich in meiner Sprache oder meiner Erfahrungswelt zurückgreifen und von welchen Bedeutungen kann man annehmen, dass sie in der Erfahrungswelt von Schimpansen Sinn ergeben? Welche Konsequenzen haben die Unterschiede zwischen ihren Erfahrungen und den unsrigen für uns? Zu welcher Übersetzungsarbeit sind wir gezwungen, um sie miteinander zu verbinden?

»Eine gute Übersetzung«, schreibt Viveiros de Castro, »ist eine, die es fremden Konzepten erlaubt, den Werkzeugkasten des Übersetzers zu deformieren und kaputt zu machen, sodass die *Intention* der Originalsprache mit der neuen ausgedrückt werden kann.« Übersetzen bedeutet nicht zu erklären und weniger noch, die Welt der anderen zu erklären, sondern es bedeutet, das, was wir denken, oder das, was wir erleben, gegenüber dem, was die anderen denken oder erleben, auf die Probe zu stellen. Es bedeutet, mit der Frage zu experimentieren, wie man *wie eine Ratte denken* denken soll.

Angesichts der Frage »Auf welche unterschiedlichen Bedeutungen kann ich in meiner Sprache oder meiner Erfahrungswelt zurückgreifen?« kann ich also zum Beispiel, um die *Trauer* der Schimpansen zu übersetzen, nachdem ich sie so auf die Probe gestellt habe, herausfinden, dass das, worauf ich zurückgreife, problematisch ist. Die Schimpansen stellen meine Sprache und meine Erfahrungswelt auf die Probe, weil die Definitionen von Trauer, auf die *wir, die Menschen*, uns anscheinend *einigen können*, es nicht erlauben, von unserer Welt auf die ihre übertragen zu werden. Es ist nicht die gleiche Trauer. Aber genau das ist der Punkt, an dem wir nicht aufhören dürfen, die Frage zu stellen. Es ist der Punkt, an dem wir das Scheitern des Versuchs, Verbindungen herzustellen, nicht als das Problem der Schimpansen, sondern unseres eigenen Herübersetzens ansehen müssen.

»Die Bedeutung ist nicht dieselbe wie bei uns« beschreibt nicht, dass das Verhalten bei den Schimpansen arm an Bedeutung ist, sondern zeugt davon, dass bei uns eine solche Bedeutungsarmut vorliegt.[9] Die Trauer ist in meiner eigenen Kultursphäre eine Hinübersetzung geworden. Eine einsame, allein stehende Hinübersetzung, ein Begriff, der über keine Homonymie verfügt, eine zu bedeutungsarme Hinübersetzung, als dass sie mit anderen verbunden sein könnte, eine Übersetzung, die unsere Erfahrung für immer festschreibt. Wollen wir also die Frage »Welche Konsequenzen hat es für uns, zu sagen, dass Schimpansen eine Variante von Trauer kennen?« ernsthaft beantworten, so müssen wir, statt die Schimpansen direkt auszuschließen, unsere eigenen Auffassungen anhand der Herübersetzungen auf die Probe stellen. Aus der Übersetzungsarbeit wird also ein Schaffensprozess, in dem wir unsere Fantasie nutzen, um nicht wieder in die Hinübersetzung abzurutschen.

Man kann nicht anders, als zu dem Ergebnis zu kommen, dass die Trauer für die Toten eine finstere Zukunft ist. Genauso ist sie es für die Lebenden. Die Theorien über die Trauer, die uns die Psychologen lehren und die Philosophie- und Ethikkurse vermitteln, sind extrem normativ und präskriptiv. Es handelt sich um eine *Arbeit*, die in Etappen erledigt werden muss, in denen die Menschen lernen müssen, der Realität ins Auge zu schauen, zu akzeptieren, dass ihre Toten tot sind, und die Verbindungen zum Verstorbenen zu kappen. Das Nichts vor ihnen zu akzeptieren und die Lücke mit anderen Objekten zu füllen. Man wird *bekehrt*, wie bei einer Sekte, wobei jegliche andere Variante ausgeschlossen wird. Eine Hinübersetzung.

Wir müssen uns also darauf einigen, dass die *Trauer*, wie wir sie begreifen, nicht zu den Schimpansen passen kann. Die *Trauer* verortet die Toten im Nichts, sie zwingt uns dazu, zwischen *realen* Beziehungen und

9 Die Überlegung, dass Trauer eine sehr verarmte Auffassung von der Beziehung ist, die die Lebenden zu ihren Verstorbenen pflegen, wird auf sehr spannende Weise in einem Buch von Magali Molinié vorgestellt: *Soigner les morts pour guérir les vivants*, Paris 2003.

imaginären Beziehungen oder dem, was wir *glauben*, zu unterscheiden. Sie verortet die Realität bei dem, was unsere Kulturtradition als real definiert. Es müsste den Schimpansen also bewusst sein, dass die Toten, wenn sie tot sind, *nirgendwo* mehr existieren, und das *für immer*, außer in den Köpfen der Lebenden, damit wir ihnen zusprechen können, dass sie bewusst trauern. Schimpansen haben nicht den geringsten Grund, dieser Hypothese zuzustimmen. Nicht etwa, weil sie nicht fähig wären, sich dessen bewusst zu sein, dass etwas *nicht mehr ist*, und das *nirgendwo* und *für immer* (darüber wissen wir nichts), sondern weil es keinen *historischen Grund* gibt, der sie dazu bringen könnte, daran zu denken.

Wenn wir die Dinge so betrachten, können wir beginnen, uns einige stumme, unterdrückte Varianten anzusehen, Herübersetzungen, die verdeckt weitergegeben werden. Varianten, die wir an Orten finden, an denen sie als *der Fantasie entsprungen* zugelassen werden (das ist die Bedingung dafür): in Romanen, Filmen, Fernsehserien. Und wenn wir hartnäckig bleiben, wird uns außerdem bewusst, dass zahlreiche Menschen völlig andere Theorien darüber haben, was Verschwinden und Trauer bedeuten, und überhaupt nicht denken, dass man es so sehen muss, dass die Toten ihnen nichts mehr zu sagen oder keine Fragen mehr an uns haben. Es gibt aber nicht wirklich einen Ort, an dem diese Variante gepflegt werden könnte. Also lernen diese Menschen, darauf zu verzichten, um den offiziellen, klugen Anweisungen zu folgen und, nennen wir es beim Namen, um nicht als seltsam, als abergläubisch, leichtgläubig oder als Spinner zu gelten. Oder sie verzichten nicht darauf, und tun es alleine und fragen sich, ob sie nicht seltsam, abergläubisch oder Spinner sind. Oder aber sie finden bei den Vertretern des Spiritismus oder des Mediumismus andere, die mehr oder weniger denken wie sie, sehr wohl in dem Wissen, dass sie als abergläubisch, als seltsam und als Spinner gelten.

Wenn wir sagen, dass *Schimpansen sich des Todes nicht bewusst sind*, kann also eine Hin- zu einer Herübersetzung werden, das Scheitern einer Übersetzung (was man über uns sagen kann, kann man nicht über sie sagen) kann zu einem Experimentieren mit einer Variante werden (und wenn man *anders* über uns sprechen würde?). Mein Vorschlag lautet nicht, dass die Schimpansen uns eine neue Theorie der Trauer bieten, die unsere Rettung ist. Sie mussten schon zu oft als Modell herhalten. Damit würden wir nicht übersetzen, sondern uns etwas aneignen. Aber ihr Verhalten kommt uns gelegen, unsere vergessenen Varianten zu reaktivieren, sie zwingen uns, neu zu denken, sie stellen unsere Übersetzungen auf die Probe. Wenn die Pfleger in der Auffangstation die Verantwortung übernommen haben, einen Kummer hervorzurufen, den sie lindern konnten, dann erzählt uns das nichts über den Ursprung (so ist die Trauer entstanden), sondern es führt uns zu einer möglichen anderen Übersetzung, die zeigt, dass die Art, wie wir auf Trauer antworten, dieser ihre besondere Form gibt, die Trauer hervorruft, aber sie auch in die Formen der Antwort zwängt: Uns wurde die Trauer als Hinübersetzung zugeteilt, denn das, was es ermöglicht, bei uns den Kummer über die Abwesenheit zu übersetzen, das kann nur heimlich, den Normen widersprechend, anders übersetzt werden. Die Schimpansen können uns in Hinblick auf unsere Möglichkeiten an Abzweigungen auf einen anderen Weg bringen.

Übersetzen in Form einer Herübersetzung führt also dazu, zahlreiche Definitionen und Möglichkeiten zu finden, mehr Erfahrungen sichtbar zu machen, Mehrdeutigkeiten zu pflegen, kurzum: zahlreiche Erzählungen zuzulassen, in denen wir sensible Wesen sind, die mit den anderen verbunden sind und berührt werden. Übersetzen bedeutet nicht zu interpretieren, sondern mit Mehrdeutigkeiten zu experimentieren.

Einerseits tragen wir bei der Hinübersetzung, wie ich bereits erwähnt habe, die Verantwortung, sich in Hinblick auf das, was wahr ist, für einen Begriff zu entscheiden. Andererseits ist man bei der Herübersetzung dafür verantwortlich, welche möglichen Folgen diese Entscheidung impliziert (☞ *Notwendigkeit;* ☞ *Team*). So kann von einem Tier zu sagen, dass es dominant ist, eine Verifizierung der Hinübersetzung erforderlich machen, die einen dazu verpflichtet, zu verifizieren, dass das Tier wirklich das *wahre* dominante Männchen oder Weibchen in jeglicher Situation ist, oder sich zu vergewissern, dass dieser Begriff wirklich mit dem deckungsgleich ist, was die Literatur ihm als Bedeutung zuweist (☞*Hierarchien*). In Hinblick auf die Herübersetzung lautet die Frage dann, was die Tatsache, diesen Begriff zu wählen, für Konsequenzen hat. Ein Tier als *dominant* zu bezeichnen, fördert eine bestimmte Art von Narrativ, es bewirkt, dass wir manchen Verhaltensweisen eine andere Form von Aufmerksamkeit schenken als anderen, und es macht den Bezug auf andere mögliche Varianten nicht mehr greifbar. Der Begriff *dominant* ist zu sehr mit Bedeutung aufgeladen und bleibt somit eine Angelegenheit der Herübersetzung, aber einer Herübersetzung mit Tendenz zur Hinübersetzung. Anhand dieses Begriffes wird immer die gleiche Geschichte erzählt. Er grenzt das Szenario ein. Die Übersetzung in Form einer Herübersetzung zu denken, gibt demjenigen, der sich für den passenden Begriff entscheiden muss, die Freiheit, ihn wieder zu vergessen und in seinem Wortschatz einen anderen zu finden, der ein anderes, interessanteres Narrativ ermöglicht – Begriffe wie Respekt, Charisma, Prestige oder *älter*, wie erst Thelma Rowell für die Paviane (☞ *Hierarchien*) und dann Margareth Power für Jane Goodalls Schimpansen,[10] Amotz Zahavi für die Graudrosslinge (☞ *Forschung*) und schließlich Didier Demorcy für die Wölfe, die wir gemeinsam in einem Park in Lothringen beobachteten, vorgeschlagen haben – oder aber, wenn es sich um Männchen handelt, die sich mit Gewalt durchsetzen und Terror verbreiten, die Bezeichnung *sozial unerfahren*, die Shirley Strum gewählt hat, womit sie zeigt, dass dieses Verhalten vor allem von der Unfähigkeit dieser »dominanten« Paviane, die die Primatologen so sehr fasziniert haben, zeugt, ihre Stellung in der Gruppe geschickt auszuhandeln.

Das Ziel der Herübersetzungen ist, wie man erkennt, wenn diese Begriffe erst einmal verwendet werden, nicht, Tabula rasa mit den anderen zu machen, sondern Zusammenhänge, die die anderen verdeckten oder denen sie eine andere Bedeutung gaben, zu erschaffen und sichtbar zu machen.

---

10 Power, Margareth: *The Egalitarian: Human and Chimpanzee,* Cambridge 1991.

Derartige Varianten, das ist es, was ich im Großen und Ganzen in dieser etwas seltsamen Abfolge von scheinbar nicht zusammenhängenden Texten, aus der man sich wie bei einem Nachschlagewerk, einem Wörterbuch oder einem Gedichtband die Themen herauspicken kann, zu etablieren versuche. Jede Geschichte erscheint oder erscheint manchmal auch nicht in dem jeweiligen Kontext, in dem sie zugelassen oder in den sie eingeordnet wird, in einem bestimmten Licht. Aber jede wird durch die anderen Geschichten auf andere Weise verständlich, welche Antworten aus einer jeweils ganz bestimmten Perspektive auf sie darstellen, je nach dem Kontext, in dem diese Geschichten erzählt werden, und je nachdem, wie sie sich zufällig mit ihr verbinden. Diese Verbindungen zwischen Herübersetzungen können andere Arten, diese Geschichten über bestimmten Praktiken und Tiere zu betrachten, sichtbar machen, andere Arten, ihren Zweck zu beurteilen oder wie stark sie sich wiederholen, ob darin Widersprüche sichtbar werden und wieviel Einfallsreichtum in ihnen steckt. Manchmal, da habe ich keine Zweifel, widersprechen sie meiner eigenen Art, sie zu begreifen. Aber eine Errungenschaft dieser Art von Werkzeug wäre schlicht und einfach, dass die Dinge dadurch weniger einfach sind und wir bei der Lektüre stolpern, so wie es mir selbst, mit einem Lachen oder voller Wut, beim Schreiben passiert. Kurzum: wenn wir dabei einander widersprechende, unmöglich miteinander in Einklang zu bringende Übersetzungen pflegen, wie es Donna Haraway so gut gelungen ist. Nicht ohne Unbehagen oder Schwierigkeiten, voller Wut oder Humor.

W wie Wattana
Wer hat die Sprache und die Mathematik erfunden?

Wattana ist eine präoperationale Mathematikerin. Trotz ihres sehr jungen Alters war sie bereits Gegenstand wissenschaftlicher Artikel und von Videos und ihre Arbeit wurde in einer Ausstellung in der *Grande Halle de la Villette* in Paris gezeigt. Sie wurde 1995 in einer Stadt in Belgien, in Antwerpen, geboren. Da ihre Mutter sie verstieß, wurde sie von Angestellten des Zoos adoptiert. Sie verbrachte anschließend einige Zeit in Stuttgart in Deutschland, bis sie schließlich, im Mai 1998, in der *Ménagerie du Jardin des Plantes* in Paris ankam. Sie gehört zu der Spezies der Orang-Utans, einer Spezies, die bis zum heutigen Tag in der Geschichte der Mathematik keine großen Köpfe hervorgebracht hat. Trotz einiger Versuche, sich wenigstens in der Welt der Arithmetik einen Namen zu machen, ist kein einziges Tier so weit gekommen.

In den Schriften Charles-Georges Le Roys, eines Naturforschers des 18. Jahrhunderts, finden sich Berichte von Jägern, die behaupten, dass, wenn sie versuchen, eine Elster zu täuschen, um ihre Eier zu stehlen, und ihre Strategie dabei ist, den Ort zu verlassen, während einer von ihnen im Hinterhalt wartet, die Elstern sich nur täuschen lassen, wenn die Zahl der Jäger höher ist als vier. Die Elstern unterscheiden also diesen Berichten zufolge zwischen drei und vier, aber nicht zwischen vier und fünf.

Diese Fähigkeit zu *zählen* wurde im Laufe des 20. Jahrhunderts in den Laboren der Kognitivisten getestet. Vor allem Krähen und Papageien können (allerdings längst nicht als einzige) Karten voneinander unterscheiden, auf die eine bestimmte Anzahl von Punkten gezeichnet worden ist. Diese Ergebnisse wurden allerdings angezweifelt: Die Tiere würden nicht zählen, sondern eine bestimmte Art von *Gestalt* wiedererkennen, die sich aus dem Ganzen ergibt. Der Ethologe Rémy Chauvin erwidert darauf, dass wir die meiste Zeit genauso vorgehen und dass einige Mathematik-Genies de facto gar nicht die Zeit haben, das, was vor ihnen liegt, durchzurechnen. Das muss anders funktionieren. Sagt man nicht von den japanischen Besitzern von Kois, dass sie nicht wissen, wie viele Fische in ihrem Becken leben, so zahlreich sind sie, aber dass sie es sofort merken, wenn nur einer fehlt?

Man ist mit der Frage, ob sie *zählen* können, auch an Ratten herangetreten, und zwar mittels des Modells der Verstärkung. Die Ratte muss zum Beispiel zeigen, dass sie fähig ist, nicht auf einen Hebel zu drücken, solange nicht eine bestimmte Zahl von Stimuli in Form von Signalen geliefert worden ist.

Berühmter noch ist der Fall Hans. Ihr erinnert euch sicher an das Berliner Pferd, von dem man dachte, es könnte addieren, subtrahieren und multiplizieren oder sogar die Quadratwurzel von etwas ziehen. Und tatsächlich sprachen eine Zeit lang zahlreiche Indizien für diese Hypothese, als das Pferd im September 1904 vor einer unparteiischen Jury zeigte, dass es diese Rechenaufgaben lösen konnte, indem es die Antwort in Form einer bestimmten Anzahl von Huftritten gab. Dem Psychologen Oskar Pfungst wurde die Aufgabe zuteil, die Angelegenheit zu lösen, und das tat er auch direkt. Für die gerade im Entstehen begriffene Psychologie als Wissenschaft war es schwer vorstellbar, dass ein Pferd zählen kann. Pfungst deckte in den Tests, denen er das Pferd unterwarf, auf, dass dieses anhand der unbewussten Hinweise, die derjenige, der es befragte, mit seinem Körper gab, erkannte, wann es zu zählen aufhören musste. Damit galt die Sache als gelöst, auch wenn einige, wie Rémy Chauvin, auch danach noch die Evidenz dieser Ergebnisse infrage stellen und es für möglich halten, dass das Pferd telepathische Fähigkeiten genutzt haben könnte. Zwar mag die Vorstellung, derart menschlich markierte Fähigkeiten einem Pferd zuzusprechen, wenig glaubwürdig erscheinen. Aber manche geben die Vorstellung nicht auf, dass sich die Fähigkeit dieses Pferdes, selbst wenn es zweifellos nicht auf die Weise zählte, wie wir es tun, nicht darauf beschränkte, die Bewegungen der Menschen zu interpretieren. Unter den Argumenten, die in dieser Kontroverse vorgebracht wurden, findet sich eine Beobachtung, die einst von den Bergarbeitern gemacht worden war. Sie hatten, als sie Grubenpferde beobachtet hatten, die die Wagen durch die Bergwerke zogen, festgestellt, dass diese sich weigerten loszulaufen, wenn nicht die gewohnten 18 Wagen hinter ihnen aneinandergespannt waren.

Einige Autoren betrachten auch die Leistungen von Affen in Versuchen, bei denen es ums Tauschen geht, als Beweis für Rechenfähigkeiten. Schimpansen haben in diesen Experimenten gelernt, Geld (oder Chips) zu verwenden, womit sie Nahrungsmittel oder bestimmte Dienste bezahlen können. Man mag schmunzeln, es bedauernswert finden, dass das Handelssystem sie im Griff hat, oder aber gut finden, dass das Geld die Vorstellung bestätigt, dass sie arbeiten (☞ *Team*). Des Weiteren hat man in den sogenannten Kooperations-Tests sehen können, dass Kapuzineraffen die Kooperation verweigerten, wenn sie das Gefühl hatten, dass das Tauschgeschäft nicht fair wäre (☞ *Justiz*). Sie konnten die Größenverhältnisse vergleichen, was, ohne bereits Arithmetik zu sein, immerhin eine Prämisse dafür ist. Neuere Forschungsprojekte mit dem Ziel, die Frage nach der Vorstellung vom Tier als *rationalem ökonomischem Akteur* neu zu stellen, zeigen, dass Affen (wieder Kapuzineraffen) Geld in Transaktionen benutzen können, dass sie aber mal mehr und mal weniger rational *zählen*. Senkt man den Preis einer Ware, wählen sie die günstigste Ware. Aber ihre Wahl wird irrational (zumindest einer bestimmten Vorstellung von Rationalität, die die Versuchsleiter teilen, zufolge), wenn die Versuchsleiter ihnen Transaktionen anbieten, bei denen die Kapuzineraffen einen Teil ihres Einkaufs gewinnen oder verlieren könnten. Wenn sie am Ende *gleich viel übrig behalten*, bevorzugen sie die Transaktionen, die ihnen das Gefühl geben, zu gewinnen.[1]

Dass Wattana als eine präoperationale Mathematikerin betrachtet wird, bezieht sich auf einen anderen Bereich. Ihr Talent kommt in der Geometrie zum Tragen. So deuten es zwei Forscher, die sie in der Ménagerie im *Jardin des Plantes* beobachtet haben, der Philosoph Dominique Lestel und die Philosophin und Künstlerin Chris Herzfeld.[2] Das Ganze beginnt damit, dass Chris Herzfeld ob des Verhaltens der jungen Orang-Utan-Frau stutzig wird, die sie gerade fotografiert. Wattana spielt mit einem Stück Schnur, in die sie Knoten zu machen scheint. Genaueres Beobachten bestätigt, dass sie genau das tut. Ihr Pfleger Gérard Douceau stützt diese Hypothese. Wattana hat sich schon immer sehr für seine Schnürsenkel interessiert, sagt er, und sobald sich die Gelegenheit ergibt, versucht sie, sie aufzumachen.

Chris Herzfeld durchforstet also die wissenschaftliche Literatur auf der Suche nach ähnlichen Fällen. Es gibt nur einen einzigen Fall, in dem Affen beim Knotenmachen beobachtet wurden. In Gefangenschaft wiederum sind die Berichte vielversprechender. Sowohl in Auffangstationen als auch in Zoos hat man Affen dabei beobachtet, wie sie Knoten lösen und sogar gelegentlich welche binden. Aber es ist unwahrscheinlich, dass diese Art von Beobachtungen von den Wissenschaftlern aufgegrif-

1 Vgl. Chien, Keith/Lakshminarayanan, Venkat/Santos, Laurie: »How Basic Are our Behavioral Biaises? Evidences from Capucin-Monkey Trading Behavior«, in: *Journal of Political Economy* 3, 114, 2006.

2 Die fotografische Arbeit Chris Herzfelds findet sich in einem Buch: Picq, Pascal/Despret, Vinciane/Herzfeld, Chris/Lestel, Dominique: *Les Grands Singes. L'humanité au fond des yeux,* Paris 2009. Einige der Filme, die über Wattana gedreht wurden, wurden in der Ausstellung *Bêtes et Hommes* in der *Grande Halle de la Villette* in Paris im Jahr 2007 gezeigt. Ein Text von Chris Herzfeld ist im Ausstellungskatalog zu finden. Vgl. außerdem: Lestel, Dominique/Herzfeld, Chris: »Topological Ape: Knot Tying and Untying and the Origins of Mathematics«, in: Grialou, Pierre/Longo, Giuseppe/Okada, Mitsuhiro (Hrsg.): *Images and Reasoning, Interdisciplinary Conference Series on Reasoning Studies* 1, Tokio 2005, S. 147-163.

fen werden, es sind Anekdoten. Die Forscherin beschließt zudem, eine E-Mail-Umfrage zu starten.

In dem Artikel, der ihre Forschungsergebnisse aufgreift, präzisieren Dominique Lestel und Chris Herzfeld, dass diese methodische Herangehensweise *heute*, das heißt: seit der von Byrne und Whiten über das Lügen bei Primaten im Jahr 1988 veröffentlichten Studie, als angemessen betrachtet wird. Hier bietet sich ein kleiner Einschub an. Dass sie sich dazu verpflichtet fühlen, diesen Punkt zu erwähnen, zeigt uns, welcher Weg seit einigen hundert Jahren gegangen wird (wenn man unter dem *Weg, der gegangen wird*, nicht Fortschritt, sondern ein Tänzeln meint, zwei Schritte vor, drei zurück). Dass sie das schreiben, sagt bereits viel über die Geschichte der Tierwissenschaften und darüber, wie die Rivalität verschiedener Herangehensweisen dazu geführt hat, dass ein Großteil der Quellen für das, was der Korpus hätte sein können, disqualifiziert wird (☞ *Forschung*). Darwin hat einen Großteil seiner Untersuchungen auf genau diese Weise durchgeführt, indem er jegliche Techniken vergaß und Gesuche à la »Konnten Sie ... beobachten?« in alle vier Himmelsrichtungen verschickte. Ein nicht unerheblicher Teil der Beobachtungen, die seine Theorie stützen, kommt von Hobby-Naturforschern, Jägern, Hundebesitzern, Missionaren, Zoowärtern und Siedlern. Er muss sich lediglich noch absichern, indem er den jeweiligen Bericht einordnet und sagt, dass er ihm glaubhaft erscheint, da er von einer vertrauenswürdigen Person kommt. Zu jener Zeit genügte diese Form der Absicherung.

Im Hinweis seitens der beiden Autoren des Artikels können wir aber noch etwas anderes erkennen, das in allen wissenschaftlichen Artikeln durchscheint und Ziel der Publikationspraktik ist: Dieser Hinweis zeugt davon, dass das Publikum eines jeden Wissenschaftlers die *wachenden* Kollegen sind. Darin zeigt sich eine der den Wissenschaftlern eigene Form von Reflexivität. Die Wissenschaftler müssen ihre Forschungsobjekte konstruieren und also einerseits (wie es hier der Fall ist) auf die Methodik achten und andererseits die Unumstößlichkeit ihrer Interpretationen sicherstellen, denen jederzeit eine konkurrierende Interpretation gegenübergestellt werden könnte: »Man könnte darauf erwidern, dass« beispielsweise, oder: »Das könnte man auch einfach mit Konditionierung erklären« (☞ *mogeln;* ☞ *Punkte*). Jeder Wissenschaftler muss, noch bevor er seine Arbeit der Kritik seiner Kollegen ausliefert, einen imaginären Dialog mit ihnen herstellen, in dem dann jegliche Einwände in einer Form von *verteilter Reflexivität* antizipiert werden.[3]

Zurück zu Herzfelds Umfrage. 96 Mal wurde ihre Anfrage beantwortet. Unter den Affen, die zum Knotenmachen fähig waren, waren sprechende Affen, Bonobos und Schimpansen. Der erste Platz geht jedoch an die Orang-Utans. Bei ihnen waren es sieben, gegenüber drei Bonobos und zwei Schimpansen. Alle sind sie von Menschen aufgezogen worden, sei es in Zoos oder in Laboren. Dass die Orang-Utans so überrepräsentiert sind, ist nicht überraschend. In der freien Natur flechten sie ihre Nester. In Gefangenschaft scheinen sie gerne mit Objekten umzugehen und alleine mit diesen zu spielen.

3 Auf die Frage der *verteilten Reflexivität* bin ich zuerst aufmerksam geworden anhand dessen, wie Isabelle Stengers in *L'Invention des sciences modernes* von den *rivalisierenden Interpretationen* spricht. Der Anthropologe Dan Sperber brachte mich erneut darauf, als er mich darauf aufmerksam machte, dass ich leichtes Spiel habe, wenn ich angesichts der Artefakte in Laboren kritisch bin, weil ja die Wissenschaftler sich selbst und anderen Wissenschaftlern gegenüber ebenfalls diese Art von Kritik üben. Ich musste ihrer Kritik also nur folgen und sie ablösen. Ich gestehe ihm das gerne (aber nur teilweise) zu, denn das erlaubt es, eine pragmatische Forderung zu stellen: Den Akteuren in dem, was sie sagen und tun, zu folgen, ohne *hinter ihrem Rücken* Wissen zu konstruieren und ohne meine Arbeit auf Denunziationen und Enthüllungen zu stützen (»die Wissenschaftler wissen nicht, was sie tun«). Aber genau weil ich denke, dass die Wissenschaftler im Bereich (Tier- oder Menschen-) Psychologie nicht wissen, was sie tun, habe ich den Anspruch, etwas anderes zu tun, als einfach die Kritik, mit der sie sich selbst und die jeweils anderen Wissenschaftler konfrontieren, zu übernehmen. Ich würde es vorziehen, wenn ich ihnen vertrauen könnte und nicht (was meine epistemischen Entscheidungen angeht) in der unbequemen und widersprüchlichen Situation wäre, zu denunzieren. Ich bleibe, was das betrifft, so wie Bruno Latour (aber in einer Form, die er sicher normativ fände) eine *Amateurin*, das heißt: eine, die es liebt und sich selbst dazu zwingt, das, was sie liebt, gut zu kennen und zu kultivieren, und die also manchmal sagen kann: »Das hat einen faden Nachgeschmack.«

Wattana ist da keine Ausnahme, aber sie ist ganz besonders begabt. Lestel und Herzfeld bieten ihr also die Möglichkeit, ihr Talent unter Beweis zu stellen. Der Versuchsaufbau besteht darin, dass ihr unter kontrollierten Bedingungen, während alles gefilmt wird, Material zum Knotenmachen und zum Basteln gegeben wird. Papierrollen, Pappkartons, Holzstückchen, Bambusrohre, Bindfäden, Seile, Schnürsenkel, Stöcker und Stofffetzen. Sobald das Material herbeigebracht ist, fängt Wattana an, mit Händen, Füßen und Mund zu knüpfen. Sie knotet zwei Schnurenden aneinander und fabriziert eine Reihe von Knoten und Schleifen, wickelt die Schleifen jeweils umeinander, steckt Papp-, Holz- und Bambusstückchen hinein. Sie macht sich eine zweireihige Kette, hängt sie sich um den Hals und wirft sie dann mehrere Male hoch in die Luft. Schließlich hebt sie sie auf und löst die Knoten mit großer Sorgfalt wieder. Einige andere Male verwendet sie die farbigen Bänder oder bindet die Seile an feste Elemente in ihrem Käfig und zieht mit ihnen Formen, von einer Stelle des Raums bis zu einer anderen.

Fast jedes Mal nimmt sie die vollendete Arbeit wieder auseinander. Das Entknoten ist genauso wichtig wie das Knoten, und Archäologen, die sich mit Knoten beschäftigen wollten, hätten es bei den Orang-Utans schwer (wenn irgendwer eines Tages auf diese Idee kommen würde). Aber ist das nicht das Problem der Archäozoologie? So, wie es für die Archäologie schwierig ist, die Erfindungen von Frauen zu erforschen (wie Körbe zum Sammeln oder Baby-Tragetücher), so haben auch die Artefakte von Tieren wenige Spuren hinterlassen, was ihrer historischen Rolle oder gar der Tatsache, dass sie eine eigene Geschichte haben, in keiner Weise gerecht wird. Besser man erfindet Waffen.

Lestel und Herzfeld haben darüber nachgedacht, was Wattana mit ihrem Verhalten bezwecken könnte. Es handelt sich, wie sie betonen, nicht um Werkzeuge. Diese sind normalerweise für einen bestimmten Gebrauch angefertigt, was hier nicht der Fall ist. Die Hypothese, dass es sich um ein Spiel handelt, könnte überzeugend sein, weil die Handlung auf eine Form von unmotiviertem Verhalten zurückzuführen ist. Nun weigert sich Wattana aber, das Knoten gemeinsam mit ihrem Käfiggenossen Tübo zu machen, mit dem sie normalerweise spielt.

Dass sie die Idee hatte, Elemente in ihrem Käfig als Anknüpfungspunkte zu nutzen, und die Art, wie sie mit dieser Möglichkeit experimentiert hat, führt die Forscher zu ihrer Hypothese. Wattana erschafft Formen. Und diese Formen weisen darauf hin, dass es dabei nicht nur um den Spaß geht, sondern dass sie etwas bedeuten, sie übersetzen eine *Handlung, bei der Formen generiert werden*. Sie bilden eine Art Herausforderung, erklären sie, der sie sich stellen muss. Sie greift nicht blind nach den Seilen, sondern sie *denkt* darüber nach, was sie mit ihnen machen kann. »Sie gibt dem, was sie tut, einen Sinn und es ist ihr wichtig, es zu tun.« Weit davon entfernt, ihre Arbeit nebenbei oder unkonzentriert zu erledigen, widmet sie ihr große Aufmerksamkeit, unterbricht sich hin und wieder, um das Ergebnis zu betrachten und zu schauen, was sie noch daraus machen kann. Den beiden Autoren zufolge wendet sie also eine *exploratorische Logik* an, was beschreibt, dass sie systematisch die physischen und logischen Eigenschaften des Knotenmachens erforscht.

In diesem Sinne konnten Lestel und Herzfeld davon ausgehen, dass Wattana den Beweis dafür lieferte, dass sie die Welt der Mathematik über die präoperationale Geometrie betreten hatte. Natürlich erarbeitet sie keine Beweise für Theoreme. Sie erforscht die *praktischen und geometrischen* Eigenschaften von Knoten *als solche*. Sie begreift, dass sie das Ergebnis von *Handlungen* sind, die wieder *rückgängig gemacht werden können*, ihr liegt eine *funktionale Repräsentation* vor. Und sie erforscht sie mit ihrem Körper und führt so aus, was sie eine *verleiblichte Mathematik* nennen.

Für die zwei Forscher sind das »Interesse für die Formen selbst und die Suche nach den richtigen Handgriffen, mit denen ihre Eigenschaften besser erforscht werden können, der *wahre Ursprung* (*true beginnings*) mathematischen Handelns«.

Ich habe für die englische Bezeichnung *true beginnings* den Begriff *Ursprung* gewählt (der sich so auch im Wörterbuch finden lässt) und nicht den Begriff *Anfänge*, den man auch nehmen könnte. Beide Begriffe sind sich in ihrer Bedeutung sehr ähnlich, aber wenn ich den Begriff *Ursprung* wähle, dann deshalb, weil er später, im letzten Kapitel des Artikels, mit Nachdruck, verwendet wird. Der Begriff *Ursprung* wird anschließend mehrere Male verwendet, ebenso die Bezeichnung »Polygenese der Vernunft«. Sicherlich, das Projekt einer nicht-menschlichen Epistemologie ist verlockend, und ich gehöre nicht zu jenen, die das, wie es die Autoren befürchten, stören würde. Es ist noch umso reizvoller, da es uns dazu zwingt, uns mit einer *Geschichte der verschiedenen Tiere* zu beschäftigen. Ich bin mir allerdings nicht sicher, ob dies wirklich die Art von Geschichte ist, die ihnen Ehre macht. Sie ist immer noch, und auf immer, die unsrige. Gruppen von Schimpansen, Rhesusafffen oder Pavianen werden nun seit mehreren Generationen beobachtet (was Bruno Latour dazu gebracht hat zu sagen, dass es nur wenige Menschengruppen gibt, die von einer derart großen Aufmerksamkeit vonseiten ihrer Anthropologen profitieren konnten), und ich glaube, dass dies *ihre* Art ist, ein Teil der Geschichte zu werden – durch eine Hintertür, was manchmal der beste Weg ist. Man muss weder mit lauter Versprechungen und Geschenken im Gepäck kommen, noch muss man sich hübsch zurechtmachen. Zu wollen, dass Wattana die Verantwortung für unseren Ursprung übernimmt, bedeutet nicht, den Affen eine Geschichte zu geben, sondern sie dazu zu zwingen, der unsrigen zu folgen und darin unsere Vorfahren zu sein.

Zu Lestels und Herzfelds Verteidigung würde ich sagen, dass sie zweifellos das Beste aus der Textgattung gemacht haben, und in Bezug auf die spannende Umfrage, die sie mit viel Fantasie und Kühnheit durchgeführt haben, dass sie angesichts der Einschränkungen, denen Publikationen und Forschungsberichte unterliegen, einige Zugeständnisse machen mussten. Offensichtlich ist die Frage nach dem Ursprung eine Bedingung für diese Textgattung, dem scheint eine implizite Forderung zugrunde zu liegen. Du kannst interessant finden, was du willst, wenn es dabei um die Frage nach dem Ursprung unseres Verhaltens geht, dann wird es *für uns* interessant. So hat man den Affen zahlreiche Geschichten über den Ursprung erzählt und sie sollten uns das Drehbuch dazu liefern. So mussten in der Savanne lebende Paviane als Beispiele dafür herhalten, dass unsere Vorfahren nicht mehr auf Bäumen lebten, und die Schimpansen für die Ursprünge der Moral, des Handels und noch vieler anderer Dinge.

Das Rennen macht in dieser Sache die Sprache. So wurde eine beeindruckende Zahl von Verhaltensweisen erforscht, weil der Ursprung der Sprache angeblich auf sie zurückzuführen ist. Stellt man diese Forschungsprojekte nebeneinander, vermitteln sie deshalb einen ganz besonderen, äußerst lustigen Eindruck. Selbst diejenigen Autoren, für die ich die größte Sympathie hege, entkommen dieser Faszination für den Ursprung der Sprache nicht. Bruce Bagemihl zum Beispiel (☞ *queer*) behauptet, dass mit Einladungen zum Sex einhergehende symbolische Gesten den Erwerb von Sprache begünstigt haben müssen. Sie bilden demnach einen ihrer Ursprünge. Die Schimpansen, die Forschern ihren Kot an den Kopf werfen (☞ *Diebe*), werden im Rahmen desselben Programms zu Rate gezogen: Dass sie mit Steinen oder Waffen werfen (wobei die Forscher nicht das Risiko eingegangen sind, ihnen Letztere zu geben) und dass dahinter eine Intention steckt, hat demnach den Weg dafür geebnet, dass neuronale Zentren entstehen, die die Sprache ermöglichen. *Last but not least* (und dabei werde ich es dann belassen) hat der Anthropologe Robin Dunbar 1996 die These aufgestellt, dass die Sprache das Lausen oder die *soziale Körperpflege* ersetzt hätte.[4] Die Körperpflege erfüllt, wie sich die Wissenschaftler einig sind, die Funktion, soziale Bindungen zu pflegen. Da diese Art von Aufmerksamkeiten aber immer nur vom einen zum nächsten ausgetauscht werden kann, kann die Körperpflege Dunbar zufolge den sozialen Zusammenhalt nur in kleineren Gruppen sichern. Die Sprache hat sie ersetzt – nicht

---

4 Dunbar, Robin: *Grooming, Gossip and the Evolution of Language*, Cambridge 1996.

als Träger von Informationen, sondern als pragmatische Handlung, als *Plappern*, als Handlung für die Pflege der Beziehungen. Zu reden ohne etwas zu sagen, erlaubt einem, Kontakt herzustellen oder aufrechtzuerhalten. Dabei wird selbstverständlich davon abgesehen, dass (und das ist der Schwachpunkt dieser Theorie) man sich das Plappern als Vorgänger jeglicher Form von gesprochener Sprache denken und dabei vergessen muss, dass es bereits die gesamte sprachliche Vorstellungskraft braucht, um zu *plappern*.

Mich bringt diese fast schon manische Obsession bei der Suche nach dem Ursprung der Sprache eher zum Schmunzeln. Manchmal ruft sie in mir sogar dieselbe großmütige Amüsiertheit hervor wie (wenn man sie nicht allzu oft ertragen muss) Menschen, die immer wieder zu derselben Hypothese zurückkehren, was bereits Inspiration für Witze in Comics, für humoristische Essays (Jean-Baptiste Botuls *Métaphysique du mou*), für Jacques Tatis Filme und die Literatur geliefert hat. Wie sagte noch, zu diesem und zu jedem anderen Thema, der Papagei in *Zazie in der Metro*? »Du redest und redest. Etwas anderes kannst du gar nicht.«

X wie Xenotransplantation

Kann man mit einem Schweineherz leben?

Ein K.O.-Schwein ist ein seltsames Wesen. Ich kenne es nur indirekt, aus der wissenschaftlichen Literatur. Aber ich denke, ich kann mir vorstellen, wie es aussieht. Denke ich an ein K.O.-Schwein, dann denke ich an die Piggies, von deren Existenz die Erdbewohner in einer fernen Zukunft erfahren, als sie im zweiten Band von Orson Cards *Ender Zyklus* auf dem Planeten Lusitania ankommen. Die Piggies sind keine Menschen. Wie man bei ihrem Namen schon ahnt, sind sie halb Mensch und halb Schwein. Aber sie denken, lachen, sind traurig, lieben, haben Angst, haben Beziehungen, sorgen sich um die Ihrigen und sogar um die Männer und Frauen, mit denen sie es zu tun haben (Xenologen und Xenobiologen, die damit beauftragt wurden, mehr über sie zu erfahren.) Sie sprechen mehrere Sprachen, je nachdem, ob sie mit einem weiblichen Gegenüber, mit einem ihrer männlichen Freunde oder mit einem Menschen sprechen, der seinerseits Portugiesisch spricht (dahinter, dass die Erdbewohner diese Sprache verwenden, verbirgt sich eine ganze Geschichte). Die Piggies, die weder Mensch noch Tier sind, fordern die Menschen heraus: Welche Spezies gehört in welche Kategorie? Wer hat Macht über wen? Sie sprechen mit den Bäumen und diese antworten ihnen, aber ohne dabei das zu gebrauchen, was wir Worte nennen. Die Bäume sind ihre Vorfahren. Denn in jedem Piggie steckt ein Baumsamen, der Samen des Baums, der es selbst einmal sein wird, nachdem sein Körper in dem Ritual auseinandergenommen worden ist, das einen Baum entstehen lässt. So eröffnet sich ihnen ein neuer Lebenszyklus.

Ich möchte versuchen, die Geschichte der K.O.-Schweine mit den Geschichten, die über die Piggies und die Menschen erzählt werden, anzureichern (genau das ist der große Verdienst von Science-Fiction). Diese Geschichten sind nicht einfach. Das Leben der einen bedeutet darin den Tod der anderen. Menschen und Piggies treffen darin aufeinander und versuchen, ehrlich zueinander zu sein, schaffen es aber nicht immer, sie leben und sterben zusammen oder durch die Hand des jeweils anderen, sie versuchen, miteinander auszukommen und raufen sich wieder zusammen. Sie gehören verschiedenen Spezies an und stammen von verschiedenen Planeten, und sie sind Weggefährten.

Das K.O.-Schwein lebt auf unserem Planeten. Es lebt in unserer Gegenwart, aber wir sagen von ihm, dass es unsere Zukunft ist. Es sieht aus wie ein Schwein, weil es eins ist. Aber die Bezeichnung *tierischer Gefährte* bedeutet bei ihm etwas ganz anderes als bisher in der gemeinsamen Geschichte der Schweine und der Menschen. Ein Teil von ihm ist menschlich. Es ist noch nicht lange her, dass sich jemand dieses Schwein ausgedacht hat. Es wurde genetisch verändert, damit unsere Körper eines Tages die Organe annehmen, die das K.O.-Schwein uns spenden wird. Es wurde rekonfiguriert, damit die biologische und politische Grenze, anhand derer unsere Körper unterscheiden, was *wir* und was *nicht wir* ist, kein Hindernis mehr für diese Organspende ist. Man hat, wie die Forscher schreiben, die *xenogenetischen* Antikörper, die für die Abstoßungsreaktion auf die transplantierten Organe bei einer *Kombination* aus verschiedenen Spezies verantwortlich sind, *unschädlich* gemacht. Daher hat das K.O.-Schwein seinen Namen. Es wurde genetisch so verändert, dass es keine Galactose-Oligosaccharide mehr auf den Zellen trägt, die die Abstoßungsreaktion im menschlichen Körper verursachen.[1]

Fehlt also nur noch eins, um die Verbindung zu den Piggies ziehen zu können: Der Samen im Körper des K.O.-Schweins, der nach seinem Tod

1 Vgl. »Les xénogreffes finiront-elles par être acceptées?«, in: *Medecines/Sciences*, 2005.

außerhalb seines Körpers weiterleben wird, wird einem Menschen das Leben ermöglichen. Diesen Vorgang nennen wir Xenotransplantation.

Bisher werden Xenotransplantationen nur probeweise an Schimpansen durchgeführt. Weil sie nicht länger als ein Jahr überlebt haben, kann diese Methode nicht bei Menschen angewendet werden. Es ist eine seltsame Ironie der Geschichte, dass jene beiden Lebewesen, die einander auf dieser Erde bislang nicht viel zu sagen hatten, jetzt in den Laboren der Physiologen das gleiche Schicksal miteinander teilen. Lange Zeit hatte der Schimpanse den Platz inne, den jetzt das K.O.-Schwein einnimmt. In den 1960er-Jahren ist er wegen seiner genetischen Nähe zum Menschen der bevorzugte Organspender. Da die Transplantationsversuche aber scheitern, wird seine Eignung als Spender noch einmal überdacht. Das Argument, dass er uns genetisch sehr nah ist, von dem seine Eignung zuvor abhing, ist jetzt das Argument, das ihn ungeeignet macht. Der Schimpanse ist uns viel zu nah, also musste der Pavian übernehmen. Einer von Catherine Rémy durchgeführten Umfrage zufolge ist allerdings die gescheiterte Transplantation eines Pavianherzens bei einem kleinen, zehn Tage alten Mädchen im Jahr 1984 der Auslöser dafür, dass die Diskussion wieder auflebt.[2] Die Neugeborene litt an einer Herzfehlbildung. Sie überlebte die Transplantation nur etwas über eine Woche. Die heftige Diskussion wurde, wie Rémy vermerkt, fast nur unter Journalisten und jenen, die im Gesundheitsbereich arbeiten, geführt. Außerhalb dieser beiden Gruppen beteiligten sich nur militante Tierschützer an der Diskussion. Letzteren ging es nicht nur darum, dass das Tier geopfert worden war, sondern auch das kleine Mädchen war ihnen zufolge geopfert worden. Andere griffen diese Kritik auf, besonders, als herauskam, dass die Transplantationen, die bis dahin durchgeführt worden (und alle gescheitert) waren, sämtlich an schwachen oder ir-

2 Vgl. Rémy, Catherine: *La Fin des bêtes. Une ethnographie de la mise à mort des animaux*, Paris 2009. Und Rémy, Catherine: »Le cochon est-il l'avenir de l'homme? Les xénogreffes et l'hybridation du corps humain«, in: *Terrain* 1, 52, 2009, S. 112-125.

gendwie von der Norm abweichenden Personen durchgeführt worden waren. Ein taubblinder Armer, der in einem Wohnwagen gelebt hatte, ein Schwarzer ohne eigenes Einkommen, ein zum Tode Verurteilter. Am Rand der Gesellschaft wird die Frage, was menschlich ist und was nicht, am wenigsten gestellt. Dort werden Menschen schnell geopfert. Doch als das herauskam, belastete es die Diskussion. Paviane wurden nicht mehr als Spender genommen.

Dass heute in der präklinischen Phase der Schimpanse an die Stelle des Menschen tritt, zeugt von den erstaunlichen Widersprüchen, die in diesem Forschungsbereich häufig zu finden sind. Sobald zu der physiologischen Ähnlichkeit auch noch eine moralische Ähnlichkeit hinzutritt, wird diese Praxis problematisch. Sie wird also über andere Modi der Differenz und der Nähe neu konfiguriert. Der Schimpanse kann nicht mehr der Organspender sein, weil er uns zu nahe ist. Weil er uns nahe ist, kann er die Rolle als Organempfänger übernehmen. Es gibt viele Wege, *der gleiche* wie ein anderer zu sein, die einander nicht überschneiden. Zweifelsohne gibt es noch mehr Wege, *anders* zu sein.

Die Rolle, die das K.O.-Schwein übernimmt, können wir vor dem Hintergrund dieses komplizierten Zusammenspiels zwischen gleich und anders begreifen. Physiologisch gesehen ist dieses Schwein dem Menschen nämlich, wie sich herausstellt, viel näher als der Schimpanse, sowohl im Hinblick auf die Größe seiner Organe (die des Schimpansen sind zu klein für erwachsene Menschen) als auch im Hinblick auf die Abstoßungsreaktion auf das transplantierte Organ – dank der genetischen Manipulationen. Moralische Nähe hingegen scheint, zumindest dem Anschein nach, vollkommen ausgeschlossen zu sein.

Wie sich herausstellt, ist diese Art der Kategorisierung aber nicht so einfach. Sie folgt nicht ganz den Konturen der Unterscheidung von Körpern und Lebewesen. Einerseits sagen die Wissenschaftler, die Rémy interviewt hat, wenn sie von ihrer Arbeit und dem Manipulieren der Gene sprechen, das K.O.-Schwein sei menschlicher gemacht worden. In ihrem Artikel verwenden die Wissenschaftler, die das betreffende

Schwein genetisch verändert haben, den Begriff Humanisierung. Diese Bezeichnung bezieht sich in diesem Zusammenhang nicht nur auf das, was das Schwein ist, sondern es ist auch ein praktischer Begriff, eine technische Bedingung: Wichtig ist nicht die Ähnlichkeit, sondern die Kontinuität, die dazu autorisiert, von der einen Kategorie Lebewesen zur anderen zu wechseln. Der Begriff *menschlich* erlaubt den Wechsel, führt aber nicht dazu.

Andererseits ergeben sich durch die Befragung, die Rémy in diesen Laboren durchgeführt hat, noch zusätzliche inhärente Widersprüche bei den Kategoriegrenzen. Was nah (fast ähnlich oder menschlich) in Bezug auf das K.O.-Schwein bedeutet, ändert sich je nachdem, ob das Wort von den Forschern oder von den Tierpflegern verwendet wird, und je nach Kontext. Die verschiedenen Bedeutungen existieren nebeneinander, aber in unterschiedlichen Schubladen. Diese Art von Koexistenz wird vor allem in dem Kontrast zwischen den Praktiken der Tierpfleger auf der einen und der Wissenschaftler auf der anderen Seite sichtbar. Was bedeutet, dass sie vor allem in den Handgriffen erkennbar wird. Rémy hat zum Beispiel beobachtet, dass, wenn einem Tier ein Organ entnommen wird, der Körper dieses Tieres nach der Euthanasie von den Tierpflegern sorgfältig wieder zugenäht wird. Durch diesen Vorgang bleibt das Tier ein Körper und wird nicht zu einem Kadaver wie die Tiere in den Schlachthöfen oder zu Müll, der weggeworfen wird. Es wird wie ein naher Verwandter behandelt. Zwar wird der Körper später vernichtet, aber das erst nach einer Behandlung, durch die er ein Körper bleibt, um nicht zu sagen: ein Verstorbener (☞ *Kilogramm*). In diesem Zustand verpflichtet das Tier uns. Ganz besonders verpflichtet es zu langsameren Handgriffen, die mit der gewöhnlichen Routine brechen.

Und auch andere Handgriffe zeugen von diesem Willen, Acht zu geben. Wie Rémy beobachtete, wenden sich die Tierpfleger manchmal an die Tiere, an denen die Experimente durchgeführt werden, und sprechen zärtlich und mitfühlend mit ihnen: »Du Ärmster«, sagte einer von ihnen auf dem Weg zum Operationssaal zu einem Schwein, »was werden wir jetzt mit dir machen.«

Eine recht strikte Aufgabenverteilung sieht vor, dass die Forscher alles, was mit dem Wohlbefinden der Tiere zu tun hat, an die Tierpfleger delegieren und von ihnen insbesondere erwarten, dass sie »wissen, was im Kopf des Tieres vorgeht«. »Jede kleine Planänderung«, wenn die Tiere sich nicht so verhalten, wie sie sollen, oder etwas Unvorhergesehenes tun, löst bei den Wissenschaftlern Irritation aus und sie übergeben die Angelegenheit sofort an die Tierpfleger. Diese Art der Arbeitsteilung ist auch in den Beziehungen erkennbar, die die Forscher und Tierpfleger jeweils pflegen, und sie ist noch deutlicher erkennbar, wenn wir uns ihren Humor anschauen. Während Erstere im einen Augenblick ihre Anerkennung für die Arbeit der Tierpfleger, für ihre Gefühle, ihre Sorgen und dafür, dass sie »den Tieren in den Kopf schauen«, zeigen und sich schon im nächsten Moment offen darüber lustig machen, attestieren ihnen Letztere voll Ironie das Fehlen von gesundem Menschenverstand.

Der Kontrast ist im Diskurs nie so offensichtlich wie in der Interaktion, zumal er, wie ich gerade dargestellt habe, durch die explizite und oft geforderte Absicht der Forscher, »respektvoll mit dem Tier umzugehen«, abgeschwächt werden kann ... die dann diese Aufgabe an ihre Tierpfleger delegieren. Sie bestehen auch auf einen ethisch korrekten, humanitären Umgang mit den Tieren, mit dem Ziel, sie Menschen ähnlich zu behandeln. »Das Paradoxe daran ist«, schreibt Catherine Rémy, »dass diese Sorge um den Nicht-Menschlichen zumindest teilweise die Folge davon ist, dass mit manchen Gerätschaften die *Grenzen überschritten* wurden. Anders gesagt: Dadurch, dass völlig neue Instrumente verwendet wurden, wurden die Bedingungen dafür geschaffen, das Tier als eine empfindsame und unschuldige Kreatur zu definieren.« Ein Opfer. Und sein Tod: eine Opfergabe.

Kann man, angefangen bei diesem Paradoxon, Geschichte schreiben? Ich glaube nicht, denn ich kann der Entscheidung nicht trauen, das Tier als Opfer zu begreifen, um uns zum Nachdenken zu zwingen, so wie ich auch nicht glaube, dass die Opfergabe uns hier in irgendeiner Weise dabei hilft, Letzteres zu tun. Die Begründungen, die sich aus dieser Opfergabe ergeben, wiegen zu schwer, es sind Gründe, die die Angelegenheit alternativlos erscheinen lassen – so ist es im Übrigen immer, wenn Argumente für ein höheres Ziel vorgebracht werden. Die Tradition der Opfergabe kann eine interessante Geschichte sein, aber sie führt an dieser Stelle zu nichts, das uns dem K.O.-Schwein gegenüber, angesichts seines Vorhandenseins, dazu verpflichten würde, nachzudenken.

Welche Form von Intelligenz sollen wir kultivieren, um mit dem K.O.-Schwein, jetzt, wo es da ist, zusammenzuleben? Und wie sollen wir das tun? Dass ich auf die Science-Fiction-Literatur und die Piggies, die die Menschen und ihre Kategorien auf die Probe stellen, verwiesen habe, zeigt, welche Schwierigkeiten ich damit habe. Diesen Bezug habe ich aber vor allem hergestellt, weil das Aufeinandertreffen von Menschen und Piggies die Xenologen vor eine Reihe von sehr konkreten Problemen stellt. Probleme, die nach Lösungen schreien und die keinem der Involvierten gestatten, sich selbst als unschuldig zu betrachten. Wie sollen wir uns an sie wenden? Wie schaffen wir es, in Situationen, in denen wir unterschiedliche Interessen vertreten, ehrlich zu ihnen und zu den unsrigen zu sein? Wie behandeln wir sie richtig? Auf Lusitania schließt das weder Konflikte noch Gewalt oder Betrug aus. Aber sie sind auch nicht selbstverständlich. Es gibt kein höheres Ziel, auf das man sich berufen kann, und noch weniger geht es um das Wohl der Menschheit, von dem die Piggies sagen könnten, dass das nicht ihr Problem ist, da es dabei ja nicht um ihre Probleme geht und da es etwas Höheres immer nur dann gibt, wenn es um Machtverhältnisse geht.

An welche Geschichte könnte das, was uns mit dem K.O.-Schwein passiert, anknüpfen? Wie soll eine Geschichte aussehen, die wir verantwortungsvoll weiterschreiben?

Diese Geschichte muss überhaupt erst noch geschrieben werden. Ich habe dafür weder den Plot noch die Anknüpfungspunkte. Wenn ich sie aber suchen sollte, dann denke ich, ich würde es dort versuchen, wo die

Metamorphosen zur Kenntnis genommen werden. Was das Schicksal des K.O.-Schweins nämlich hervorrufen kann, ist erst eine Möglichkeit, die unsere Vorstellungskraft entwickelt hat: dass Metamorphosen möglich sind, also die Transformation von Lebewesen durch die Transformation der Körper.

Aber wir müssen die Möglichkeiten dieser Metamorphose öffnen. Einerseits wird sie, wenn ich die von Rémy durchgeführte Umfrage betrachte, von den Wissenschaftlern in Bezug auf Menschen niemals erwähnt. Andererseits habe ich den Eindruck, dass sie in Bezug auf die Tiere dadurch, wie über diese Transformationen gedacht wird, eingeschränkt wird: als Hybridierung. Hinter diesem Begriff mag das Versprechen einer fortlaufenden Geschichte, die zu immer größerer Diversität führt, stecken, aber dieses Versprechen hält er nicht. Hybride bleiben eine Kombination, also die Reproduktion bestimmter charakteristischer Eigenschaften zweier verwandter Spezies. Sie als Hybride zu betrachten, determiniert bereits, was darauf folgt, und lässt zwei Möglichkeiten: menschlich gemachte Schweine und, als mögliches Gegenstück, schweinisch gemachte Menschen. Die Metamorphose wiederum übersetzt die *Kombination* im Rahmen von *Kompositionen* neu, wodurch Überraschungen und besondere Ereignisse möglich werden. Es könnte *etwas anderes* dabei herauskommen, das die Lebewesen und ihre Beziehungen zueinander grundlegend verändern würde. So reiht sich die Metamorphose zu den Mythen und den Geschichten, die wir für Biologie und Politik erfinden.

Ich möchte, dass diese erfundenen Geschichten auch den biologischen Prozess einbeziehen, der *Symbiogenese* genannt wird, womit ich der Analyse folge, die Donna Haraway für die Arbeit der beiden Biologen Lynn Margulis und Dorian Sagan vorschlägt.[3] Ich verlasse mich noch umso mehr auf diese Entscheidung, da sie eine Antwort auf eine ähnliche Frage wie die meinige gibt: Wie schreiben wir Ge-

3 Vgl. Haraway, Donna: *When Species Meet*, Minneapolis 2008.

schichte neu, sodass sie den tierischen und menschlichen *Gefährten* eine neue Zukunft ermöglicht? Seit Jahren schon erforschen Margulis und Sagan, wie sich Bakterien entwickeln. Bakterien, sagen sie, tauschen unaufhörlich, in einem ständigen Hin und Her, ihre Gene miteinander und das Resultat ist nie, dass fest definierbare Arten entstehen, was, so Haraways Kommentar, bei den Taxonomen mal zu Verzückung und mal zu ernsthaften Kopfschmerzen führt. Die schöpferische Kraft der Symbiose hat, ausgehend von den Bakterien, eukaryotische Zellen hervorgebracht und wir können die Geschichte aller Lebewesen anhand dieses großen Hin und Hers rekonstruieren. Alle Organismen, von den Pilzen über die Pflanzen bis hin zu den Tieren, sind aus einer Symbiose hervorgegangen.

Aber dieser Ursprung aller Lebewesen ist noch nicht das Ende der Geschichte: »Dass durch Symbiose etwas Neues geschaffen wird, ist mit der Entwicklung der ersten Zellen mit einem Zellkern noch nicht zu Ende. Symbiose findet immer noch überall statt.« Jede komplexere Lebensform ist das fortlaufende Ergebnis von multidirektionalen und immer komplexeren Verbindungen mit und von anderen Lebensformen. Jeder Organismus, schreiben sie weiter, ist das Ergebnis einer *Kooptation von Fremden*.

Kooptation, Kontamination, Infektion, Eingliederung, Verdauung, reziproke Induktion, miteinander etwas werden. Die Natur des Menschen ist, wie Haraway sagt, im tiefsten Innern, wenn wir es ganz genau betrachten, aus wirklich biologischer Sicht, eine interspezifische Beziehung. Ein Prozess der Kooptation von Fremden. Ich will nicht vergessen, auf welchen Begriff *Xenotransplantation* ursprünglich zurückgeht: *Xenos.*[4] Dieser Begriff taucht zum ersten Mal in der *Illias* auf und dann noch einmal in der *Odyssee*. Im alten Griechenland war damit der *Fremde* gemeint, aber nicht der Barbar, dem man feindlich gegenübersteht. Der,

4 Vgl. Vilard, Pierre: »Naissance d'un mot grec en 1900. Anatole France et les xénophobes«, in: *Les Mots* 8, 1984, S. 191-195.

dessen Sprache man verstehen kann, der einem seinen Namen nennen und sagen kann, woher er kommt. Die gemeinsame Sprache mit dem K.O.-Schwein ist die des genetischen Codes, der uns auch seine gegenwärtige Herkunft verrät. Und sein Name ist K.O.-Schwein. Ist das eine Sprache und eine Art, einen Namen zu geben, die uns darauf vorbereitet, Metamorphosen anzunehmen und vorstellen zu können? Ist das eine Sprache, die uns Verantwortung gibt und uns menschlicher macht, in dem Sinne, dass wir mehr in interspezifische Beziehungen *involviert* sind?

Für den Moment müssen wir die Frage, befürchte ich, mit Nein beantworten. Ich fürchte das noch umso mehr, da das K.O.-Schwein einerseits ein Lebewesen ist, das in Serienproduktion entsteht, und weil in Serie produzierte Dinge nicht dazu einladen, die Frage, wie *wir antworten sollen*, in Betracht zu ziehen. Andererseits wird zwar von den Wissenschaftlern die Frage, wie das, was sie *Humanisierung* nennen, sich verändert, in Bezug auf das Schwein gestellt, aber dieselbe Frage (und ich sage wirklich dieselbe Frage, die Frage nach der Humanisierung, in dem Sinne, dass jemand *auf andere Weise* menschlich ist) wird niemals in Bezug auf die Patienten gestellt, die einen Teil des Körpers dieses Schweins erhalten.

Eine Umfrage, die einer der Forscher aus dem Team, das das K.O.-Schwein hergestellt hat, unter den Kandidaten für eine Organspende durchführte, zeugt davon, wie sehr wir uns hier außerhalb des Sichtfeldes der Forschung befinden. Anhand der Ergebnisse kann ich leicht Rückschlüsse darauf ziehen, welche Fragen gestellt worden sind. Die Ergebnisse unserer Umfrage, sagen die Forscher, weisen darauf hin, dass ein Teil der Patienten dazu bereit ist, eine Organspende des K.O.-Schweins anzunehmen, aber nur im Notfall und unter der Bedingung, dass sie das Transplantat als ein »mechanisches Element« ansehen, »das ausgetauscht werden muss, damit das Ganze wieder funktioniert«, egal, ob es von einem Menschen oder von einem Tier stammt. Andere lehnen die Organspende ab und begründen das mit einem fundamentalen Unterschied zwischen den Spezies. »Diese Patienten bitten darum, dass die Menschen unter sich bleiben.«

Zwar, sagt man uns weiterhin, gibt es noch eine letzte dritte Gruppe, die Bedingungen stellt und nach mehr Informationen verlangt. Wir wissen nicht, welche Informationen das sind, und ich bin mir nicht sicher, ob das nicht auch komplett davon abhängt, wie man diese potenziellen Organempfänger befragt hat. Und ich sehe keinen Hinweis darauf, dass dieser Umfrage die Frage vorausgegangen sein könnte, ob diese Art von Forschung überhaupt die Mühe wert ist. Die Kranken mussten auf die Fragen antworten, die man ihnen stellte, und dementsprechend antworteten sie auch. Angesichts der Antworten, die auf diese Art von Umfragen gegeben werden, muss ich daran denken, dass sie wohl ein bisschen so durchgeführt wurden wie Konsumentenbefragungen, bei denen die Leute zu einem Produkt Stellung beziehen sollen, einem Produkt, *das Fragen aufwirft,* aber die *Fragen* sind bereits festgelegt. Dafür ist nicht unbedingt Intelligenz erforderlich. Die Forscher haben Fragen, die Zweifel hervorrufen könnten, sorgfältig vermieden, wenn sie sich überhaupt selbst auch nur am Rande mit diesen Fragen beschäftigt haben. Ihre Schlussfolgerungen zeugen davon, dass derartige Zweifel nicht Teil des Protokolls sind: »Als ein längst nicht lebenswichtiges Organ«, schreiben sie, »ist das transplantierte menschliche Organ ein freiwilliges Geschenk, das ein Mensch einem anderen Menschen macht, und als solches ist es sorgfältig investiert. Reduziert man es auf lebendiges tierisches Material, dann vereinfacht das sicherlich die Dilemmata, die Patienten mit Transplantaten lösen müssen, besonders das Dilemma, dass sie demjenigen, dem sie ihr Überleben verdanken, nicht danken können.«

Ich weiß nicht, ob das wirklich das Dilemma ist, mit dem sich Menschen konfrontiert sehen, die dank einer Organspende überleben, die den Tod eines anderen voraussetzt. Ich habe einige Romane und Autobiografien gelesen, die diese Erfahrung zu erfassen versuchen, und diese scheinen mir eine etwas kompliziertere Geschichte zu erzählen. Diesen

Menschen geht es nicht darum, jemandem zu danken, sondern darum, die Spende zu begreifen und zu versuchen, sich selbst als würdig zu begreifen, zu akzeptieren, ein Leben weiterzuführen, das nicht mehr nur das ihre ist, weiterzumachen, ausgehend davon, dass sie selbst und etwas anderes geworden sind, dass sie anhand des anderen sie selbst und sie selbst anders geworden sind. Ein anderer Name für eine Metamorphose ist: Erfüllung. Die Organspende ist somit Teil einer Geschichte, die wir erben, eine Geschichte, die erfüllt werden muss.

Bei diesen Geschichten müssen wir vielleicht suchen und beginnen nachzudenken, bei den Geschichten, die davon erzählen, wie wir zusammen mit den Tieren menschlich werden. Bei dem, was uns *geschenkt* wurde und ein Geschenk der Natur geworden ist und immer noch wird. Ein Geschenk, eine Spende, die wir pflegen und ehren müssen, oder aber die, noch anspruchsvoller, von uns verlangt, das zu werden, wozu uns die Metamorphose verpflichtet.

Hat nicht Jocelyne Porcher, als sie von der Katze aus ihrer Kindheit sprach, geschrieben, dass sie mit ihr zusammen menschlich wurde? »Ein Teil meiner Identität [...] ist dem Tierreich geschuldet und erst meine tiefe Freundschaft mit dieser Katze hat mir den Zugang dazu ermöglicht [...]. Denn die Tiere lehren uns etwas. Sie lehren uns, ohne Worte zu sprechen, die Welt durch ihre Augen zu sehen, das Leben zu lieben.«[5] Ginge es doch nur darum, das Leben zu lieben.

5 Porcher, Jocelyne: *Vivre avec les animaux. Une utopie pour le XIXe siècle*, Paris 2011.

Y wie

Youtube

Sind Tiere die neuen Superstars?

Das allererste, am 23. April 2005 auf Youtube gepostete Video zeigte Elefanten in ihrem Gehege im Zoo von San Diego. Jawed Karim, einer der drei Youtube-Gründer, stellte sie an den Anfang seines kommentierten Mittschnitts aus dem Zoo. In diesem nur 19 Sekunden andauernden Clip geht es um die Elefanten. Man sieht darin in Nahaufnahme, wie Karim zögert und dann sagt, ... dass sie einen sehr langen Rüssel haben. »Das ist cool«, fügt er noch hinzu. Hat nicht der große Philosoph Kant, als er diesen Dickhäuter in seiner *Physischen Geographie* beschrieb, gesagt, er habe auch »einen kurzen Schwanz, mit langen borstigen Haaren besetzt, die man zu Räumern für die Tabakspfeifen braucht«? Kant hat nicht dazu gesagt, dass das »cool« sei, es war natürlich eine andere Zeit. Er muss sich aber wohl gedacht haben, dass das ziemlich praktisch ist.

Seit dem ersten Video wird der Erfolg, den Tiere auf Youtube haben, immer größer, und ich habe gehört, dass man unter Amateuren im Netz metaphorisch von einem richtigen viralen Phänomen spricht, weil sich die Inhalte nach und nach immer mehr verbreiten, je mehr sie die Nutzer berühren. Diese Metapher aus der Epidemiologie ist natürlich ambivalent. Das Konzept Kontaminierung kann sowohl auf das Internet als »ansteckende Krankheit« verweisen, als auch auf eine endemische Nachahmung von Gewohnheiten im Sinne von Gabriel Tarde oder aber auf die unkontrollierte Verbreitung eines resistenten und gefährlichen Virus. Da mir diese dritte Interpretation zu sehr nach den Thesen der Wächter der konservativen Ordnung klingt, die, wenn es um Menschen geht, panisch von einem narzisstischen, selbstdarstellerischen Kult sprechen und, wenn die Begeisterung auch noch Tieren gilt, wahrscheinlich kurz vorm Schlaganfall stehen, werde ich diese Interpretation nicht weiter berücksichtigen.

Die anderen beiden Interpretationen aber (die Kontaminierung führt zu einer Metamorphose oder die Nachahmung bewirkt, dass sich neue Gewohnheiten verbreiten) sollten wir uns, denke ich, einmal genauer ansehen. Auf Youtube kommen nicht nur neue Gewohnheiten zum Ausdruck, sondern Youtube erfindet diese Gewohnheiten erst und verändert diejenigen, die sie verbreiten. Indem ich diesen Zugang wähle, möchte ich eine andere mögliche Interpretation sichtbar machen, die von derjenigen inspiriert ist, die Bruno Latour angesichts der Innovation Internet und den darin gebildeten Avataren vorschlägt. Wenn ich seine Analyse aufgreife und sie auf die schnelle Verbreitung von Amateurvideos, in denen sich Menschen in Szene setzen, anwende, dann würde ich vorschlagen, dass diese Videos der Träger sind, über den auf eine bisher nicht dagewesene Weise neue Formen von Subjektivität produziert werden – neue Seinsarten, neue Arten, sich selbst zu sehen, sich zu präsentieren und sich zu erfahren. Also können wir diese Video-Praktiken neu interpretieren als Orte, an denen eine neue Form der Psychologie erfunden wird: als eine Praxis des Wissens und der Transformationen – genauso wie Romane, Autobiografien und Tagebücher es für ihre Leser waren. Wo haben wir gelernt, uns zu verlieben, wenn nicht in Romanen? Was machen Geschichten über das Erwachsenwerden mit uns? Wie sind wir zu Romantikern geworden?

Allerdings blieb der Einfluss dieser geschriebenen Werke auf unsere Leben für die meisten von uns ein relativ impliziter. Mit dem Internet ist die Sache heute anders, sagt Latour. Wie die Menschen sich selbst in diesen Videos erzeugen, hinterlässt nicht nur Spuren, die sich ganz explizit weiter verbreiten, sondern diese Spuren sind auch der Auslöser für Kommentare, die selbst wiederum weiter bestehen bleiben und ihrerseits neue Kommentare provozieren und bewirken, dass wieder andere Menschen sich selbst in Videos erzeugen. Neue Gewohnheiten entstehen und wir können ihre Verbreitung beobachten, als wäre die Welt der Akteure, die an diesem extensiven Netzwerk teilnehmen, ein großes Labor für experimentelle Psychologie geworden. Ein Labor, in dem diese Gewohnheiten entstehen und in eine Theorie integriert werden, diese Seinsarten, diese Arten, Beziehungen zu anderen herzustellen und sich ihnen zu zeigen. Wenn wir dieser Lesart folgen, könnte es dann angesichts dieses Experiments sein, dass diese Videos, durch die immer mehr Tiere ein Teil unserer Gemeinschaft werden, der Ort für eine neue ethologische Praxis sind? Ich benutze den Begriff Ethologie dabei nicht im gebräuchlichen, engen Sinn einer *Verhaltensforschung* in Bezug auf Tiere, sondern in einem Sinn, der wieder an die Etymologie des Worts anknüpft: den *ethos,* also die Gepflogenheiten, die Sitten, die Gewohnheiten, die Lebewesen verbinden, die eine ökologische Nische miteinander teilen, beziehungsweise sogar gemeinsam erschaffen. Mit anderen Worten: Könnten diese Videos, von denen es immer mehr gibt, nicht nur von neuen Gepflogenheiten zeugen, sondern auch neue Formen von interspeziezistischem Ethos, neue relationelle Modalitäten erschaffen und gleichzeitig das Wissen darüber herstellen?

Man könnte versuchen, hier eine Parallele zu ziehen, zwischen diesen neuen Arten, Tieren Sichtbarkeit zu verschaffen, sich an sie zu wenden, und den Verbreitungs- und Wissenspraktiken, die dem vorangegangen sind, hier also den Tierdokus. Das beträchtliche Interesse, das Letztere erzeugt hatten, lässt sich daran ablesen, dass ihre Anzahl seit ihrer Erfindung in den 1960er-Jahren fast exponentiell gestiegen ist.

Was mich interessiert, wenn ich diese Ähnlichkeit herstelle, ist zu evaluieren, welches Potenzial sie haben, die involvierten Lebewesen und das Wissen, das diese Lebewesen eint, zu verändern. Die Tierdokus haben bemerkenswerte Veränderungen bewirkt. Sie haben im Zusammenhang mit Tieren neue Gepflogenheiten eingeführt und manchmal sogar neue Arten des *Ethos* bei den Forschern erzeugt. Dem Wissenschaftsphilosophen Gregg Mitman zufolge wird die Einführung neuer Kommunikationstechnologien den Wissenschaften von Beginn an nicht nur intimere Einblicke in die Welt der tierischen Kommunikation ermöglichen, sondern auch in die Massenkommunikationsbranche. Dieser zweifache Einblick wird mehrere Auswirkungen haben. Einerseits wird die Möglichkeit der Massenkommunikation zur Bildung neuer Netzwerke zur Förderung des Naturschutzes führen. Sie wird die Art, wie Wissenschaftler ihre Arbeiten präsentieren, von Grund auf ändern. Tiere haben in diesen Massenmedien eine *Persönlichkeit* und Gefühle, zum Beispiel als zentrale Figuren in Filmen und Serien. Sie werden zu *Charakteren* und ein jeder kann an ihrer Erfahrung teilhaben. Andererseits erscheint der intime Kontakt zu Tieren von jetzt an als eine Forschungsmethode, die, wenngleich sie immer noch größtenteils abgelehnt wird, in bestimmten Fällen als legitim erachtet werden kann. Sie wird dies umso mehr, da sich herausstellen wird, dass diesen intimen Kontakt herzustellen eine sehr effektive Methode ist, um das Publikum für die Belange von bedrohten Tierarten zu sensibilisieren. Diese neue Art, Forschung zu *betreiben* und zu präsentieren, die sich zuvor auf das beschränkte, was zwischen die Buchdeckel populärwissenschaftlicher Bücher passte, wird dazu beitragen, den Graben zwischen den Praktiken der Laien und den Praktiken der Wissenschaftler etwas schmaler werden zu lassen (☞ *Forschung*). Für viele Wissenschaftler ist das nicht ganz einfach gewesen, auch nicht für jene, die das Spiel selbst mitgespielt haben. Viele von ihnen haben mit gewissem Schauder mitangesehen, wie ihre wissenschaftlichen Praktiken sich mehr und mehr denen der Entdecker und Abenteurer annäherten, und wie sich ihre Tiere zunehmend anthropomorphisierten.

Diese Dokumentationen hatten jedenfalls ihrerseits nicht zu übersehende Auswirkungen auf die Praktiken selbst. Sie haben nicht nur die Begeisterung zukünftiger Forscher geweckt (Jane Goodall ist mit ihren Schimpansen das beste Beispiel dafür), sondern auch eine bestimmte Art von Feldforschung befördert, die von dem beeinflusst ist, was sie in Szene setzen. Untersucht man zum Beispiel die Forschungsprojekte, die für die Wissenschaftsgeschichte zum Thema Elefanten besonders relevant waren, dann fällt auf, dass die Zahlen und Statistiken, die einst von der Expertise und Autorität der Forscher zeugten, nach und nach ersetzt wurden, durch *persönliche* Geschichten, Filme und Fotos, die die Tiere individualisieren und ihnen in den Abenteuern und Erlebnissen regelrecht den Status von Akteuren geben. Diese Techniken waren zunächst dazu gedacht, effektiver für den Schutz der Tiere zu werben, sind dann aber zu einer legitimen Forschungsmethode geworden. Diese audiovisuellen Praktiken führten unter anderem in zweifacher Hinsicht zu mehr Geldern für die Forscher und den Tierschutz: Die Sender, die die Filme ausstrahlten, haben erheblich zur Finanzierung der Forschungsprojekte beigetragen, und die Ausstrahlung hat erheblich dazu beigetragen, das Publikum zu Spenden an Naturschutzeinrichtungen zu bewegen.

Es scheint mir passend, Youtube-Videos im Kielwasser von weiteren, vergleichbaren Veränderungen zu betrachten. Natürlich kann man im Netz so ziemlich alles finden, aber dasselbe lässt sich auch von den Dokumentationen behaupten, wenn auch in geringerem Ausmaß. Man befördert dort andere Arten von Wissen. Die Laien haben das Ruder in die Hand oder, besser gesagt, wieder in die Hand genommen, und diesmal verfügen sie über geeignetste Möglichkeiten, ihre Inhalte zu verbreiten. Die Tiere haben in diesen Videos eine noch aktivere Rolle, als es bei den Dokus der Fall war. Tiere mit großem Talent oder solche, die sich durch Heroismus, sozialen Sinn, kognitive oder emotionale Intelligenz, Witz, Gewitztheit oder Einfallsreichtum hervortun, sind heute Teil des Alltags. Natürlich zählen solche Aufnahmen genau genommen nicht als Beweise. Niemand oder fast niemand lässt sich von ihnen täuschen, wie man an den Kommentaren unter den Videos sehen kann. Man weiß nichts darüber, unter welchen Bedingungen diese Bilder aufgenommen wurden, und jedes könnte eine Fälschung sein, oder es könnte sein, dass sie inszeniert sind, wobei die im Video vorkommenden Tiere als Komplizen agiert haben könnten oder auch nicht. Aber für fast alle dieser Aufnahmen spricht die Beweiskraft der Bilder: »Jemand hat es so beobachtet, die Bilder können das bezeugen.«

Einige dieser Videos stammen von Wissenschaftlern oder Naturforschern, andere nicht. Manchmal ist das auch schwer zu bestimmen. Die Grenze zwischen der Arbeit der Laien und derjenigen der Wissenschaftler scheint zu verschwimmen. Manche der Tiere, die in den Videos gezeigt werden, können tatsächlich beiden Bereichen zugerechnet werden. Dieser Eindruck entsteht vor allem dann, wenn man sich ein paar der zehn meistgesehenen Videos ansieht. So findet sich darunter, datiert auf den 21. Oktober 2011, ein Papagei namens Einstein, der es mit dem der Psychologin Irène Pepperberg aufnehmen könnte (☞ *Labor*), auch wenn er deutlich weniger akademische Kompetenzen mitbringt. Unter den zahlreichen Kommentaren unter dem Video reihen sich im Übrigen einige (wenn auch in umgangssprachlicherer Form) in die Argumentationen in wissenschaftlichen Debatten über sprechende Tiere ein: Das ist Konditionierung, Dressur oder das zeigt, ganz im Gegenteil, wie intelligent das Tier ist, manche Tiere verstehen, was sie sagen, oder auch: Vielleicht handelt es sich um antrainiertes Verhalten, aber jedes Mal, wenn der Papagei die Worte wiederholt, bezieht er sich damit auf etwas.

In einem anderen Clip sehen wir Polarbären, die mit Hunden spielen. Wenn man ihnen zuschaut, denkt man direkt an Mark Bekoff und seine Forschung und auch die Reaktionen unter dem Video scheinen die wissenschaftlichen Theorien dieses Forschers widerzuspiegeln (☞ *Justiz*). Das Video »Battle at Kruger« wiederum zeigt die heroische Rettung eines jungen Büffels aus den Klauen von Löwinnen. Es wurde offensichtlich von Touristen aufgenommen, aber es scheint mir dadurch nicht weniger eine Dokumentation darüber zu sein, wie sich Büffel in einer Gemeinschaft organisieren. Ein spektakulärer Kampf zwischen zwei Giraffen wiederum wird im Untertitel mit den Worten »Das zeigen sie euch nicht im Fernsehen« beworben.

Mittlerweile gibt es unzählige solcher Videos. Sie zeugen von unserem Interesse und sie rufen ein solches hervor. Manchmal übersetzen sie sogar *mehrere* mehr oder weniger klar unterschiedene Interessen. So werden manche von ihnen auf religiösen Internetseiten als erbauliche

Beispiele aufgeführt. Wenn ihr auf Youtube »Liebe und Kooperation in lebenden Formen« sucht, werdet ihr Zeugen, wie eine Elefantenherde einen Babyelefanten rettet. Ihr begleitet den auf vorbildliche Weise kooperativen Alltag einer Gruppe Erdmännchen und Termiten zeigen euch, wie man in solidarischer Gemeinschaft ein Gebäude errichtet. Die Videokommentare sind zum Teil moralischer (Solidarität ist lebenswichtig), teils theologischer Natur (wer, wenn nicht Gott, konnte eine Welt erschaffen, in der sich solche Phänomene finden?). Insofern knüpft diese strategische Verwendung von Tieren an alte Formen der Naturgeschichte an – manchmal sogar an zeitgenössischere, aber nie derart explizite Varianten dieser Naturgeschichte, wenn es sich um moralische und politische Themen handelt.

Auch eine etwas andere Form der Annäherung könnte ins Auge gefasst werden: die mit versteckter Kamera gefilmten Gags, die den Praktiken in diesen Amateurvideos vorausgegangen sind. Eine Katze, die mit ihrem Herrchen »1, 2, 3, Ochs am Berg« spielt, ein Hund, der Skateboard fährt, ein Pinguin, der Menschen angesichts einer Gefahr darum bittet, ihn auf ihr Boot zu lassen, Affen, die die Taschen argloser Touristen plündern. Die Verbreitung dieser Videos kann als das neue Erbe dieser humoristischen Fernsehsendungen angesehen werden. Der Stil von manchen Youtube-Clips scheint in dieselbe Richtung zu gehen. Es kann natürlich sein, dass die Links, die mir geschickt wurden oder die ich bei meinen eigenen Recherchen gefunden habe, streng genommen nicht repräsentativ sind, aber ich habe den Eindruck, dass die Videos, die dieses Erbe fortführen, einen immer kleineren Anteil ausmachen. Wenn heute Tiere in Videos auftauchen, dann ist dabei nicht mehr oft zu sehen, wie sie hinfallen, wie ihnen andere haarsträubende oder genauer gesagt clowneske Unfälle passieren. Wenn sie witzig sind, dann deshalb, weil sie etwas Überraschendes tun, das man nicht von ihnen erwartet hatte. Diesem Unerwartetem haftet natürlich immer noch etwas Anthropomorphes an. Die Tiere tun etwas, das eigentlich Menschen tun, und das Gelächter, die Überraschung und das Entzücken werden dadurch hervorgerufen, dass sich der Akteur geändert hat. Genau das macht diese Clips und die durch sie hervorgerufene Begeisterung so interessant: Die Tiere zeigen uns, wozu sie fähig sind, und wir wussten vorher nicht, wozu sie fähig sind. Mehr noch, da ein Großteil dessen, was im Netz geteilt wird, das gemeinsame Werk eines Menschen und eines Tiers ist, da Mensch und Tier gemeinsam etwas erlernt haben, da sie kreativ zusammenarbeiten, da sie in den Videos geduldig ein Spiel kreieren (ein Hund und sein Herrchen mit einem Skateboard, eine Katze, die lernt, ihr Herrchen zu überraschen, indem sie sich vor ihm versteckt), lernen wir, wozu *wir* gemeinsam mit ihnen fähig sind. Es könnte eine eindrucksvolle Sammlung von Wissen entstehen, das in diesem Fall andere Mittel und andere Netzwerke als die Wissenschaft verwendet, andere Arten, Fragen an die Tiere zu richten und sie auf die Probe zu stellen. Wissen, das unseren Beziehungen zu unseren *tierischen Gefährten* neue Bedeutungen gibt.

Der wissenschaftlichen Praxis ist diese Art, Wissen herzustellen, unterdessen nicht fremd. Sie ist oft eine Randerscheinung, aber um sie zu finden, muss man nur den Spuren, die sie im Netz hinterlassen hat, folgen. So stößt man etwa in Bezug auf die malenden Elefanten auf einem Gnadenhof in Thailand, wenn man mögliche Zusammenhänge recherchieren möchte, recht schnell auf einen Text des Wissenschaftlers Desmond Morris, der sich auf malende Affen spezialisiert und selbst einen dieser Gnadenhöfe besucht hat (☞ *Anmut*). In der Beschreibung zum Video von den Alkoholiker-Affen auf der Insel St. Kitts wird sehr präzise aufgeführt, wie diese Angewohnheit statistisch unter den Affen aufgeteilt ist (☞ *Diebe*). Man kann sich allerdings nur schwer vorstellen, dass Forscher den Alkoholkonsum von Affen, die derart außer Kontrolle sind, erheben können, indem sie sie bei ihren täglichen Raubzügen an den Touristenstränden beobachteten. Das Video aber stellt es so dar, als hätte das Beobachten dieser Affen *in situ* es möglich gemacht, ihren täglichen Alkoholkonsum zu erheben. In Wahrheit wurden diese Zahlen nicht durch Feldforschung erhoben, sondern Letztere brachte Wissenschaftler auf die Idee, Versuchsbedingungen zu reproduzieren, die es ermöglichen, die Beobachtungen in Statistiken zu überführen. Doch es reicht schon, die Begriffe, die in der Videobeschreibung auftauchen, nämlich *Monkey*, *St. Kitts* und natürlich *Drunk*, zu verwenden. Die Suchergebnisse listen bereits auf der ersten Seite drei Artikel zu diesem Thema, von denen zwei die Arbeitsprotokolle der Wissenschaftler enthalten – wie sie Affen in Gefangenschaft zum Trinken gebracht haben, wie viel Alkohol sie wie vielen Tieren unter welchen Bedingungen auf der Grundlage welcher Hypothesen gaben. Die von den Forschern vorgelegten Statistiken können sich also nicht vorgeblich auf jene Affen am Strand beziehen, sondern auf die, die unter genau definierten – und, wie man sich unschwer vorstellen kann, sicherlich vollkommen anderen – Bedingungen dem Versuchsprotokoll unterworfen waren. Die Generalisierung erfolgt zu schnell und die Ergebnisse sind nicht ausreichend belastbar – als würde man den Konsum von illegalen Substanzen oder Medikamenten in einer Untersuchung in einem Gefängnis erheben wollen.

Jetzt wird man mir sagen, dass man ja recherchieren kann, unter welchen Bedingungen diese Zahlen entstanden sind, so wie ich es gemacht habe. Aber das ist doch sehr umständlich. Es geht hier nicht nur darum, wie genau das eine Universum in ein anderes übertragen wurde. Wenn Youtube ein interessanter Ort werden kann, an dem dadurch, dass es die Praktiken von Laien und wissenschaftliche Beiträge miteinander mischt, Wissen entsteht, dann sollte diese dargestellte Kluft zwischen der Videobeschreibung und den Forschungsergebnissen nicht länger existieren. Durch diese Kluft verliert man nämlich noch mehr als nur Genauigkeit, was bei einer guten Wissenschaftspopularisierung ja von Interesse ist. Das Interessante und Besondere an dem Prozess, in dem Wissen, das seinen Namen verdient, *greifbar gemacht wird*, sind die Erklärungen dieser Protokolle, die Recherchevorkehrungen, die Zweifel der Forscher, die involvierten Lebewesen, die Prozesse, die rechtfertigen, dass die Beobachtungen in Zahlen und die Zahlen in Hypothesen überführt werden, und die Diskussionen, in die sich diese Hypothesen einreihen. Diese *Details* (die niemals nur Details sind) können nicht nur beweisen, dass es legitim ist, dass die Wissenschaftler im Namen derer sprechen, die sie untersuchen, sondern sie sind auch Teil der Narrative, die Wissenschaft interessant machen: die Narrative der Rätsel und der Nachforschungen und allgemein der spannenden und gefährlichen Abenteuer.

Zugegebenermaßen werden manche Forschungsprojekte so erscheinen, wie sie sind, nämlich als nicht besonders spannend und nicht besonders stichhaltig. Die darin involvierten Wissenschaftler haben somit allen Grund, diese Sichtbarkeits-Probe zu fürchten, und es liegt ganz in ihrem Interesse, das Publikum auf Distanz zu halten. Die anderen aber können einen sehr schönen Erfolg verbuchen: Sie wecken unser Interesse und unsere Begeisterung, nicht nur für ihre Tiere, sondern auch für das Abenteuer Wissenschaft, das sie antreibt, selbst.

Z wie

Zoophilie

Sollten Pferde ihr Einverständnis geben?

Im Juli 2005 wurde der leblose Körper eines 35-jährigen Mannes, Kenneth Pinyan, in die Notaufnahme des Krankenhauses von Enumclaw gebracht, einer kleinen, ländlich gelegenen Stadt im Staat Washington, rund 50 Kilometer von Seattle entfernt. Die Ärzte stellten seinen Tod fest. Da der Freund, der ihn dorthin gebracht hatte, verschwunden war, musste man eine Autopsie machen, um die Gründe für seinen Tod herauszufinden. Die Ärzte stellten eine akute Bauchfellentzündung nach einer Darmperforation fest. Die Untersuchung brachte auch eine Antwort auf die Frage, wie es zu dieser Darmperforation gekommen war. Pinyan war von einem Pferd penetriert worden. Man schloss also auf einen Unfall. Bei Hausdurchsuchungen entdeckten die Behörden allerdings allerhand Videomaterial, das belegte, dass es einen Hof gab, auf dem Menschen Geld für sexuelle Beziehungen zu Tieren bezahlten. Für das kleine Städtchen war das ein großer Schock.

Der Staatsanwalt wollte Pinyans Freund, einen Fotografen namens James Tait, den man inzwischen gefunden hatte, strafrechtlich verfolgen. Der Staatsanwalt konnte Tait aber nicht strafrechtlich verfolgen, und zwar aus dem einfachen Grund, dass Zoophilie im Staat Washington nicht illegal war. Er konnte dies noch umso weniger tun, als sich herausstellte, dass Tait nicht der Eigentümer des Hofes war, in dem der Unfall passiert war. Er gehörte einem Nachbarn, und Tait hatte Pinyan nur dorthin mitgenommen. Tait wurde zu einem Jahr Gefängnis auf Bewährung verurteilt, musste 300 Dollar Strafe zahlen und es wurde ihm verboten, seine Nachbarn zu besuchen, mit der Begründung, dass er ein fremdes Grundstück, das Eigentum eines anderen, betreten hatte.

Im selben Jahr wurde in Frankreich Gérard X beschuldigt, sein Pony namens Junior auf sexuelle, aber *nicht gewalttätige* Art penetriert zu haben. Die Anklage stützte sich nicht auf eine zoophile Handlung, sondern auf Tierquälerei. Gérard X wurde zu einem Jahr Gefängnis auf Bewährung verurteilt, wurde dazu gezwungen, sich von seinem Pony zu trennen, und musste 2.000 Euro Strafe an die Tierschutzorganisationen zahlen, die ihn angeklagt hatten.[1]

Diese beiden Fälle haben großes Chaos ausgelöst, so manchen ordentlich erschreckt, und waren für andere der Anlass für vehement geführte Diskussionen. Dem Bundesstaat Washington und seinen politischen Instanzen brachte dieser Fall bisher ungekannte Komplikationen ein. Die Gesetzeslücke musste so schnell wie möglich geschlossen und Zoophilie strafbar gemacht werden. Die Sache war noch umso dringender, da es in diesem Fall ja nicht nur um das Pferd ging. Der Fall Gérard X hatte in Frankreich die Tierschutzorganisationen auf den Plan gerufen, die vor Gericht als Kläger auftraten. In Europa lässt sich bereits seit einigen Jahren eine klare Tendenz beobachten, zu älteren Gesetzen zurückzukehren. Zoophilie, die in vielen Ländern eigentlich nicht mehr strafbar war, wird wieder verfolgt, oft unter Berufung auf neue Gesetze, in denen es um *sexuellen Missbrauch* geht.

Die beiden Fälle haben allerorts Wissenschaftler auf den Plan gerufen. In den Vereinigten Staaten haben sich zwei Geografen, Michael Brown und Claire Rasmussen, mit Kenneth Pinyans Geschichte beschäftigt. In Frankreich eine Juristin, Marcela Iacub vom *Nationalen Zentrum für*

1 Informationen über den ersten Zoophilen, der im Staat Washington nach dem Fall Pinyan verurteilt wurde, können in der Ausgabe der Tageszeitung *Seattle Times* vom 20. Oktober 2006 gefunden werden. Der betreffende Artikel ist online verfügbar unter seattletimes.nwsource.com, Stichwort »bestiality law«.

wissenschaftliche Forschung.[2] Es ist verständlich, dass es bei dieser Sache um Gesetze geht. Was aber hat die Geografie damit zu tun? Wenn wir an die Schulzeit zurückdenken, dann beschränkt sich die Geografie oft auf einige Episoden stumpfsinniger Arbeit mit Karten, die Frage, welche Klimazonen und geologischen Schichten es gibt, wo Berge liegen und wo das Wasser entlangfließt. Wie schade, dass wir zu früh geboren wurden! In den vergangenen Jahren hat sich die Geografie überraschend gewandelt und ist sogar für viele andere Wissensgebiete zur Konkurrenz geworden. So habe ich erst kürzlich bei einer Recherche herausgefunden, dass es Geister-Geografen gibt, die die Aufgabe übernehmen, von Geistern bewohnte Orte zu erforschen und natürlich Karten von diesen Orten zu erstellen, aber auch, die Phänomene, die an diesen Orten herumspuken, in all ihrer Komplexität zu erforschen. Als ich meinen Freund Alain Kaufman, der an der Universität Lausanne forscht und auf Wissenschaftsbeziehungen spezialisiert ist, gefragt habe, was die Geografie heutzutage von der Anthropologie unterscheidet, hat er mir mit einem Lächeln geantwortet: »Geografen zeichnen Karten.« Wie wahr seine Antwort ist, haben mir viele der Artikel, die ich mir angesehen habe, bestätigt. Die beiden Geografen, die sich mit den Fällen von Zoophilie beschäftigt haben, stellen da keine Ausnahme dar. Sie haben zwei Karten in ihren Forschungsbericht aufgenommen, eine für das Jahr 1996 und eine für 2005. Darauf ist zu sehen, in welchen Staaten es Gesetze gegen Zoophilie gab und gibt. Die beiden Karten sehen überhaupt nicht gleich aus. Die verbietenden Gesetze haben innerhalb von knapp zehn Jahren einen Großteil des Territoriums kolonisiert. Diese Karten sind allerdings nicht einfach nur dazu da, die Berufsidentität der Forscher zu rechtfer-

2 Vgl. Iacub, Marcela/Maniglier, Patrice: *Anti-manuel d'éducation sexuelle*, Paris 2007. Man findet viele von Marcela Iacubs Texten auf ihrem Blog *Être dérangé avec Marcela Iacub* (culture-et-debats.over-blog.com). Den Fall Gérard X habe ich einem ihrer Bücher entnommen: Iacub, Marcela: *Confessions d'une mangeuse de viande*, Paris 2011.

tigen. Sie sind zentral für das, wofür sie sich interessieren, nämlich die politischen Veränderungen rund um die Sexualität.

Brown und Rasmussen zählen sich zu einem neuen Bereich in der Geografie, der *queeren* Geografie (☞ *queer*).[3] Die queere Geografie versucht, ich zitiere die beiden Forscher, »die Themen, Praktiken und die Politik diverser zu machen, die normalerweise einfach in den *Sexuality and Space Studies* diskutiert wurden«. Seit einigen Jahren herrscht aber, wie sie sagen, ein »unbequemer Konsens« unter den *queeren* Geografen. Die Geografie ist nicht *queer* genug. Um einem wirklich *queeren* Projekt gerecht zu werden, müssen wir Forscher »a) unsere Empfindsamkeiten überwinden und uns aufs Ficken konzentrieren ..., oder allgemeiner auf die Arten, wie bestimmte Sexpraktiken normative Machtgefüge strukturieren, und b) durchgehend jene an den Rand gerückten, anders behandelten Körper, sexuellen Wünsche und Orte berücksichtigen, die der Einfachheit halber ignoriert werden, indem wir uns auf Schwule und Lesben fokussieren«. Mit anderen Worten müssen wir lernen, über Sexualität zu sprechen, indem wir über Körper und sexuelle Wünsche sprechen, und vor allem müssen wir dem Versuch widerstehen, über Sex mit Tieren ausschließlich entlang von Interpretationsmustern aus menschlichen Diskursen nachzudenken. Sex als Sex *mit* Tieren zu denken, stellt unsere Normen und das, was wir für selbstverständlich halten, wenn wir über Sexualität nachdenken, auf die Probe.

Da die Kontroverse zum Thema Zoophilie nicht nur einigen Ärger hervorruft, sondern vor allem von Widersprüchen, Unbehagen und Beklommenheit geprägt war, wie sie auftreten, wenn der sexuelle Kontakt *explizit* mit Machtverhältnissen verknüpft ist, müssen wir uns diese Macht näher ansehen. Brown und Rasmussen folgen in dieser Hinsicht den Forderungen, die der Philosoph Michel Foucault in seinen Texten zum Ende der 1970er-Jahre und zu Beginn der 1980er-Jahre aufstellt:

---

3 Vgl. ihren Artikel über *queere* Geografie, auf dem dieses Kapitel fußt: Brown, Michael / Rasmussen, Claire: »Bestiality and the Queering of the Human Animal«, in: *Environment and Planning D: Society and Space* 28, 2010, S. 158-177.

Es ist nicht konsequent, wenn wir »Ja« sagen zum Sex und »Nein« zur Macht, weil die Macht den Sex fest im Griff hat.

Auch die französische Juristin Marcela Iacub formuliert ihre Kritik zum Fall Gérard X aufbauend auf dieser Referenz.[4] Tatsächlich sieht sie in diesem Urteil eine Bestätigung dessen, was Foucault vorausgesagt hat. Die Gründe für die Verurteilung verweisen nicht in die Vergangenheit, es geht dabei nicht einfach um Sittenstrenge. Iacub zitiert eine Stelle aus Foucaults *Sexualstrafrecht* aus dem Jahr 1979: »Die Sexualität wird ein gefährliches Wesen werden, das umherstreift, eine Art omnipräsentes Gespenst [...]. Die Sexualität wird eine Gefahr für jegliche soziale Beziehungen darstellen [...]. Im Schatten dieser Gefahr, dieses Fantoms und angesichts dieser Angst wird die Macht versuchen, durch eine scheinbar großzügige und auf jeden Fall sehr allgemeine Gesetzgebung Einfluss zu erlangen.« Iacubs Argumentation knüpft an einen Widerspruch an: Der Artikel 521.1 des französischen Strafgesetzbuchs, aufgrund dessen der Besitzer des Ponys Junior verurteilt wurde, ist derselbe, der auch Stierkämpfe, das Stopfen von Enten und Gänsen und Hahnenkämpfe erlaubt. *Dasselbe* Gesetz erlaubt es also Gérard X, sein Pony zu töten und zu essen, wenn er Lust darauf hat, aber nicht, ein paar schöne Minuten mit ihm zu verbringen. Minuten im Übrigen, von denen Iacub sagt, dass sie für das Tier nicht schmerzhaft waren, eine Information, die der Richter akzeptiert hat, denn es wurde angenommen, dass der Akt »ohne Gewalteinsatz« durchgeführt wurde. Der Kern dieses Urteils ist Iacub zufolge die Frage der Macht über die Sexualität, einer Macht, die aus der Sexualität DIE Gefahr macht, und die damit verbundene Frage nach dem Einverständnis. Wenn es hier nämlich bei der Anklage um Penetration *ohne Gewalt* geht, kann man fortan nur dann von Tierquälerei sprechen, *wenn* man davon ausgeht, dass diese Penetration nicht einvernehmlich stattfand. Was bedeutet, dass die Frage nach dem

4 Marcela Iacubs Analyse von Foucault findet sich auf culture-et-debats.over-blog.com.

Einverständnis für die Anklage zentral ist. Was wiederum Iacub zufolge, wenn man sich das Gesetz ansieht, anhand dessen Gérard X verurteilt wurde, einige Widersprüche hervorruft.

Im Staat Washington war das juristische Durcheinander nicht so leicht zu lösen, wenngleich dieser von der französischen Juristin aufgedeckte Widerspruch die Debatte um einiges befeuert hatte. Bevor man andere Fälle bearbeiten konnte (und es gab immer mehr solcher Fälle), waren neue Gesetze erforderlich, und für neue Gesetze brauchte man einen Grund. Der erste Grund, hier mit Gesetzen Ordnung zu schaffen, war ein praktischer, durchaus dringender. Ohne entsprechende Gesetze riskierte der Staat Washington nämlich, wie die konservative Senatorin Pam Roach, die sich um den Fall kümmerte, warnte, das zu werden, was man ein »Sex-Paradies« nennen könnte (oder mit den bedeutungsschwangeren Worten der Senatorin: das »Mekka der Zoophilie«). Dem Internet und der Gerüchteküche sei Dank: Der Tourismusstrom zu dem in dieser friedlichen Gegend gelegenen Hof nahm bemerkenswerte Züge an und lockte Perverse aus allen Himmelsrichtungen an. Allerdings konnte dieser Grund nicht ausreichen, um ein neues Gesetz zu rechtfertigen. Also musste ein weiterer Grund her, und der traf auf breite Zustimmung. Tiere können nicht ihr Einverständnis für den sexuellen Akt geben. Tiere sind unschuldige Wesen, solche Sachen können sie nicht wirklich wollen. Das ist ein gefährliches Argument, wie Iacub exemplarisch anhand des französischen Falls zeigt. Vor allem aber widerspricht dieses Argument im Fall Pinyan den Tatsachen, was eine schöne ironische Wendung ist. Darauf lohnt es sich, hier genauer einzugehen.

Tatsächlich besaß Kenneth Pinyan selbst ein Pferd, das auf dem Grundstück seines Freundes Tait, der ihn an jenem einen Abend begleitet hatte, untergebracht war. In dieser tragischen Nacht machte Pinyan zuerst diesem Pferd Avancen. Das Pferd weigerte sich aber, ihn zu penetrieren. Es war, wie der Sheriff, der den Fall bearbeitete, später sagen sollte, *nicht empfänglich* für seine Avancen. Pinyan und sein Begleiter beschlossen also, zur benachbarten Farm zu gehen, auf der es ein

Pferd mit dem vielsagenden Namen Big Dick gab. Sein Ruf eilte diesem Pferd voraus. Ohne das Wissen des Eigentümers schlüpften sie in den Pferdestall und trafen dort auf besagten Big Dick, der sich als williger herausstellte. Zweifelsfrei etwas zu willig, wir wissen, wie es weiterging.

Weil es der Senatorin Roach aber nicht darum ging, diesen in der Vergangenheit liegenden Fall zu beurteilen, sondern darum, ein allgemeines Gesetz für die Zukunft durchzusetzen, schien allerdings die Frage nach dem Einverständnis die beste Argumentationsweise. Nun musste sich die Senatorin aber eingestehen, dass die Frage nach Zustimmung nicht im juristischen Vokabular vorgesehen war. Tiere werden dort der Kategorie Eigentum zugeordnet. Dem Gesetz nach kann Eigentum nicht sein Einverständnis geben, das kann nur der Besitzer tun. Etwas kann nicht nicht einvernehmlich sein, wenn wir uns nicht bei der Kategorie der Lebewesen, die ihr Einverständnis geben können, befinden. Und es gibt noch ein weiteres Problem, und dabei knüpfen wir wieder an Iacubs Argumentation an. Wir befinden uns hier auf besonders dünnem Eis: Geben denn Tiere ihr Einverständnis, dass wir sie an der Leine führen dürfen, dass wir sie in Zoos einsperren, dass wir Medikamente an ihnen testen oder dass wir sie überfüttern, bevor wir sie töten und dann essen? Wenn sie bei diesen Dingen niemand nach ihrer Meinung fragen muss, dann aus dem Grund, dass sie *Eigentum* sind, also Lebewesen, bei denen sich aus gesetzlicher Perspektive nicht die Frage stellen kann, ob sie ihr Einverständnis geben.

Angesichts der Schwierigkeiten, die diese Argumentation mit sich bringt, wendet Roach schließlich eine andere Strategie an. Der Wirkungsbereich des Gesetzes gegen Tierquälerei musste erweitert werden, damit der Kontakt zwischen verschiedenen Spezies mitaufgenommen werden konnte. Selbst wenn man das getan hätte, hätte das Gesetz aber nicht auf diesen Fall angewendet werden können, weil das Opfer, das physischen Schaden genommen hatte, ja nicht das Pferd, sondern der Mensch gewesen war. Die Senatorin Roach versuchte als nächstes, die Problematik mit der Gewalt einzugrenzen, indem sie den sexuellen Akt selbst als Missbrauch definierte. Damit es sich dabei aber um Missbrauch handelt, muss man zuerst zeigen, dass derjenige, der missbraucht, die Schwäche des Opfers ausgenutzt hat. Das kann man durchaus von Fällen sagen, in denen es um Hühner, Ziegen, Schafe oder Hunde geht, aber nicht bei Pferden. Diese Strategie musste sie also wieder aufgeben, wenn sie nicht jeden sexuellen Akt *a priori* als Missbrauch betrachten wollte.

Die Senatorin Roach entschloss sich also, ihre Argumentation auf die Tatsache zu stützen, dass der Mensch eine besondere Stellung in der Natur hätte. Diese Herangehensweise wurde ihr von einem ehrwürdigen Mitglied des sehr konservativen *Think Tanks Discovery Institute*, einem Verfechter der neukreationistischen Auffassung eines *Intelligent Designs*, zugeflüstert. Zoophilie verstoße gegen die Menschenwürde. Wenn die besondere Stellung des Menschen gefährdet ist, dann muss das Gesetz die Aufgabe übernehmen, die Menschen an ihre Pflicht zur Würde zu erinnern. Das war kein neues Argument, aber es musste irgendwie aufgefrischt werden. Tatsächlich wäre alles viel einfacher gewesen, wenn das Gesetz gegen Zoophilie noch aktuell gewesen wäre. Es war aber abgeschafft worden, womit der Zoophilie Tür und Tor geöffnet worden war. Denn in diesem Staat beruhte das Gesetz gegen die Zoophilie ganz genau darauf, dass Zoophilie ein *Verbrechen gegen die Menschlichkeit* und *gegen die menschlichen Natur sei.*

Diese ungünstige Gesetzeslücke verhinderte nicht, dass schließlich das Gesetz, nach dem Zoophilie strafbar war, verkündet wurde. Mit einem Zusatz: Es war fortan ebenfalls verboten, diese Art von Praktiken zu filmen. Das Argument, Zoophilie verstoße gegen die Menschenwürde, war vom Gesetzgeber offensichtlich letztendlich nicht akzeptiert worden, und das neue Gesetz berief sich stattdessen wieder auf Tierquälerei. Denn einige Monate später wurde im Oktober 2006 ein Mann von seiner Frau angezeigt und daraufhin festgenommen, weil er sexuellen Kontakt mit ihrer vier Jahre alten Bullterrier-Dame gehabt hatte. Er wurde wegen Tierquälerei verurteilt. Es gelang seiner Frau, die Verurteilung zu erreichen, indem sie den Behörden einen Film zeigte, den sie mit ihrem Handy hatte aufnehmen können, als sie die beiden auf frischer Tat ertappte. So weit ich weiß, wurde gegen diese Frau niemals ermittelt ...

Die Frage nach dem Einverständnis wurde im Fall Pinyan aufgeworfen, musste aber später wieder fallen gelassen werden. Für die französische Rechtsprechung ist sie grundlegend und die Widersprüche, die sie mit sich bringt, hatten schließlich Marcela Iacub alarmiert. Nicht nur, weil diese Widersprüche zeigen, wie willkürlich die Rechtsprechung und das Recht sind, sondern auch, weil auf diesen Aspekt einzugehen offenbart, was gerade mit der Sexualität passiert. Was Foucault vorhersagte, passiert jetzt gerade wirklich. Die Sexualität ist eine omnipräsente Gefahr geworden. Die bejubelte sexuelle Befreiung ist eine Doktrin geworden, und eine der Aufgaben des Staates ist es jetzt, die Gesellschaft davor zu bewahren, vollkommen abzudriften. Das gegenseitige Einvernehmen wird zum Grundstein dieser Kontrolle durch den Staat, es wird zu einer Waffe, mit der die Sexualität in ihre Schranken gewiesen wird. Denn allein die Vorstellung eines gegenseitigen Einvernehmens bedeutet, wie sie gemeinsam mit dem Philosophen Patrice Maniglier schreibt, dass man von einer Sexualität ausgeht, bei der es ein Opfer gibt, und dementsprechend auch die Möglichkeit für den Staat, sich in die individuelle Sexualität einzumischen, um die Opfer zu schützen. Er tut das bereits ständig in anderen Bereichen, die alle dasselbe Schema aufweisen und etwas mit Einverständnis zu tun haben. Dass er zum Beispiel davon ausgeht, dass die Menschen von bestimmten Einflüssen manipuliert und zu Dingen gezwungen werden und dass sie diesen psychisch fragil gegenüberstehen, gibt dem Staat die Berechtigung dazu, diese so charakterisierten Menschen vor sich selbst und vor den anderen zu schützen und in allen Situationen, die mit dieser Fragilität in Zusammenhang stehen könnten, die Macht zu ergreifen.

So ist der Fall des Ponys namens Junior nicht, wie es noch zu einer anderen Zeit der Fall gewesen wäre, einer Reaktion der Prüderie zuzuordnen. Vielmehr zeigt dieser Fall, wie die Sexualität heute eine Sache der Macht geworden ist, wobei der Staat mithilfe der Richter die Moral durchsetzen und die Sexualität mit dem Ziel, die Opfer zu schützen, einschränken kann.

Auch die beiden Geografen Brown und Rasmussen nehmen die Frage nach dem Einverständnis auf. Zwar hatte die amerikanische Senatorin sie wieder fallen gelassen und sie erhielt in Bezug auf die Zoophilie keinen Einzug in das Gesetz. Aber die Widersprüche, die durch die Zoophilie offengelegt werden, legen den beiden Forschern zufolge gleichzeitig auch den impliziten Widerspruch offen, den es beim Einverständnis selbst gibt. Unsere Demokratie fußt auf der Partizipation derer, die *ihr Einverständnis geben* können. Dieser Aspekt ist aber gleichzeitig eine wunderbare Waffe, um andere auszuschließen. Wer nicht sein Einverständnis geben kann, wird aus der Politik ausgeschlossen. In den Theorien eines Gesellschaftsvertrags, auf denen der Aspekt des Einverständnisses fußt, muss, *noch bevor* festgelegt wird, welche Teile der Gruppe miteinander übereingekommen sind, die Gemeinschaft zu bilden, erst einmal die Grenze zwischen denen, die diese Übereinkunft treffen können (die Bürger) und denen, die nicht ihr Einverständnis dazu geben können (das können die Frauen sein, die Kinder, die Sklaven, die Tiere oder Fremde) gezogen werden. Brown und Rasmussen fahren fort, dass die Theorien eines Gesellschaftsvertrags in einvernehmlicher Blindheit diesen grundlegenden und skandalösen Aspekt demokratischer Gemeinschaften ignorieren: den gewaltsamen und nicht einvernehmlichen Prozess, der dazu führt, dass ein Teil der Individuen bereits *im Vorhinein* basierend auf einem Paradoxon, dem Einverständnis, aus der Gemeinschaft ausgeschlossen wird. Sind die Grenzen erst einmal so gezogen, sind sie natürlich nicht mehr willkürlich, sondern selbstverständlich. Diese Selbstverständlichkeit führt aber wiederum auf ganz natürliche Weise dazu, jenen, die als autonom und komplett menschlich wahrgenommen werden, und jenen, denen es an Autonomie, an einem eigenen Willen, an einem Bewusstsein und an der Fähigkeit, *ihr Einverständnis zu geben*, mangelt, einen jeweils unterschiedlichen ontologischen Status zuzuordnen. »Die Unfähigkeit des Tiers, sein Einverständnis zu geben, rechtfertigt, dass man die Zoophilie verurteilt, und gleichzeitig ist diese Unfähigkeit die Rechtfertigung dafür, dass man es aus ethischen Fragen ausschließt.«

Die beiden Geografen und die Juristin kommen aus zwei völlig unterschiedlichen Bereichen, aber trotzdem haben sie ein gemeinsames Ziel verfolgt. Sie haben sicherlich unterschiedliche Gedankengänge, aber dass diese sich doch an der ein oder anderen Stelle überschneiden, zeugt davon, wie sie jeweils über ihre Praxis als Wissenschaftler denken und wie wichtig ihnen ist, was ihre Arbeit erfordert: dass ihre Forschungsobjekte und die Problematiken, auf die sie treffen, ihre Disziplin und noch allgemeiner unsere Art zu denken infrage stellen, dass sie die Offensichtlichkeit und Vertrautheit dieser Kategorien, der Konzepte und selbst der Werkzeuge, mit denen wir diese angehen können, auf den Kopf stellen. Es sind Themen, die Unbehagen hervorrufen, es uns nicht leicht machen, uns in Aufruhr oder sogar Panik versetzen, Themen, für die es keine einfache Antwort gibt. Es sind *queere* oder politische Themen, weil sie die Kraft haben, die Dinge ins Wanken zu bringen. Denkt zum Beispiel daran, wie der Philosoph Thierry Hoquet ihre Wirkung beschreibt, als er schreibt, dass »Zoophilie den Anthropozentrismus zunichte macht«. Mit einem Augenzwinkern in Platons Richtung fährt er fort: »Dieser uralte Hang der Kraniche, sich immer als einzige von den anderen Tieren abheben zu wollen.«[5] Aus juristischer Sicht stellt die Zoophilie Kategorien, die selbstverständlich sind, aufs Neue infrage: die Privatheit der Sexualität, die Identität, die sie mit aufbaut, das Einverständnis und sogar die Kategorien, nach denen festgelegt ist, was es bedeutet, ein

5 Das Zitat von Thierry Hoquet entnehme ich einem sehr schönen Artikel: »Zoophilie ou l'amour par-delà la barrière de l'espèce«, in: *Critique* 747-748, August–September 2009, S. 678-690. Seine Analyse zeigt eine weitere Grenzüberschreitung auf: dass Penetration je nach Geschlecht eine andere Bedeutung innerhalb einer Gemeinschaft von Menschen hat. Er weist darauf hin, dass Homosexualität und Zoophilie oft in einen Topf geworfen werden (und zeigt dabei im Übrigen, dass die Frage nach dem Einverständnis nur ein Vorwand ist).

Mensch oder eben ein Tier zu sein. Für die beiden Geografen wiederum geht es dabei vor allem um das, was für ihre Wissenschaft zentral ist: die Frage nach den Grenzen. Es geht nicht so sehr darum, zu verstehen oder zu erfahren, was Zoophilie ist, sondern es geht darum, zur Kenntnis zu nehmen, was sie mit unseren Erkenntnissen, unseren Werkzeugen, unseren Praktiken und sogar unseren Überzeugungen macht.

Catherine Rémy beginnt ihr Buch *La Fin des bêtes* damit, dass sie zwei scheinbar sehr unterschiedliche Beispiele miteinander verbindet, nämlich die ethnomethodologische Studie, die Harold Garfinkel mit Agnes, einer Transsexuellen, durchgeführt hat, und eine Umfrage, die sie selbst unter Verantwortlichen durchgeführt hat, deren Aufgabe es ist, die Tiere in Schlachthäusern zu töten. Beide Studien bringen uns Rémy zufolge dazu, uns auf die Frage nach den Grenzen zu fokussieren. Indem Agnes eine Frau wird, zeigt sie, welche Arbeit es konstant bedeutet, *Weiblichkeit kontrolliert nach außen zu tragen*, und also auch, eine Sexualität zu etablieren. Das Töten der Tiere führt wiederum zu einer Fokussierung auf das Vorhandensein und die Entstehung von *Grenzen des Menschlichen*. Die Akteure führen fortwährend eine Arbeit des Kategorisierens aus, die uns etwas darüber sagt, wie die Grenze zwischen Menschen und Tieren in der Praxis gezogen wird.

Zoophilie ist ein denkwürdiger Aspekt dieser Fokussierung auf die Grenzen, die Grenze zwischen einer Sexualität, die akzeptabel ist, und einer Sexualität, die dem allgemeinen Urteil nach von der Norm abweicht, und die Grenze zwischen den Menschen und den Tieren. Ihre Wirkung beschränkt sich aber nicht nur auf Letztere. Zoophilie macht außerdem sichtbar, wie sich die Grenze, die die Beziehungen zwischen Stadt und Land bestimmt, verschiebt. Historikern zufolge war Zoophilie auf dem Land relativ häufig, sogar einigermaßen als etwas, das die jungen Erwachsenen in die Sexualität einführt, akzeptiert. Für die Städte galt das nicht, weshalb sie im Zuge der Landflucht abnahm. Heute ist es umgekehrt und die Städte werden als Orte der Ausschweifungen und der Laster angesehen. Die Zoophilie kartografiert außerdem die Grenze zwischen Natur und Kultur, und zwar nicht nur, weil es dabei um Handlungen geht, die als *gegen die Natur* gelten (☞ *queer*), sondern noch umso mehr, da die Tiere, um die es dabei geht, Pferde, Kühe, Ziegen, Schafe und Hunde, als Haustiere diese Grenze immer wieder infrage stellen. Sie folgt schließlich diesen Linien, aber man könnte die Liste noch weiter fortführen, auf der einen Seite dieser Grenze diejenigen, die ihr Einverständnis geben dürfen (inzwischen sind sie aufgeklärt), und denjenigen, die das nicht können, die Kinder, die Tiere, die, die nicht normal sind …

Die Antworten, Sanktionen, moralischen Zweifel, Handlungen und Gesetze, die die Zoophilie hervorruft, sind Teil eines Prozesses, der die Grenzen zieht, festigt, legitimiert, verschwimmen lässt, infrage stellt oder untergräbt. Das erinnert mich an etwas, das Karim Lapp einmal zu mir gesagt hat, als er gerade an stadtökologischen Fragen arbeitete: »Ein Tier in die Stadt zu bringen, bedeutet, einen Umsturz anzuzetteln.« Ich weiß nicht, ob er wusste, wie sehr er damit recht hatte.

Shakil Choudhury

Deep Diversity

Die Grenze zwischen ›uns‹
und den ›Anderen‹ überwinden

232 Seiten | 16.80 €
ISBN 978-3-89771-243-0

Deep Diversity beleuchtet in ebenso zugänglicher wie hochspannender Weise die Frage, wie wir uns und andere wahrnehmen und wie der vermeintliche Unterschied zu Ab- und Ausgrenzung führt. Shakil Choudhury untersucht, welche Rolle Emotionen, Triebe und Sozialisation in Bezug auf Rassismus spielen und wie sie mit Herrschaftsverhältnissen verknüpft sind. Überzeugend belegt er seine Argumente mit Ergebnissen aus neurologischen und psychologischen Forschungen, ergänzt um viele persönliche Erfahrungen, die seine eigenen Voreingenommenheiten thematisieren. Damit ermutigt er die Leser*innen dazu, ihre eigenen diskriminierenden Reaktionen anzugehen, statt sie zu leugnen. Deep Diversity motiviert dazu, sich tiefgreifend mit den eigenen ›reflexartigen‹ Einstellung und diskriminierenden Reaktionen auseinanderzusetzen und bietet Wege und Werkzeuge an, die dabei helfen, sich unbewusster Reaktionen in jeder Situation bewusst zu werden und schließlich das eigene Verhalten zu verändern.

»Verständlich und anhand vieler angenehm knapp zusammengefasster Studien stellt der Autor dar, wie sehr sich Emotionen, Vorurteile und Zugehörigkeit zu einer bestimmten in-group gegenseitig bestärken können und wie unsichtbar sie oft für die Profitierenden sind. Erfreulicherweise endet das Buch nicht an dieser Stelle, sondern stellt als weitere wichtige Komponente Machtungleichgewichte dar. Im Folgenden beleuchtet der Text dann strukturelle, individuelle wie institutionelle Diskriminierung.« – *Hanna Poddig, graswurzelrevolution*

UNRAST Verlag | www.unrast-verlag.de | info@unrast-verlag.de UNRAST